천일수학 II

김남호 엮음

KM 경문사

머 리 말

“천일수학”은 동경대학 입학시험문제를 정리한 것이며, “천일수학2”는 그 외 대학들의 3만여 대학입학시험문제 중 흥미로운 문제들과 중·고등학교에서 꼭 알아야 할 증명들을 모은 것입니다. 두 권을 모두 익힌다면 상당한 수준에 도달하리라 봅니다.

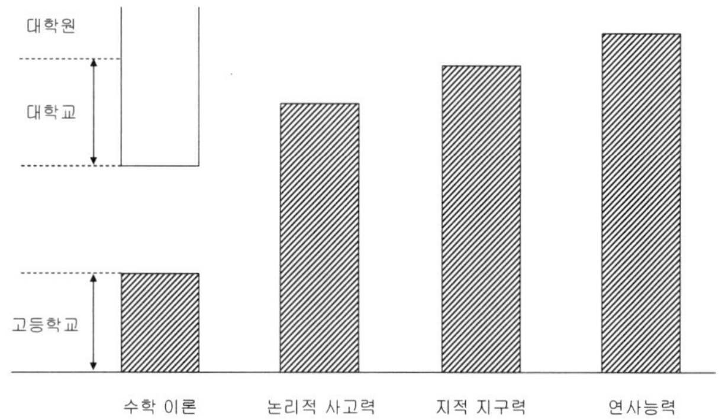

위의 표와 같이 “천일수학”의 문제들은 거의 대부분 고등학교의 수학이론 만을 묻고 있으나, 논리적 사고력과 지적지구력 및 연사(連思)능력은 대학교를 넘어 거의 대학원 수준을 요구합니다. 이에 반하여, “천일수학2”는 대학수준의 수학이론을 일부 묻고 있으며(특히 미분방정식) 다른 부분은 다소 약하다고 할 수 있습니다.

스포츠를 좋아하시는 분들은 청소년기에 길러놓은 근력과 지구력, 균형감각, 유연성, 반사신경 등이 고급기술을 익히는데 있어 결정적인 역할을 하는 것을 경험하였을 것입니다. 이와 마찬가지로, 청소년기에 길러진 논리적 사고력, 지적 지구력, 연사(連思)능력이 이후의 지적 활동에 결정적 역할을 한다고 한다면, 경쟁국인 일본과 우리를 다시 한 번 비교해 보지 않을 수 없습니다.

강대국으로 가려면 무엇보다 많은 인재가 필요하며, 이러한 면에서 본다면 50년간 일관되게 본고사를 실시하여 인재들을 양적, 질적인 면에서 모두 점진적으로 높여온 일본은 강대국으로 가는 첩경을 걷고 있다는 생각이 듭니다.

책의 제목인 “천일(千日)수학”은 일본이 50년간 점진적으로 높여온 학생들과 교사들의 능력을 천일동안 따라잡을 수 있다는 희망과 믿음을 담은 것입니다. 가르치는 사람과 배우는 사람 모두 최선을 다하여, 세계 어느 나라에도 뒤지지 않는 인재가 되길 바랍니다.

부록에는 “천일수학”을 편집할 때 구하지 못하였던 문제를 실었습니다. 1995, 96년도 문제의 풀이는 구하지 못하였습니다. 답을 구하기 힘드니 자신의 실력을 테스트해보기 좋은 문제라 생각됩니다.

[차 례]

step 1

1. 지점 P_1에서 지점 P_2까지 그림과 같은 통신로망(通信路網) S가 있으며, S는 내부에 5개의 연결장치 A, B, C, D, E를 갖는다. 이 연결장치들은 서로 독립적으로 개폐(開閉)되며, 각 장치가 닫힐 확률은 모두 p이다. 지점 P_1, P_2를 잇는 통신로가 적어도 하나 존재할 때 지점 P_1, P_2는 연결된 상태라고 부른다.
예를 들어, 연결장치 A, B가 닫혀있는 경우 다른 연결장치 C, D, E의 상태에 관계없이 지점 P_1, P_2는 연결된 상태이다.

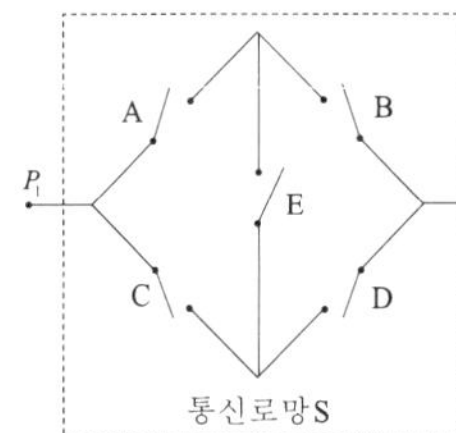

(1) 연결장치 E가 닫혀있지 않다고 가정할 때, 지점 P_1, P_2가 연결된 상태일 확률을 구하여라.

(2) 지점 P_1, P_2가 연결된 상태일 확률 $f(p)$를 구하여라.

또, $p=\frac{1}{2}$인 경우, $f(p)$를 구하여라.

(3) 연결장치 A, B, C, D, E가 있는 곳에, 각각 통신로망(通信路網) S를 설치하여 지점 P_1에서 지점 P_2까지 새로운 통신로망을 설치한다. 단, 이 새로운 통신로망에 있어 25개의 연결장치가 사용되었으며, 이 25개의 장치는 모두 같은 성능을 가지고 있다. 이 새로운 통신로망에 있어, 지점 P_1, P_2가 연결된 상태일 확률 $g(p)$를 함수 $f(p)$를 사용하여 나타내어라. 또, $p=\frac{1}{2}$인 경우 $g(p)$를 구하여라.

[해답]

연결장치 A, B, C, D, E가 닫혀있는 사건을 각각 A, B, C, D, E로 표시하자.

(1) 구하는 확률은

$$\begin{aligned}&\mathrm{P}\{(\mathrm{A}\cap\mathrm{B})\cup(\mathrm{C}\cap\mathrm{D})\}\\&=\mathrm{P}(\mathrm{A}\cap\mathrm{B})+\mathrm{P}(\mathrm{C}\cap\mathrm{D})-\mathrm{P}(\mathrm{A}\cap\mathrm{B}\cap\mathrm{C}\cap\mathrm{D})\\&=p^2+p^2-p^4=2p^2-p^4\end{aligned}$$ …………(답)

(2) E가 닫혀있는 경우, P_1, P_2가 연결된 상태일 확률은

$$\mathrm{P}\{(\mathrm{A}\cup\mathrm{C})\cap(\mathrm{B}\cup\mathrm{D})\}=\mathrm{P}(\mathrm{A}\cup\mathrm{C})\,\mathrm{P}(\mathrm{B}\cup\mathrm{D})=(2p-p^2)^2$$

따라서, 구하는 확률은

$$f(p)=(1-p)(2p^2-p^4)+p(2p-p^2)^2=p^2(2+2p-5p^2+2p^3)$$ …………(답)

$$f\left(\frac{1}{2}\right)=\frac{1}{2}$$ …………(답)

(3) $g(p)=f^2(p)\{2+2f(p)-5f^2(p)+2f^3(p)\}$

$$g\left(\frac{1}{2}\right)=\frac{1}{2}$$ …………(답)

2. A에서 G까지 7개의 지점을 그림과 같이 연결한 경로가 있으며, 이웃한 지점간의 거리는 모두 같다. 그림에 표시된 속력으로 이동할 때, 다음을 구하여라.

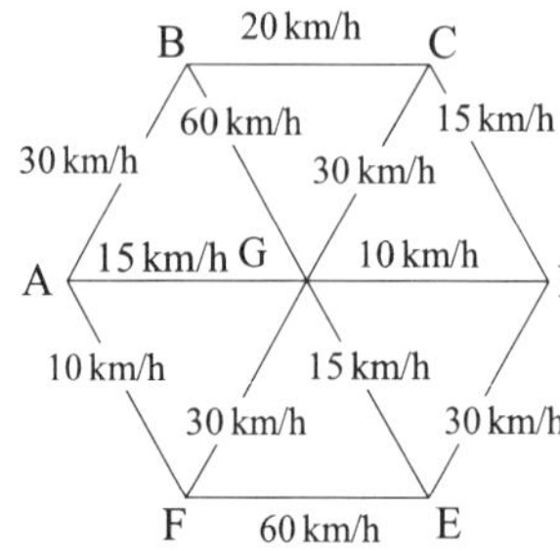

(1) D를 지나지 않고 A에서 G까지 최단시간에 이동하는 경로

(2) A를 지나지 않고 G에서 D까지 최단시간에 이동하는 경로

(3) A에서 D까지 최단시간에 이동하는 경로

단, 경로는 통과하는 지점의 기호를 순서대로 나열하여 표시한다. 예 : A-B-C-D

[해답]

두 지점 간을 최단시간에 이동하는 경로를 구하는 것이므로, 어떠한 지점도 중복하여 통과하지 않는 경로만 고려해도 된다. 이웃한 지점간의 거리를 $a$km라 하면, 소요되는 시간의 비는

$$\frac{a}{60} : \frac{a}{30} : \frac{a}{20} : \frac{a}{15} : \frac{a}{10} = 1 : 2 : 3 : 4 : 6$$

이므로, 경로 B-G를 이동하는데 소요되는 시간을 1로 놓자.

(1) 문제의 조건을 만족하는 경로와 그 때의 소요시간은 다음과 같다.

A-G (4)　　A-B-G (2+1=3)　　A-B-C-G (2+3+2=7)

A-F-G (6+2=8)　　A-F-E-G (6+1+4=11)

답 : A-B-G

(2) 문제의 조건을 만족하는 경로와 그 때의 소요시간은 다음과 같다.

G-D (6)　　G-C-D (2+4=6)　　G-B-C-D (1+3+4=8)

G-E-D (4+2=6)　　G-F-E-D (2+1+2=5)

답 : G-F-E-D

(3)

먼저, G를 통과하여 A에서 D까지 최단시간에 이동하는 경로를 고려해보자. A에서 D를 통과하지 않고 G로 간 후(1번의 경우에 해당), G에서 A를 통과하지 않고 D로 가야한다(2번의 경우에 해당). 이 경우, 최단시간에 이동하는 경로는 A-B-G-F-E-D이다.

G를 통과하지 않고 A에서 D로 가는 경로는 A-B-C-D와 A-F-E-D 밖에 없다.

위의 세가지 경우에 있어 소요되는 시간을 비교하면 다음과 같다.

A-B-G-F-E-D (3+5=8)　　A-B-C-D (2+3+4=9)　　A-F-E-D (6+1+2=9)

답 : A-B-G-F-E-D

3. 아래 그림과 같이, A에서 B로 가는 도로를 선으로 표시하고, 그 도중에 있는 문을 $G_i(i=1,2,3,4,5)$로 표시하자. G_i가 열려있을 확률은 p_i, 닫혀있을 확률은 $1-p_i$ $(0<p_i<1)$로 주어져 있으며, 각각의 문의 개폐는 서로 독립이다. 다음 물음에 답하여라. 단, (2)를 제외하고는 결과만 보이고, 답의 식을 정리할 필요는 없다.

(1) 그림 (a), (b)의 각각의 경우에, A에서 B로 도달할 확률 P_a, P_b를 구하여라.

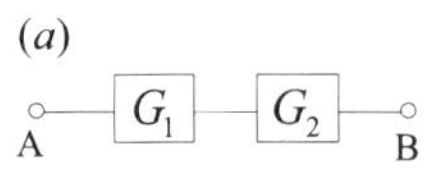

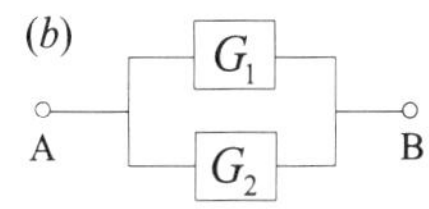

(2) $P_a<P_b$를 보여라.

(3) 그림 (c), (d)의 각각의 경우에, A에서 B로 도달할 확률 P_c, P_d를 구하여라.

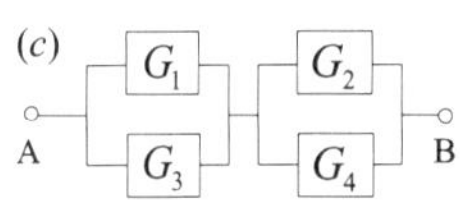

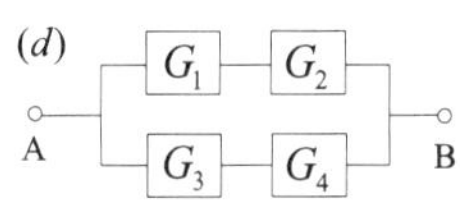

(4) 그림 (c)의 경우에는 A에서 B로 도달하며, 그림 (d)의 경우에는 도달하지 못하게 되는 G_1, G_2, G_3, G_4의 개폐상태를 모두 보이시오. 또, 그때의 확률 P_{cd}를 구하시오.

(5) (3)의 결과를 이용하여, 그림 (e)의 경우 A에서 B로 도달할 확률 P_e를 구하시오.

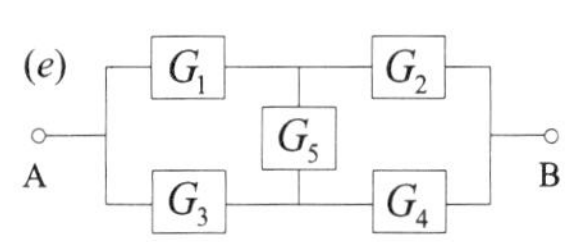

[해답]

(1)

(a) G_1, G_2가 모두 열려있어야 하므로, $P_a = p_1p_2$ ………(답)

(b) G_1, G_2 중 적어도 하나가 열려있으면 되므로, $P_b = p_1 + p_2 - p_1p_2$ ………(답)

(2) $0 < p_1 < 1$, $0 < p_2 < 1$이므로

$$P_b - P_a = p_1 + p_2 - 2p_1p_2 = p_1(1-p_2) + p_2(1-p_1) > 0 \quad \therefore P_a < P_b$$

(3)

(c) G_1, G_3 중 적어도 하나가 열려있고, G_2, G_4 중 적어도 하나가 열려있으면 되므로

$P_c = (p_1 + p_3 - p_1p_3)(p_2 + p_4 - p_2p_4)$ ………(답)

(d) G_1, G_2가 모두 열려있거나, G_3, G_4가 모두 열려있으면 되므로

$P_d = p_1p_2 + p_3p_4 - p_1p_2p_3p_4$ ………(답)

(4) $\{G_1, G_2, G_3, G_4\} = \{$개, 폐, 폐, 개$\}$, $\{$폐, 개, 개, 폐$\}$

$P_{cd} = p_1(1-p_2)(1-p_3)p_4 + (1-p_1)p_2p_3(1-p_4)$ ………(답)

(5) G_5가 열려있는 경우는 그림(c)와 같으며, G_5가 닫혀있는 경우는 그림(d)와 같으므로

$P_e = p_5(p_1 + p_3 - p_1p_3)(p_2 + p_4 - p_2p_4) + (1-p_5)(p_1p_2 + p_3p_4 - p_1p_2p_3p_4)$ ………(답)

4. 그림과 같이 S, A, B, C의 4개의 방이 있으며, ①~⑥의 위치에 문이 있어 방에서 방으로 이동이 가능하다. 예를 들어, S에서 B로 가는 것은 ②를 통과하여 직접 가는 방법 외에도 ①, ⑤, ④를 순서대로 통과하여 가는 방법 등이 있다.

이제, 동전을 던져 [통과하지 못하는 문]을 다음과 같이 정한다. ①에서 ⑥까지의 번호를 갖는 6개의 동전을 일제히 던져, 뒷면이 나온 번호의 문을 [통과하지 못하는 문]으로 한다. (앞면이 나온 번호의 문은 자유롭게 통과할 수 있다.)

이때, A, B, C의 3개의 방 중 S에서 갈 수 있는 방의 수를 X라 하자. $(0 \leq X \leq 3)$

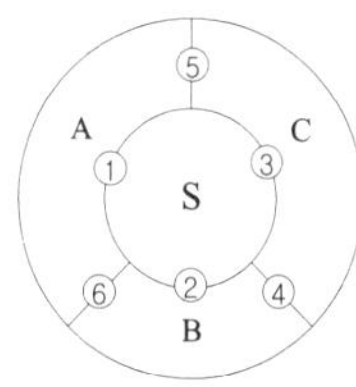

(1) $X=0$일 확률은 얼마인가?

(2) S에서 갈 수 있는 방이 A뿐일 확률은 얼마인가?

(3) $X=1$일 확률은 얼마인가?

(4) S에서 A와 B에는 갈 수 있으나, C에는 갈 수 없는 확률은 얼마인가?

(5) $X=2$일 확률은 얼마인가?

[해답]

(1) $X=0$인 경우는,

①, ②, ③의 문은 닫혀있어야 하며 다른 세 문은 닫혀있는 여부에 상관없으므로,

구하는 확률은 $\left(\frac{1}{2}\right)^3 \cdot 1^3 = \frac{1}{8}$ ………(답)

(2) S에서 갈 수 있는 방이 A뿐인 경우는,

①의 문은 열리고 ②, ③, ⑤, ⑥의 문은 잠긴 때이며,

④의 문은 닫혀있는 여부에 상관없으므로,

$$\left(\frac{1}{2}\right)^5 \cdot 1 = \frac{1}{32}$$ ………(답)

(3) S에서 갈 수 있는 방이 B뿐인 경우와 C뿐인 경우의 확률은 (2)와 같으므로,

$$3 \times \frac{1}{32} = \frac{3}{32}$$ ………(답)

(4) A와 B에는 갈 수 있으나 C에는 갈 수 없으려면,

먼저 ③, ④, ⑤의 문이 닫혀있어야 한다. 또, ①, ②의 문이 모두 열려있는 경우는 ⑥의 문은 닫혀있는 여부에 상관없으며, ①, ②의 문 중 어느 하나만 열려있는 경우는 ⑥의 문이 열려있어야 한다.

$$\left(\frac{1}{2}\right)^5 \cdot 1 + 2 \times \left(\frac{1}{2}\right)^6 = \frac{1}{16}$$ ………(답)

(5) (4)의 결과에 의하여, $X=2$일 확률은

$${}_3C_2 \times \frac{1}{16} = \frac{3}{16}$$ ………(답)

5. 그림과 같은 n단의 사다리모양의 스위치회로망을 고려해보자.

각 스위치는 독립적으로 작동하며, ON(閉)일 확률과 OFF(開)일 확률은 $\frac{1}{2}$로 같다.

단자 A, B가 전기적으로 연결되어있을 확률을 p_n이라 할 때, 다음 물음에 답하여라.

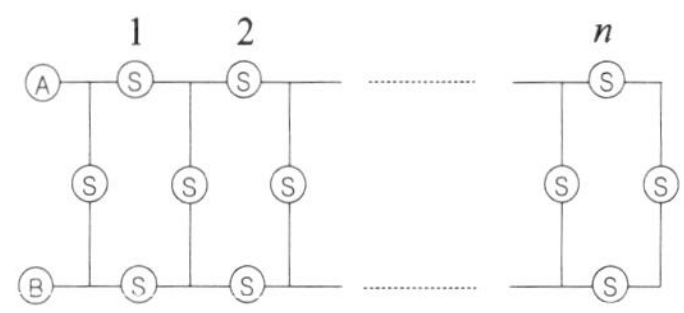

(1) p_1, p_2를 구하여라.

(2) 극한값 $\lim_{n \to \infty} p_n$을 구하여라.

[해답]

스위치 $S_0, S_1, \cdots, S_n$을 다음과 같이 정하자.

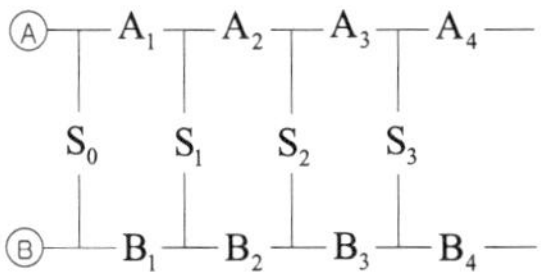

(1) 각 스위치가 ON인 경우 O, OFF인 경우 ×로 표시하자.

1단에 전기가 통하는 경우는 S_0가 O인 경우(다른 것은 임의)이거나,
S_0가 ×이고 A_1, S_1, B_1이 O인 경우이므로

$$p_1 = \frac{1}{2} + \left(\frac{1}{2}\right)^4 = \frac{9}{16} \qquad \cdots\cdots\cdots(\text{답})$$

2단에 전기가 통하는 경우는 1단에 전기가 통하거나
S_0, S_1이 ×이고 A_1, A_2, S_2, B_2, B_1이 O인 경우이다.

$$p_2 = \frac{1}{2} + \left(\frac{1}{2}\right)^4 + \left(\frac{1}{2}\right)^7 = \frac{73}{128} \qquad \cdots\cdots\cdots(\text{답})$$

(2) (1)과 같은 방법으로 p_n을 구하면,

$$p_n = \frac{1}{2} + \left(\frac{1}{2}\right)^4 + \left(\frac{1}{2}\right)^7 + \left(\frac{1}{2}\right)^{10} + \cdots + \left(\frac{1}{2}\right)^{3n+1}$$

$$\therefore \lim_{n\to\infty} p_n = \frac{1}{2} \times \frac{1}{1-\left(\frac{1}{2}\right)^3} = \frac{4}{7} \qquad \cdots\cdots\cdots(\text{답})$$

6. 송신기 A에서 수신기 B까지, 다음의 조건 (ⅰ)~(ⅳ)하에서 정보를 전송한다.

(ⅰ) A와 B의 사이에, 8개의 중계기 $\mathrm{S}_1, \mathrm{S}_2, \cdots, \mathrm{S}_8$이 있다.

(ⅱ) A에서 S_1과 S_2로 정보가 송신된다. 또, $\mathrm{S}_i(i=1, 2, \cdots, 6)$가 수신한 정보는 S_{i+1}과 S_{i+2}로 송신된다. 이어, S_7이 수신한 정보는 S_8과 B에 송신되며, S_8이 수신한 정보는 B에 송신된다.

(ⅲ) 중계기가 고장인 경우, 그 중계기는 수신도 송신도 할 수 없다.

(ⅳ) 중계기가 2005년 10월 6일 정오의 시점에 정상일 확률은 각 중계기가 p로 같다. 또, 송신기 A와 수신기 B는 고장나지 않는다.

이 때, 다음 물음에 답하여라.

(1) 2005년 10월 6일 정오의 시점에, 4개의 중계기가 고장일 확률을 구하여라.

(2) 2005년 10월 6일 정오의 시점에, A에서 송신한 정보가 B에 수신되는 상태일 확률을 구하여라.

[해답]

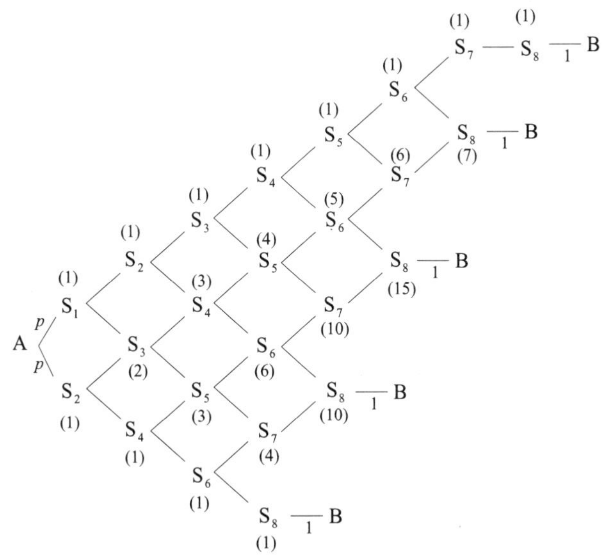

(수형도 중 ( )안의 숫자는 파스칼의 삼각형에 의하여 구하여진 경우의 수이다.)

(1) $\quad {}_8C_4(1-p)^4p^4 = 70(1-p)^4p^4$ ·········(답)

(2) 위의 수형도에 의하여 구하는 확률은

$1 \cdot p^4 + 10 \cdot p^5 + 15 \cdot p^6 + 7 \cdot p^7 + 1 \cdot p^8$ ·········(답)

7. 어떤 사람이 버스정류장 A에서 A발B행의 버스를 타고, 버스정류장B에서 B발C행의 버스로 갈아타서 버스정류장 C로 향해가는 것으로 하자. 버스의 출발시각, 버스정류장에서의 대기시간, 버스의 승차시간은 다음 5가지 조건을 만족하는 것으로 한다.

1. A발B행 및 B발C행의 버스는 같은 시각에 3분 간격으로 출발한다.
2. 정류장 A에서 기다리는 시간은 0분, 1분, 2분 중 하나이며, 각각의 확률은 $\frac{1}{3}$이다.
3. 정류장 B에 도착 후, 최초로 발차하는 C행의 버스로 갈아탄다.
4. A발 B행의 버스의 승차시간은 8분 또는 10분이며, 각각의 확률은 $\frac{1}{2}$이다.
5. B발C행의 버스의 승차시간은 6분 또는 7분이며, 각각의 확률은 $\frac{1}{2}$이다.

단, 조건 2, 4, 5에 있어서, 대기시간, 승차시간은 각각 독립이다. 이 사람이 정류장 A에 도착 후, 정류장 C에 도착할 때까지 걸린 시간이 n분일 확률 $P(n)$을 구하여라.

[해답]

각 경로에 사용된 시간(분)을 ( )로 표시하면 다음과 같다.

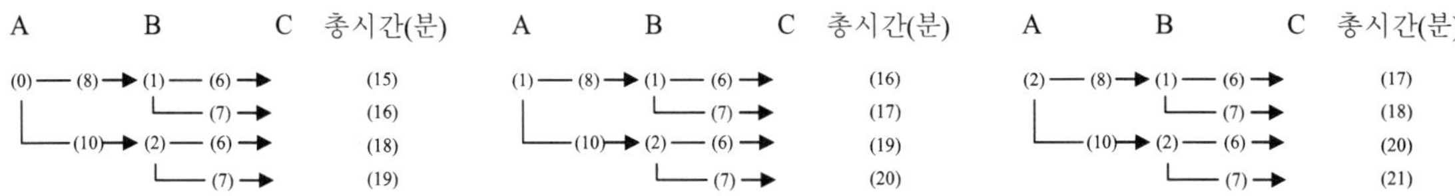

A에서 기다릴 확률은 각각 $\frac{1}{3}$이며, 버스의 승차시간의 확률도 각각 $\frac{1}{2}$이므로, 어떤 경로로 가든지 확률은 $\frac{1}{3}\cdot\frac{1}{2}\cdot\frac{1}{2}=\frac{1}{12}$이다.

$$\therefore P(n)=\begin{cases}\frac{1}{12} & (n=15, 21)\\ \frac{1}{6} & (n=16, 17, 18, 19, 20)\\ 0 & (n: \text{이외})\end{cases}$$ ………(답)

8. A팀과 B팀은 모자의 색을 맞추는 다음과 같은 게임을 한다.
각 팀의 선수는 6명이 종으로 일렬로 앞을 보고 서있으며, 선수들에게는 뒤에서부터 순서대로 1, 2, 3, 4, 5, 6의 번호를 붙인다. 심판은 선수마다 동전을 던지게 하여 앞면이 나오면 적색, 뒷면이 나오면 백색의 모자를 쓰게 한다. 각 선수는 번호순으로 1인당 1회씩 적색 또는 백색을 답하여, 자신의 모자의 색을 답하여 맞추는 사람수를 팀의 득점으로 한다. 단, 각 선수는 자신의 앞에 있는 선수의 모자색은 모두 볼 수 있으나, 자신의 모자색과 자신보다 뒤에 있는 선수의 모자색은 볼 수 없다. 또, 각 선수의 답하는 소리는 자신의 팀 전원에게 들린다. 다음 문제에 답하여라.

(1) A팀은 다음과 같은 작전을 세웠다. 이때, A팀의 득점의 기대값을 구하여라.
· 선수1은, 선수2의 모자색을 답한다.
· 선수2는, 선수1이 답한 색과 같은 색을 답한다.
· 선수3은, 선수4의 모자색을 답한다.
· 선수4는, 선수3이 답한 색과 같은 색을 답한다.
· 선수5는, 선수6의 모자색을 답한다.
· 선수6은, 선수5가 답한 색과 같은 색을 답한다.

(2) B팀은 다음과 같은 작전을 세웠다. 이때, B팀의 득점의 기대값을 구하여라.
· 선수1은, 선수2와 선수3의 모자색이 같으면 백색, 다르면 적색을 답한다.
· 선수2는, 선수1이 백색을 답한 경우는 선수3의 모자색을 답하고,
　　　선수1이 적색을 답한 경우는 선수3의 모자색과 다른 색을 답한다.
· 선수3은, 선수1이 백색을 답한 경우 선수2가 답한 색과 같은 색을 답하고,
　　　선수1이 적색을 답한 경우 선수2가 답한 색과 다른 색을 답한다.
선수 4, 5, 6은 선수 1, 2, 3과 같은 방법으로 다음과 같이 답한다.
· 선수4는, 선수5와 선수6의 모자색이 같으면 백색, 다르면 적색을 답한다.
· 선수5는, 선수4가 백색을 답한 경우는 선수6의 모자색을 답하고,
　　　선수4가 적색을 답한 경우는 선수6의 모자색과 다른 색을 답한다.
· 선수6은, 선수4가 백색을 답한 경우 선수5가 답한 색과 같은 색을 답하고,
　　　선수4가 적색을 답한 경우 선수5가 답한 색과 다른 색을 답한다.

(3) (1)의 작전에 의하여 게임에 임한 A팀의 득점이 (2)의 작전에 의하여 게임에 임한 B팀의 득점보다 높을 확률을 구하여라.

[해답]

선수2	적	적	백	백
선수1	적	백	적	백
득점	2	1	1	2
확률	$\frac{1}{4}$	$\frac{1}{4}$	$\frac{1}{4}$	$\frac{1}{4}$

(1) 선수1, 선수2의 조(組)에 대한 득점과 확률은 오른쪽 표와 같다. 즉, 득점은 1 또는 2, 확률은 모두 $\frac{1}{2}$이다.

이것은,
선수3과 선수4, 선수5와 선수6에 있어서도 같다.
따라서, A팀의 득점의 기대값은

$$(1+1+1)\times\left(\frac{1}{2}\right)^3+(1+1+2)\times{}_3C_2\left(\frac{1}{2}\right)^3+(1+2+2)\times{}_3C_1\left(\frac{1}{2}\right)^3+(2+2+2)\times\left(\frac{1}{2}\right)^3$$

$$=\frac{3}{8}+\frac{12}{8}+\frac{15}{8}+\frac{6}{8}=\frac{9}{2} \qquad \cdots\cdots\cdots(\text{답})$$

(2) 선수1, 선수2, 선수3을 조(組)로 하여, 득점과 확률을 조사하면 다음과 같다.

선수3	적	적	적	적	백	백	백	백
선수2	적	적	백	백	적	적	백	백
선수1	적	백	적	백	적	백	적	백
득점	2	3	3	2	3	2	2	3
확률	$\frac{1}{8}$	$\frac{1}{8}$	$\frac{1}{8}$	$\frac{1}{8}$	$\frac{1}{8}$	$\frac{1}{8}$	$\frac{1}{8}$	$\frac{1}{8}$

즉, 득점은 2 또는 3, 확률은 모두 $\frac{1}{2}$이며, 이는 선수 4, 5, 6에 있어서도 같다.
구하는 B팀의 득점의 기대값은

$$(2+2)\times\left(\frac{1}{2}\right)^2+(2+3)\times{}_2C_1\left(\frac{1}{2}\right)^2+(3+3)\times\left(\frac{1}{2}\right)^2=\frac{4+10+6}{4}=5 \qquad \cdots\cdots\cdots(\text{답})$$

(3) A팀의 득점을 a, B팀의 득점을 b라 하면, $a>b$를 만족하는 것은

$$(a,b)=(5,4),\ (6,4),\ (6,5)$$

인 경우이므로, 구하는 확률은

$$\frac{3}{8}\times\frac{1}{4}+\frac{1}{8}\times\frac{1}{4}+\frac{1}{8}\times\frac{1}{2}=\frac{3}{16} \qquad \cdots\cdots\cdots(\text{답})$$

9. U, V 2개의 용기에 각각 x %, y %의 식염수가 100g씩 들어있다. 지금 U, V에서 각각 10g씩 덜어 내어, V, U에 넣어 잘 섞는다. 이러한 조작을 n회 반복하였을 때의 U, V의 식염수의 농도가 각각 x_n %, y_n %로 된다고 한다.

(1) 2차의 정방행렬 B를 적당히 잡으면 다음과 같이 나타낼 수 있음을 보여라.

$$\begin{pmatrix} x_1 \\ y_1 \end{pmatrix} = B\begin{pmatrix} x \\ y \end{pmatrix}, \quad \begin{pmatrix} x_n \\ y_n \end{pmatrix} = B^n\begin{pmatrix} x \\ y \end{pmatrix}$$

(2) $P=\begin{pmatrix} 1 & -1 \\ 1 & 1 \end{pmatrix}$인 경우, $P^{-1}BP$를 계산하여 B^n을 구하여라.

(3) $x=20, y=10$인 경우, U, V의 식염수의 농도의 차를 1 %이하로 되게 하려면 n을 얼마로 하여야 하는가? 단, $\log_{10}2=0.3010$

[해답]

(1) 먼저, 최초에 U, V에 들어있는 식염의 양은 각각 xg, yg이다. 문제에서의 조작을 한 번 시행한 후, U, V에 들어있는 식염의 양은 각각

$$\mathrm{U}:\left(\frac{90}{100}x+\frac{10}{100}y\right)\mathrm{g}, \quad \mathrm{V}:\left(\frac{10}{100}x+\frac{90}{100}y\right)\mathrm{g}$$

따라서, $x_1=0.9x+0.1y$, $y_1=0.1x+0.9y$이다.

$$\therefore \begin{pmatrix} x_1 \\ y_1 \end{pmatrix} = \begin{pmatrix} 0.9 & 0.1 \\ 0.1 & 0.9 \end{pmatrix}\begin{pmatrix} x \\ y \end{pmatrix}$$

같은 방법으로, 임의의 k에 관하여

$$x_{k+1}=0.9x_k+0.1y_k, \quad y_{k+1}=0.1x_k+0.9y_k$$

$$\therefore \begin{pmatrix} x_{k+1} \\ y_{k+1} \end{pmatrix} = \begin{pmatrix} 0.9 & 0.1 \\ 0.1 & 0.9 \end{pmatrix}\begin{pmatrix} x_k \\ y_k \end{pmatrix}$$

$$\therefore \begin{pmatrix} x_n \\ y_n \end{pmatrix} = \begin{pmatrix} 0.9 & 0.1 \\ 0.1 & 0.9 \end{pmatrix}\begin{pmatrix} x_{n-1} \\ y_{n-1} \end{pmatrix} = \begin{pmatrix} 0.9 & 0.1 \\ 0.1 & 0.9 \end{pmatrix}\begin{pmatrix} 0.9 & 0.1 \\ 0.1 & 0.9 \end{pmatrix}\begin{pmatrix} x_{n-2} \\ y_{n-2} \end{pmatrix} = \cdots = \begin{pmatrix} 0.9 & 0.1 \\ 0.1 & 0.9 \end{pmatrix}^n\begin{pmatrix} x \\ y \end{pmatrix}$$

따라서, $B=\begin{pmatrix} 0.9 & 0.1 \\ 0.1 & 0.9 \end{pmatrix}$로 놓으면,

$$\therefore \begin{pmatrix} x_1 \\ y_1 \end{pmatrix} = B\begin{pmatrix} x \\ y \end{pmatrix}, \quad \begin{pmatrix} x_n \\ y_n \end{pmatrix} = B^n\begin{pmatrix} x \\ y \end{pmatrix}$$ ∎

(2)

$P^{-1}=\frac{1}{2}\begin{pmatrix} 1 & 1 \\ -1 & 1 \end{pmatrix}$이므로

$$P^{-1}BP=\frac{1}{2}\begin{pmatrix} 1 & 1 \\ -1 & 1 \end{pmatrix}\begin{pmatrix} 0.9 & 0.1 \\ 0.1 & 0.9 \end{pmatrix}\begin{pmatrix} 1 & -1 \\ 1 & 1 \end{pmatrix}$$

$$=\frac{1}{2}\begin{pmatrix} 1 & 1 \\ -0.8 & 0.8 \end{pmatrix}\begin{pmatrix} 1 & -1 \\ 1 & 1 \end{pmatrix}=\begin{pmatrix} 1 & 0 \\ 0 & 0.8 \end{pmatrix}$$ …………(답)

$(P^{-1}BP)^n = P^{-1}B^nP$이므로,

$$B^n = P(P^{-1}BP)^nP^{-1}$$

$$=\begin{pmatrix} 1 & -1 \\ 1 & 1 \end{pmatrix}\begin{pmatrix} 1 & 0 \\ 0 & 0.8 \end{pmatrix}^n\left\{\frac{1}{2}\begin{pmatrix} 1 & 1 \\ -1 & 1 \end{pmatrix}\right\}$$

$$=\frac{1}{2}\begin{pmatrix} 1 & -1 \\ 1 & 1 \end{pmatrix}\begin{pmatrix} 1 & 0 \\ 0 & 0.8^n \end{pmatrix}\begin{pmatrix} 1 & 1 \\ -1 & 1 \end{pmatrix}$$

$$=\begin{pmatrix} \frac{1+0.8^n}{2} & \frac{1-0.8^n}{2} \\ \frac{1-0.8^n}{2} & \frac{1+0.8^n}{2} \end{pmatrix}$$ …………(답)

(3)

$\begin{pmatrix} x_n \\ y_n \end{pmatrix} = B^n\begin{pmatrix} x \\ y \end{pmatrix}$에서

$$x_n - y_n = \left(\frac{1+0.8^n}{2}x + \frac{1-0.8^n}{2}y\right) - \left(\frac{1-0.8^n}{2}x + \frac{1+0.8^n}{2}y\right) = 0.8^n(x-y)$$

따라서, $x_n - y_n$을 1보다 작게 하기 위해서는

$$0.8^n(20-10) \leqq 1 \qquad \therefore\ 0.8^n \leqq \frac{1}{10}$$

n의 범위를 구하기 위하여 log를 취하면, $n \cdot \log_{10}0.8 \leqq -1$

$\log_{10}0.8 = \log_{10}2^3 - \log_{10}10 = 3\log_{10}2 - 1 = -0.0970$이므로,

$$\therefore\ n \geqq \frac{1}{0.0970} = 10.3\cdots$$

따라서, n은 11이상으로 잡으면 된다. …………(답)

10. 다음을 읽고, 아래의 문제에 답하여라.

A, B, C 세 명이 과자를 사러 갔다. A는 초콜릿 1개, 껌 1개, 엿 6개, B는 초콜릿 2개, 껌 3개, 엿 4개, C는 초콜릿 3개, 껌 5개, 엿 3개를 사서, 각각 60원, 90원, 125원을 지불하였다. 초콜릿, 껌, 엿의 가격은 x원, y원, z원이었다.

(1) A가 산 과자의 개수를 제1행에, B가 산 과자의 개수를 제2행에, C가 산 과자의 개수를 제3행에, 또, 각각의 초콜릿의 개수를 제1열에, 껌의 개수를 제2열에, 엿의 개수를 제3열에 배열하여 3×3행렬 A를 만들어라. 또, 이 행렬을 이용하여 x, y, z에 관한 연립방정식을 표현하여라.

(2) 행렬 E_1을 $E_1=\begin{pmatrix} 1 & 0 & 0 \\ -2 & 1 & 0 \\ 0 & 0 & 1 \end{pmatrix}$로 놓자. 이때, $B=E_1A$로 주어지는 행렬B의 제1행과 제3행은 A와 같으며, 제2행은 A의 제2행에서 제1행의 각 성분을 2배한 것을 뺀 것으로 되는 것을 계산을 통하여 확인하여라.

(3) 행렬 E_2 및 C를 $E_2=\begin{pmatrix} 1 & 0 & 0 \\ 0 & 1 & 0 \\ -3 & 0 & 1 \end{pmatrix}$, $C=\begin{pmatrix} 1 & 0 & 14 \\ 0 & 1 & -8 \\ 0 & 0 & 1 \end{pmatrix}$로 놓자.
이때, $C=E_3E_2B$를 만족하는 행렬 E_3를 구하여라.

(4) 행렬 $D=\begin{pmatrix} 1 & 0 & 0 \\ 0 & 1 & 0 \\ 0 & 0 & 1 \end{pmatrix}$로 놓자. 이때, $D=E_4C$를 만족하는 행렬 E_4를 구하여라.

(5) (2)에서 (4)까지의 행렬을 이용하여, x, y, z를 구하여라.

[해답]

(1) 문제의 뜻에 의하여, $A=\begin{pmatrix} 1 & 1 & 6 \\ 2 & 3 & 4 \\ 3 & 5 & 3 \end{pmatrix}$ ·········(답)

또, x, y, z에 관한 연립방정식은 $\begin{pmatrix} 1 & 1 & 6 \\ 2 & 3 & 4 \\ 3 & 5 & 3 \end{pmatrix}\begin{pmatrix} x \\ y \\ z \end{pmatrix}=\begin{pmatrix} 60 \\ 90 \\ 125 \end{pmatrix}$ ·········(답)

(2) $B=E_1A$를 계산하면 다음과 같으며, 문제문과 같은 형태로 된다.

$$B=\begin{pmatrix} 1 & 0 & 0 \\ -2 & 1 & 0 \\ 0 & 0 & 1 \end{pmatrix}\begin{pmatrix} 1 & 1 & 6 \\ 2 & 3 & 4 \\ 3 & 5 & 3 \end{pmatrix}=\begin{pmatrix} 1 & 1 & 6 \\ 0 & 1 & -8 \\ 3 & 5 & 3 \end{pmatrix}$$

(3) E_2B를 계산하면,

$$E_2B=\begin{pmatrix}1&0&0\\0&1&0\\-3&0&1\end{pmatrix}\begin{pmatrix}1&1&6\\0&1&-8\\3&5&3\end{pmatrix}=\begin{pmatrix}1&1&6\\0&1&-8\\0&2&-15\end{pmatrix}$$

(2)에서 고려한 방법에 의하여, C는 E_2B의 제1행에서 제2행을 빼고, 제3행에서 제2행의 2배를 뺀 것이므로, E_3는 다음과 같이 추정할 수 있다.

$$E_3=\begin{pmatrix}1&-1&0\\0&1&0\\0&-2&1\end{pmatrix}$$ ………(답)

실제로 계산해보면,

$$E_3E_2B=\begin{pmatrix}1&-1&0\\0&1&0\\0&-2&1\end{pmatrix}\begin{pmatrix}1&1&6\\0&1&-8\\0&2&-15\end{pmatrix}=\begin{pmatrix}1&0&14\\0&1&-8\\0&0&1\end{pmatrix}=C$$

(4) (2), (3)에서 고려한 방법에 의하여, D는 C의 제1행에서 제3행의 14배를 빼고, 제2행에 제3행의 8배를 더한 것이므로, E_4는 다음과 같이 추정할 수 있다.

$$E_4=\begin{pmatrix}1&0&-14\\0&1&8\\0&0&1\end{pmatrix}$$ ………(답)

실제로 계산해보면,

$$E_4C=\begin{pmatrix}1&0&-14\\0&1&8\\0&0&1\end{pmatrix}\begin{pmatrix}1&0&14\\0&1&-8\\0&0&1\end{pmatrix}=\begin{pmatrix}1&0&0\\0&1&0\\0&0&1\end{pmatrix}=D$$

(5) (2), (3), (4)에 의하여, $D=E_4E_3E_2E_1A$이므로

$$\begin{pmatrix}x\\y\\z\end{pmatrix}=D\begin{pmatrix}x\\y\\z\end{pmatrix}=E_4E_3E_2E_1A\begin{pmatrix}x\\y\\z\end{pmatrix}$$

$$=\begin{pmatrix}1&0&-14\\0&1&8\\0&0&1\end{pmatrix}\begin{pmatrix}1&-1&0\\0&1&0\\0&-2&1\end{pmatrix}\begin{pmatrix}1&0&0\\0&1&0\\-3&0&1\end{pmatrix}\begin{pmatrix}1&0&0\\-2&1&0\\0&0&1\end{pmatrix}\begin{pmatrix}60\\90\\125\end{pmatrix}=\begin{pmatrix}20\\10\\5\end{pmatrix}$$

$\therefore\ x=20\ ,\ y=10\ ,\ z=5$ ………(답)

11. 어느 상품 1개의 현재의 정가를 P원이라 하고, 매월 판매수량을 n개라 하면 현재의 매월 판매총액은 nP원으로 된다. 현재의 정가를 x할 올리면 판매수량은 y할 감소하며, 판매총액은 z배로 된다. 다음 문제에 답하여라.

(1) z를 x에 관하여 나타내어라.

(2) $y=kx$라 할 때, 판매총액을 최대로 하는 x의 값을 k로 나타내어라. 단, k는 $0<k<1$인 상수이다.

(3) $y=\frac{2}{3}x$일 때, 판매총액을 최대로 하는 x의 값을 구하여라.

(4) $y=\frac{2}{3}x$일 때, 판매총액을 증가시키는 x값의 범위를 구하여라.

[해답]

(1) 현재의 정가를 x할 올렸을 때의 정가, 판매수량, 판매총액은 각각 $P\left(1+\frac{x}{10}\right)$원, $n\left(1-\frac{y}{10}\right)$개, nPz원이므로, $nPz=P\left(1+\frac{x}{10}\right)\times n\left(1-\frac{y}{10}\right)$이다.

$$\therefore\ z=\frac{1}{100}(10+x)(10-y) \qquad \cdots\cdots\cdots\cdots(\text{답})$$

(2) $y=kx$의 조건하에서 (1)의 z를 최대로 하는 x의 값,

즉 $A=(10+x)(10-y)$를 최대로 하는 x를 구하면 된다.

$A=-k\left\{x-\frac{5(1-k)}{k}\right\}^2+\frac{25(1+k)^2}{k}$이며, $0<\frac{5(1-k)}{k}<\frac{10}{k}$이므로

z의 값을 최대로 하는 x값은 $x=\frac{5(1-k)}{k}$ $\cdots\cdots\cdots\cdots$(답)

$y=kx$이고 $0<\frac{y}{10}<1$이므로, $0<\frac{kx}{10}<1$ $\quad\therefore\ 0<x<\frac{10}{k}$

(3) $k=\frac{2}{3}$는 (2)의 k의 조건을 만족하므로,

(2)의 $x=\frac{5(1-k)}{k}$에 $k=\frac{2}{3}$를 대입하면 된다.

$$x=\frac{5}{2} \qquad \cdots\cdots\cdots\cdots(\text{답})$$

(4) $y=\frac{2}{3}x$일 때 (1)의 z는 $z=\frac{1}{100}(10+x)\left(10-\frac{2}{3}x\right)$

판매총액이 증가하는 경우는 $z>1$인 경우이므로,

$$z=\frac{1}{100}(10+x)\left(10-\frac{2}{3}x\right)>1,\quad 0<x<5 \qquad \cdots\cdots\cdots\cdots(\text{답})$$

12. 그림과 같이, 4점 A, B, C, D에서 자유롭게 회전할 수 있게 연결된 4개의 봉이 있다. 선분AD와 선분BC는 점P에서 만나며, $\overline{\mathrm{AB}}=\overline{\mathrm{CD}}=3\mathrm{cm}$, $\overline{\mathrm{AD}}=\overline{\mathrm{BC}}=5\mathrm{cm}$ 이다.

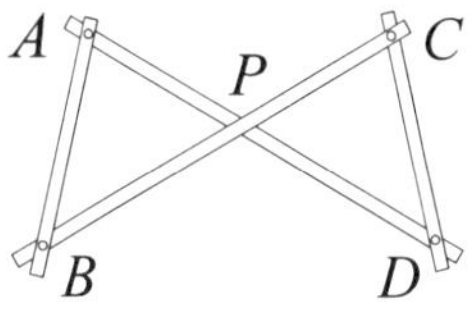

(1) $\triangle \mathrm{ABP} \equiv \triangle \mathrm{CDP}$ 를 증명하여라.

(2) $\triangle \mathrm{ABP}$ 의 넓이의 최대값을 구하여라.

[해답]

(1) $\overline{AB}=\overline{CD}$, $\overline{AD}=\overline{CB}$, $\overline{BD}$는 공통이므로, $\triangle ABD \equiv \triangle CDB$

$\therefore \angle BAD = \angle DCB$ …… ①

$\overline{AB}=\overline{CD}$, $\overline{AD}=\overline{CB}$, $\overline{AC}$는 공통이므로, $\triangle ABC \equiv \triangle CDA$

$\therefore \angle ABC = \angle CDA$ …… ②

$\overline{AB}=\overline{CD}$이므로, ①, ②에 의하여

$\therefore \triangle ABP \equiv \triangle CDP$ (ASA합동) (증명끝)

(2) $\triangle ABP \equiv \triangle CDP$이므로 $\overline{BP}=\overline{DP}=x$로 놓으면

$\overline{AP}=5-x$이므로, $\therefore \overline{BP}+\overline{AP}=5$

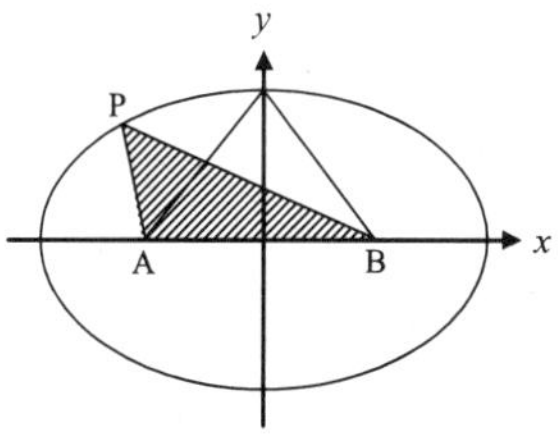

P는 A, B를 초점으로 하는 타원 상에 있으므로, $\triangle ABP$의 넓이가 최대로 되는 것은 P가 선분AB의 수직이등분선상에 있을 때이다. $x=5-x$, $x=\dfrac{5}{2}$이므로, 이때의 높이는

$$\therefore \sqrt{\left(\frac{5}{2}\right)^2-\left(\frac{3}{2}\right)^2}=2$$

따라서, 최대면적은 $\dfrac{1}{2}\cdot 3\cdot 2=3\ (\mathrm{cm}^2)$ …………(답)

A, B의 위치가 변하지만 구하는 것은 $\triangle ABP$의 넓이이므로 A, B는 고정되어있으며 P가 움직이는 것으로 생각하여도 된다. 또, $\overline{AB}+\overline{BC}=\overline{CD}+\overline{DA}$이므로 P는 A, B를 초점으로 하는 타원 상의 모든 점을 지나며 움직이는 것으로 생각할 수 있다.

13. 반지름 $r\,\text{cm}$의 구형으로, 최상부에 작은 구멍이 있는 용기 A가 있다. 또, 선분 $y = mx(r \geqq y \geqq 0)$를 y축 주위로 회전시켜 얻어지는 원뿔형태의 용기 B가 있다.

A의 구의 중심과 B의 원뿔의 꼭지점이 동일 수평면 상에 있으며, 원뿔 B의 축은 연직이다. 두 용기의 최하단을 가는 관으로 연결하여 물을 A의 중심높이까지 미리 넣어둔 후, 매초 $a\,\text{cm}^3$의 비율로 B에 물을 천천히 부어 두 용기의 수면의 높이를 갖게 하며, 수면의 상승속도를 A의 작은 구멍에 도달할 때까지 일정하게 $b\,\text{cm/sec}$로 유지한다. m 및 r의 값을 정하여라.

[해답]

문제의 뜻에 의하여, A, B 두 용기에 있어 수면의 면적의 합이 일정하다.
따라서 물을 붓기 시작하는 시점과 물이 모두 찬 시점을 비교하면,

$$\pi r^2 = \pi\left(\frac{r}{m}\right)^2, \quad m^2 = 1 \qquad \therefore\ m = \pm 1$$

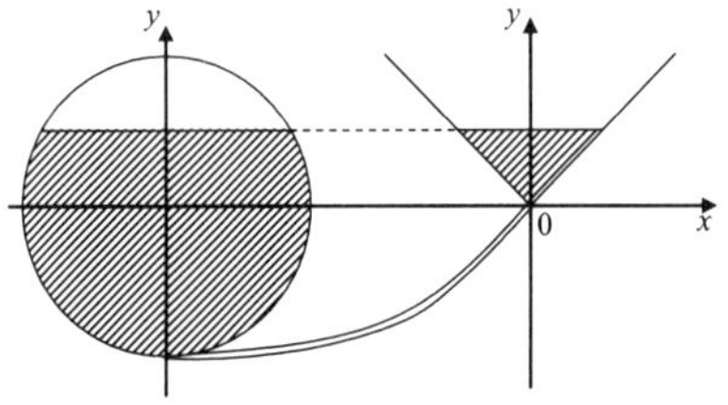

물이 모두 찰 때까지 $\dfrac{r}{b}$초가 걸리므로,

$$\frac{r}{b}a = \frac{1}{3}\pi r^3 + \frac{2}{3}\pi r^3 \qquad \therefore\ \ r^2 = \frac{a}{\pi b}$$

$r > 0$이므로, $r = \sqrt{\dfrac{a}{\pi b}}$

답 : $m = \pm 1, \quad r = \sqrt{\dfrac{a}{\pi b}}$

14. xy평면을 운동하는 동점M이 있어, 시각 t에 있어 위치를 $(x(t), y(t))$라 하자. $x(t)$, $y(t)$는 각각 다음 식을 만족한다.

$$\frac{dx}{dt} = x + \frac{1}{\alpha},\ \frac{dy}{dt} = 2y + 1$$

시각 $t = 0$에 있어 M은 원점에 위치하는 것으로 하자. 이때, $t \geqq 0$에 있어 M의 운동궤적이 점 $(1,4)$를 통과하게 되는 α를 정하여라.

[해답]

$$\frac{dx}{dt} = x + \frac{1}{\alpha} \text{에서 } \frac{1}{x + \frac{1}{\alpha}} \cdot \frac{dx}{dt} = 1$$

$$\int \frac{1}{x + \frac{1}{\alpha}} dx = \int dt + c_0$$

$$\ln\left|x + \frac{1}{\alpha}\right| = t + c_0 \quad (c_0\text{는 적분상수})$$

$$\therefore \quad x = ce^t - \frac{1}{\alpha} \quad (c = \pm e^{c_0})$$

$t = 0$인 경우 $x = 0$이므로, $x(t) = \frac{1}{\alpha}(e^t - 1)$ …… ①

같은 방법으로, $\frac{dy}{dt} = 2y + 1$에서 $y = ce^{2t} - \frac{1}{2}$

$t = 0$인 경우 $y = 0$이므로, $y(t) = \frac{1}{2}(e^{2t} - 1)$ …… ②

$x(t) = 1, y(t) = 4$인 $t \geqq 0$가 존재해야하므로, ①, ②에 의하여

$$\begin{cases} \alpha = e^t - 1 \\ 8 = e^{2t} - 1 \end{cases}$$

$$8 = (\alpha + 1)^2 - 1, \quad \alpha^2 + 2\alpha - 8 = 0$$

$$\therefore \alpha = 2, \ -4$$

$\alpha = e^t - 1 \geqq -1$에서 $\alpha = 2$ …………(답)

15. 정적분 $I=\int_0^1 \frac{\cos^2 4\pi x}{x+10}dx$의 값을 정확히 구하는 것은 곤란하다. 그래서, $0 \leqq x \leqq 1$의 범위에서 $P(x) \leqq \frac{1}{x+10} \leqq Q(x)$를 만족하는 적당한 일차식 $P(x)$, $Q(x)$를 이용하여, 정적분 $\int_0^1 P(x)\cos^2 4\pi x\,dx$ 및 $\int_0^1 Q(x)\cos^2 4\pi x\,dx$의 값을 계산하여 I의 근사치를 구하는 것을 시도한다.

여기서, $P(x)$는 직선 $y=P(x)$가 곡선 $y=\frac{1}{x+10}$상의 점 $\left(0, \frac{1}{10}\right)$에서의 접선으로 되는 일차식을 고려한다. 또, $Q(x)$는 직선 $y=Q(x)$가 곡선 $y=\frac{1}{x+10}$상의 두 점 $\left(0, \frac{1}{10}\right)$, $\left(1, \frac{1}{11}\right)$을 지나는 직선으로 되는 일차식을 고려한다.

(1) $P(x)$, $Q(x)$를 구하여,
$0 \leqq x \leqq 1$의 범위에서 $P(x) \leqq \frac{1}{x+10} \leqq Q(x)$가 성립하는 것을 보여라.

(2) 정적분 $\int_0^1 \cos^2 4\pi x\,dx$ 및 $\int_0^1 x\cos^2 4\pi x\,dx$의 값을 구하여라.

(3) 정적분 I의 값을 소수점이하 셋째자리까지 정확히 구하여라.

[해답]

(1) $y=\frac{1}{x+10}$로 놓으면, $y'=-\frac{1}{(x+10)^2}$

$$P(x),\ Q(x)\text{의 방정식은}\begin{cases} P(x):\ y=-\frac{1}{100}x+\frac{1}{10} \\ Q(x):\ y=-\frac{1}{110}x+\frac{1}{10} \end{cases} \quad \cdots\cdots\cdots(\text{답})$$

$$\begin{cases} \frac{1}{x+10}-P(x)=\frac{x^2}{100(x+10)} \geqq 0 \quad (\because 0 \leqq x \leqq 1) \\ Q(x)-\frac{1}{x+10}=\frac{x(1-x)}{110(x+10)} \geqq 0 \quad (\because 0 \leqq x \leqq 1) \end{cases}$$

이므로, $\therefore P(x) \leqq \frac{1}{x+10} \leqq Q(x)$

(2)

$I_1 = \int_0^1 \cos^2 4\pi x\,dx$, $I_2 = \int_0^1 x\cos^2 4\pi x\,dx$로 놓자.

$$I_1 = \int_0^1 \frac{1+\cos 8\pi x}{2}\,dx = \frac{1}{2}\left[x + \frac{1}{8\pi}\sin 8\pi x\right]_0^1 = \frac{1}{2} \qquad \cdots\cdots\cdots(\text{답})$$

$$I_2 = \int_0^1 x \cdot \frac{1+\cos 8\pi x}{2}\,dx = \frac{1}{2}\int_0^1 x\,dx + \frac{1}{2}\int_0^1 x\cos 8\pi x\,dx = \frac{1}{4} \qquad \cdots\cdots\cdots(\text{답})$$

$$\int_0^1 x\cos 8\pi x\,dx = \left[\frac{1}{8\pi}x\sin 8\pi x\right]_0^1 - \int_0^1 \frac{1}{8\pi}\sin 8\pi x\,dx = 0 + \frac{1}{64\pi^2}[\cos 8\pi x]_0^1 = 0$$

(3)

(1)의 부등식에서

$$\int_0^1 P(x)\cos^2 4\pi x\,dx \leqq I \leqq \int_0^1 Q(x)\cos^2 4\pi x\,dx$$

$$\begin{aligned}\int_0^1 P(x)\cos^2 4\pi x\,dx &= \int_0^1 \left(-\frac{1}{100}x + \frac{1}{10}\right)\cos^2 4\pi x\,dx \\ &= -\frac{1}{100}\int_0^1 x\cos^2 4\pi x\,dx + \frac{1}{10}\int_0^1 \cos^2 4\pi x\,dx \\ &= -\frac{1}{100}\times I_2 + \frac{1}{10}\times I_1 = -\frac{1}{100}\times\frac{1}{4} + \frac{1}{10}\times\frac{1}{2} = 0.0475\end{aligned}$$

$$\begin{aligned}\int_0^1 Q(x)\cos^2 4\pi x\,dx &= \int_0^1 \left(-\frac{1}{110}x + \frac{1}{10}\right)\cos^2 4\pi x\,dx \\ &= -\frac{1}{110}\int_0^1 x\cos^2 4\pi x\,dx + \frac{1}{10}\int_0^1 \cos^2 4\pi x\,dx \\ &= -\frac{1}{110}\times I_2 + \frac{1}{10}\times I_1 = -\frac{1}{110}\times\frac{1}{4} + \frac{1}{10}\times\frac{1}{2} \fallingdotseq 0.0477\end{aligned}$$

$$\therefore\ 0.0475 = \int_0^1 P(x)\cos^2 4\pi x\,dx \leqq I \leqq \int_0^1 Q(x)\cos^2 4\pi x\,dx \fallingdotseq 0.0477$$

답 : $I \fallingdotseq 0.047$

16. 어떤 물체가 지구의 표면에서 수직으로 위로 발사되었다. 지구중력의 영향만을 받는다고 가정할 때, 방정식 $\frac{d^2x}{dt^2}=-\frac{k^2}{2x^2}$이 성립한다. 단, 발사한지 t초 후의 이 물체와 지구의 중심사이의 거리를 $x\,\mathrm{m}$라 하고, k는 양의 상수이다. 지구의 반지름을 $R\mathrm{m}$, 발사속력을 $\frac{k}{\sqrt{R}}\,(\mathrm{m/sec})$라 할 때, 다음 물음에 답하여라.

(1) $\frac{d}{dt}\left(\left(\frac{dx}{dt}\right)^2-\frac{k^2}{x}\right)=0$을 보여라.

(2) $\frac{dx}{dt}$를 x의 함수로 나타내어라.

(3) x를 t의 함수로 나타내어라.

[해답]

(1)

$$\frac{d}{dt}\left(\left(\frac{dx}{dt}\right)^2-\frac{k^2}{x}\right)=2\frac{dx}{dt}\frac{d^2x}{dt^2}+\frac{k^2}{x^2}\frac{dx}{dt}$$

$$=2\frac{dx}{dt}\left(\frac{d^2x}{dt^2}+\frac{k^2}{2x^2}\right)=0$$

(2)

(1)에서, $\left(\frac{dx}{dt}\right)^2-\frac{k^2}{x}=c$ (c:상수)

$x=R$인 경우 $\frac{dx}{dt}=\frac{k}{\sqrt{R}}$이므로, $c=0$ $\therefore \left(\frac{dx}{dt}\right)^2=\frac{k^2}{x}$

물체의 속력은 양수이므로 $\frac{dx}{dt}=\frac{k}{\sqrt{x}}$ ………(답)

(3)

(2)에서 $\sqrt{x}\,dx=k\,dt$이므로, $\int\sqrt{x}\,dx=\int k\,dt$

$$\therefore \frac{2}{3}x^{\frac{3}{2}}=kt+C \quad (C\text{는 적분상수})$$

$t=0$일 때 $x=R$이므로, $C=\frac{2}{3}R^{\frac{3}{2}}$

$$\therefore \frac{2}{3}x^{\frac{3}{2}}=kt+\frac{2}{3}R^{\frac{3}{2}}$$

답 : $x=\left(\frac{3}{2}kt+R^{\frac{3}{2}}\right)^{\frac{2}{3}}$

17. 공기 중에 매달려있는 가열된 물체의 온도변화를 관찰하였더니, 온도 $f(x)$의 시간 x(분)에 대한 변화율 $\frac{df(x)}{dx}$는 물체와 공기의 온도차에 비례하였다고 한다. 공기의 온도는 일정하다고 할 때, 다음 물음에 답하여라.

(1) 공기온도 $a\,^0\mathrm{C}$, 비례상수 K에 대하여 위의 관찰결과를 방정식으로 나타내어라.

(2) 관찰을 시작할 때의 물체의 온도를 $b\,^0\mathrm{C}$라 할 때, $f(x)$를 a, b, x, K로 나타내어라. 단, $a < b$로 가정한다.

(3) 공기의 온도가 $15\,^0\mathrm{C}$, 관찰을 시작할 때의 물체의 온도가 $60\,^0\mathrm{C}$, 2분 후의 물체의 온도가 $40\,^0\mathrm{C}$로 되었다고 하자. 관찰을 시작한지 4분후의 물체의 온도를 구하여라.

[해답]

(1) $$\frac{df(x)}{dx} = K(f(x) - a) \quad \cdots\cdots\cdots(\text{답})$$

(2)

(1)에서 $f(x) = y$로 놓으면, $\frac{dy}{dx} = K(y-a)$, $\frac{dy}{y-a} = Kdx$

$$\ln|y-a| = Kx + C_1 \quad (C_1\text{은 적분상수})$$

$$\therefore\ y - a = Ce^{Kx} \quad (C = \pm\, e^{C_1})$$

$$\therefore\ y = a + Ce^{Kx}$$

$x = 0$을 대입하면, $b = a + C$ $\quad \therefore\ C = b - a$

$$\therefore\ f(x) = a + (b-a)e^{Kx} \quad \cdots\cdots\ ① \qquad \cdots\cdots\cdots(\text{답})$$

(3) $a = 15$, $b = 60$이며 $f(2) = 40$이므로, (2)번의 ①식에 의하여 $40 = 15 + 45e^{2k}$

$$\therefore\ e^{2K} = \frac{25}{45} = \frac{5}{9} \qquad \cdots\cdots\ ②$$

(2)번의 ①식에 $x = 4$를 대입하면,

$$f(4) = 15 + 45e^{4K} = 15 + 45 \times \left(\frac{5}{9}\right)^2 = \frac{260}{9}$$

따라서, 4분후의 온도는 $28\frac{8}{9}$ ^{0}C이다. $\cdots\cdots\cdots$(답)

18. 어느 약물의 용해속도식은 $\frac{dy}{dt} = a(b-y)$로 표시된다. a, b는 양의 상수이며, y는 시각 t에 있어서의 약물의 농도를 나타낸다. 초기조건 $t=0$일 때 $y=0$으로 된다고 가정하여, 다음 문제에 답하여라.

(1) $\lim_{t \to \infty} y = b$로 됨을 보이고, $y = f(t)$의 그래프의 개형을 그려라.

(2) $y = f(t)$ 상의 임의의 두 점 $(t_1, y_1), (t_2, y_2)$에 있어 $t_2 - t_1 = m$으로 될 때, y_2와 y_1의 관계를 m의 함수로 나타내어라.

[해답]

(1) $\frac{dy}{dt}=a(b-y) \quad (a>0, b>0)$

$y \neq b$라 하면, $\frac{1}{b-y}dy=a\,dt \qquad \therefore \int \frac{1}{b-y}dy=\int a\,dt$

$$-\ln|b-y|=at+C_1 \quad (C_1\text{:적분상수})$$

$$\therefore b-y=\pm e^{-(at+C_1)}=Ce^{-at} \quad (C=\pm e^{-C_1}) \qquad \therefore y=b-Ce^{-at}$$

$t=0$일 때 $y=0$이므로, $0=b-Ce^0$, $C=b$

$$\therefore y=b(1-e^{-at}) \qquad \cdots\cdots\cdots ①$$

따라서, $a>0$이므로 $\lim_{t\to\infty} y=\lim_{t\to\infty} b(1-e^{-at})=b$이며, $y=f(t)$의 그래프는 다음과 같다.

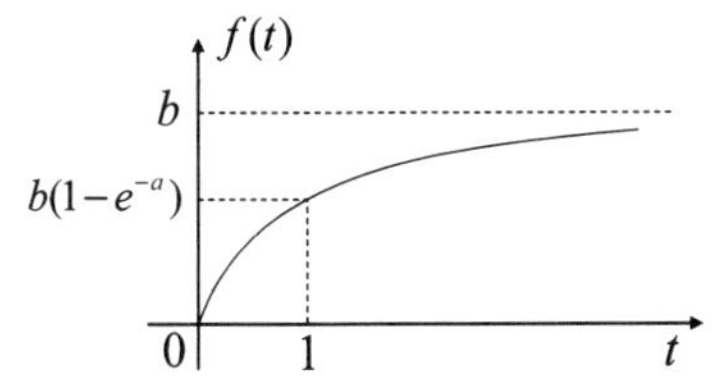

(2) ①식을 변형하면, $e^{-at}=\frac{b-y}{b}$

두 점 (t_1, y_1), (t_2, y_2)가 ①상에 있으므로, $e^{-at_1}=\frac{b-y_1}{b}$, $e^{-at_2}=\frac{b-y_2}{b}$

변변 나누면, $e^{-a(t_2-t_1)}=\frac{b-y_2}{b-y_1}$

$t_2-t_1=m$이므로, $\frac{b-y_2}{b-y_1}=e^{-am} \qquad \cdots\cdots\cdots$(답)

19. 그림과 같이, 용기A에 높이 $30\,\mathrm{cm}$까지 물이 가득 차있다. 또, 이 용기에 인접하여 반지름 $10\,\mathrm{cm}$의 원기둥모양의 용기B가 있다. 용기A와 용기B는 높이 $30\,\mathrm{cm}$인 곳에서 연결되어있어, 용기A에서 넘쳐흐른 물은 모두 용기B에 고이게 된다. 용기A에 반지름 $10\,\mathrm{cm}$인 구C를 매초 $2\,\mathrm{cm}$의 빠르기로 담근다. 단, 용기A에서 용기B로 물이 흘러 떨어지는데 필요한 시간은 고려하지 않는 것으로 한다.

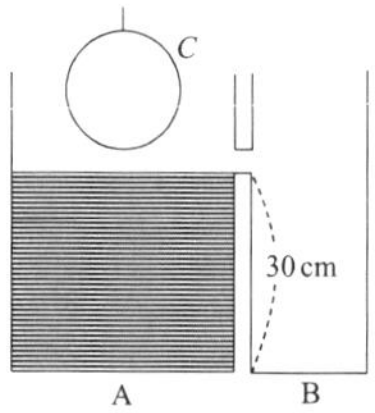

(1) 구C가 물에 잠기기 시작한 후 t초간에, 용기A에서 흘러내려 용기B에 고인 물의 양을 $V\mathrm{cm}^3$라 하자. 구C가 용기A의 바닥에 도달할 때까지 걸린 시간의 범위 내에서 V와 t의 관계식을 구하여라. 또, 그 관계를 그래프로 나타내어라.

(2) 구C가 물에 잠기기 시작한지 6초 후의 용기B의 수면의 상승속도를 구하여라.

[해답]

(1) 물에 잠기기 시작하여 10초 후에 물에 완전히 잠기며, 15초 후에 바닥에 도달한다. 따라서, $0 \leqq t \leqq 10$의 범위에서 수량 V는 원 $x^2+y^2=10^2$의 $-10 \leqq y \leqq -10+2t$인 부분을 y축 주위로 회전하여 얻어진 입체의 부피와 같으며, $10 \leqq t \leqq 15$에서는 구C의 부피와 같다.

$0 \leqq t \leqq 10$일 때,

$$V=\pi\int_{-10}^{-10+2t}(10^2-y^2)\,dy=-\frac{8}{3}\pi(t^3-15t^2) \qquad \cdots\cdots\cdots(답)$$

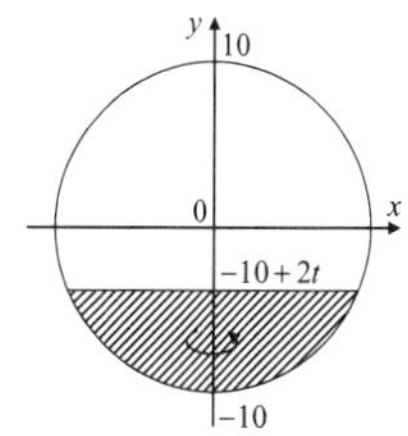

$10 \leqq t \leqq 15$일 때, $V=\dfrac{4}{3}\pi \cdot 10^3=\dfrac{4000\pi}{3}$ $\cdots\cdots\cdots$(답)

따라서, 그래프로 나타내면 다음과 같다.

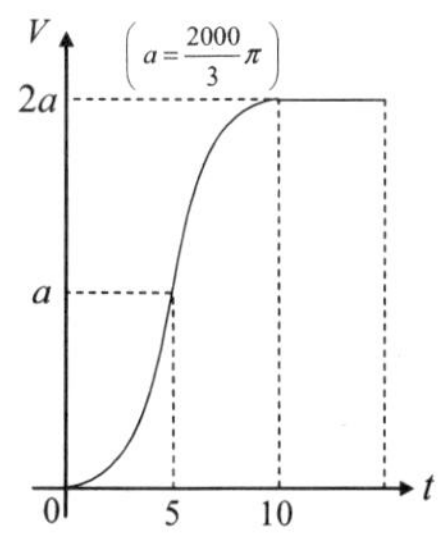

(2) t초($0 \leqq t \leqq 10$) 후의 용기B의 수면의 높이를 $h$cm라 하면,

$$10^2\pi h=-\frac{8}{3}\pi(t^3-15t^2), \quad h=-\frac{2}{75}(t^3-15t^2),$$

$$\therefore \frac{dh}{dt}=-\frac{2}{25}(t^2-10t)$$

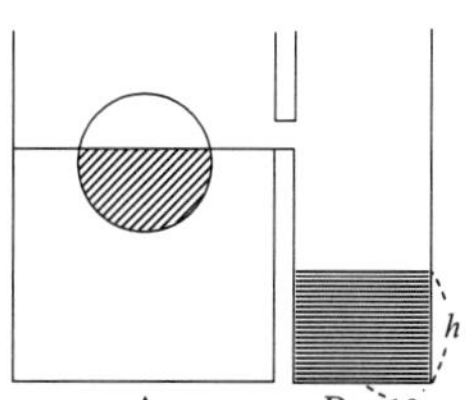

$t=6$를 대입하면, $\dfrac{dh}{dt}=\dfrac{48}{25}$ (cm/sec) $\cdots\cdots\cdots$(답)

20. 우라늄 같은 방사성원소는 원자핵이 붕괴되어 다른 원소로 변한다. 시각 t에 있어서 붕괴되고 남은 원소의 양을 $x=x(t)$, 붕괴되어 형성된 원소의 양을 $y=y(t)$라 하면, a를 양의 상수라 할 때 다음 방정식이 성립한다. 단, $x(0)=N\,(N>0)$, $y(0)=0$

$$(\text{i})\ \frac{dx}{dt}=-ax \qquad (\text{ii})\ \frac{dy}{dt}=ax$$

(1) (i)의 해 $x=x(t)$를 구하여라.

(2) $x(T)=y(T)$를 만족하는 T를 구하여라.

(3) 종축을 원소의 양, 횡축을 시간으로 하여, $x=x(t), y=y(t)\ (t \geqq 0)$의 그래프의 개형을 그려라.

[해답]

(1) (i)식의 일반해는 $x = C_1 e^{-at}$이다.

초기조건 $x(0) = N$에 의하여 $C_1 = N$

$\therefore\ x = Ne^{-at}$ … ① ………(답)

(2) (ii)식에 ①을 대입하면 $\dfrac{dy}{dt} = aNe^{-at}$

$$\therefore\ y = \int aNe^{-at}\,dt + C_2 = -Ne^{-at} + C_2$$

초기조건 $y(0) = 0$에 의하여 $y(0) = -N + C_2 = 0,\ C_2 = N$

$\therefore\ y = N(1 - e^{-at})$ … ②

①, ②와 $x(T) = y(T)$에서, $Ne^{-aT} = N(1 - e^{-aT}),\quad e^{-aT} = \dfrac{1}{2}\qquad \therefore\ -aT = -\ln 2$

$a > 0$이므로, $T = \dfrac{\ln 2}{a}$ ………(답)

(3) (i), (ii)에 의하여, 곡선$x(t)$는 아래로 볼록하며, 곡선$y(t)$는 위로 볼록하다.

$$x(0) = N,\quad y(0) = 0,\quad x(T) = Ne^{-aT} = \frac{N}{2}$$

$$\lim_{t\to\infty} x(t) = 0,\quad \lim_{t\to\infty} y(t) = N$$

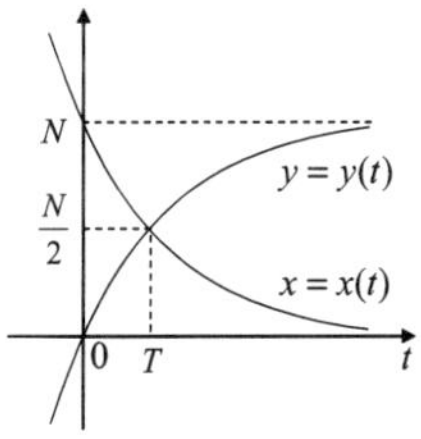

이므로,

곡선 $x(t), y(t)$의 개형은 그림과 같다.

21. 빛의 투과에 대하여 다음 법칙이 있다.

(1) 2개의 물질의 경계면에 수직으로 강도 I의 빛이 입사되는 경우, 각각의 물질의 고유상수(굴절률)를 l, m이라 할 때, 강도 $I\times\left|\dfrac{l-m}{l+m}\right|^2$의 빛은 처음 방향에 역진(逆進)하며, 남은 강도 $I\times\left(1-\left|\dfrac{l-m}{l+m}\right|^2\right)$의 빛은 그대로 나아간다.

(2) 동일한 물질의 속을 통과하는 동안 빛의 강도는 변하지 않는다.

이제, 2개의 물질 A, B(각각의 굴절률은 $a, b>0$)의 사이에 판상(板狀)의 물질 X(굴절률 x)를 넣었다. A물질을 수직으로 통과한 강도 I의 빛 중 X를 통과하여 B물질의 내부로 진입하게되는 빛의 강도를 구하여라. 또, 그 빛의 강도를 최대로 하는 x값을 구하여라.

[해답]

조건 (1), (2)에 의하여 X내의 빛의 강도는

$$I\times\left(1-\left|\frac{x-a}{x+a}\right|^2\right)$$

이 빛의 물질 B내에서의 강도를 L이라 하면

$$L=I\times\left(1-\left|\frac{x-a}{x+a}\right|^2\right)\times\left(1-\left|\frac{x-b}{x+b}\right|^2\right)=16Iab\left\{\frac{x}{(x+a)(x+b)}\right\}^2$$

이제, $y=\left\{\frac{x}{(x+a)(x+b)}\right\}^2$으로 놓고 미분하면,

$$y'=\frac{2x(ab-x^2)}{(x+a)^3(x+b)^3}$$

$x>0, a>0, b>0$이므로, $y'=0$에서 $x=\sqrt{ab}$

$\lim_{x\to\infty} y=0, \lim_{x\to 0} y=0$이며 $x=\sqrt{ab}$에서 극대이므로, $x=\sqrt{ab}$에서 L은 최대값을 갖는다.

답 : $16Iab\left\{\frac{x}{(x+a)(x+b)}\right\}^2$, $x=\sqrt{ab}$에서 최대

22. 어느 세포는 A, B, C의 세 형태 중 하나를 취한다. 또, A형태 또는 B형태의 1개의 세포는 다음 대에 그것과 같은 형태의 세포 4개로 분열하며, C형태의 1개의 세포는 다음 대에 A형태와 B형태의 세포로 각각 1개씩 2개로, C형태의 세포 2개로 분열하여 모두 4개로 분열한다. 다음 물음에 답하여라.

(1) C형태의 세포 1개를 1세대로 하여 출발하였을 때, n세대에서 C형태의 세포는 몇 개 발생하는가?

(2) C형태의 세포 1개를 1세대로 하여 출발하였을 때, n세대에서 B형태의 세포는 몇 개 발생하는가?

[해답]

(1) 문제의 조건에 의하여, C형태의 세포의 각 세대의 개수의 수열은 초항 1, 공비 2인 등비수열이다. 따라서, n세대째의 C형세포의 개수는 2^{n-1} ·········(답)

(2) n세대째의 B형세포의 개수를 a_n이라하고, n세대와 $n+1$세대의 관계를 조사해보자. $n+1$세대째에 B형세포가 발생하는 경우는 다음 2가지이다.

(i) n세대의 B형세포 a_n개에서, $4a_n$개의 B형세포가 발생한다.

(ii) n세대의 C형세포 2^{n-1}개에서, 2^{n-1}개의 B형세포가 발생한다.

$$\therefore\ a_{n+1} = 4a_n + 2^{n-1} \quad (a_1 = 0) \qquad \cdots ①$$

①의 양변을 2^{n+1}으로 나누고, $b_n = \dfrac{a_n}{2^n}$으로 놓으면

$$b_{n+1} = 2b_n + \frac{1}{4} \quad (b_1 = 0)$$

$$b_{n+1} + \frac{1}{4} = 2\left(b_n + \frac{1}{4}\right) = 2^n\left(b_1 + \frac{1}{4}\right) = 2^{n-2}$$

$$\therefore\ \frac{a_n}{2^n} = 2^{n-3} - \frac{1}{4}$$

답 : $a_n = 2^{2n-3} - 2^{n-2} = 2^{n-2}(2^{n-1} - 1)$

<다른 방법>

대칭성에 의하여, A형세포와 B형세포가 나오는 개수가 같으므로

$$(4^{n-1} - 2^{n-1}) \times \frac{1}{2}$$

23. 그림과 같이, 평평한 수평면에서, 수평방향속도성분 U_x, 연직방향속도성분 U_y로 던져진 작은 공의 운동 및 그 궤적에 대하여 다음 물음에 답하여라. 단, 그림과 같이, 던져진 위치를 원점, 수평방향을 x축, 연직방향을 y축으로 하자. 또, 작은 공의 크기는 무시할 수 있는 것으로 한다.
또, 오른쪽 그림과 같이, 작은 공이 수평면과 비스듬히 충돌할 때, 충돌직전 속도의 x방향성분을 v_x, y방향성분을 v_y, 충돌직후 속도의 x방향성분을 $v_x{}'$, y방향성분을 $v_y{}'$라 하면, $v_x{}' = v_x$, $v_y{}' = -\epsilon v_y$의 관계가 성립한다.
여기서, 반발계수 ϵ은 $0 < \epsilon < 1$를 만족하는 것으로 한다.

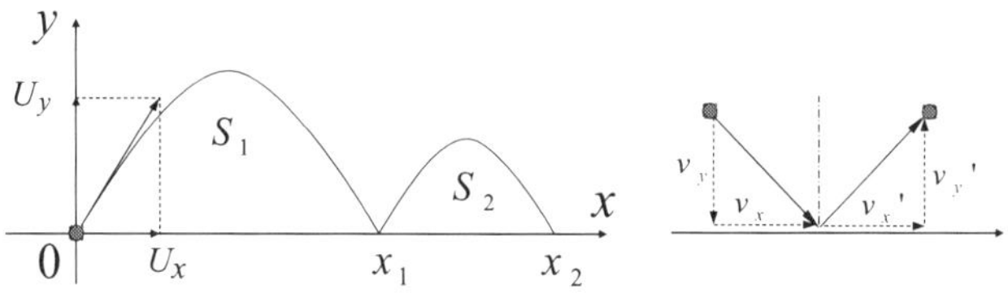

(1) 던져진 후, 작은 공은 수평방향으로 등속도운동, 연직방향으로 등가속도운동(단, 수평면과 충돌할 때는 제외)을 한다. 즉, 작은 공의 좌표를 (x, y), 던져진 후 흐른 시간을 t, 중력가속도를 g라 하면, 던져진 후 수평면과 최초로 충돌할 때까지 다음 방정식이 성립한다.

$$x = U_x t, \ y = U_y t - \frac{1}{2} g t^2$$

이 식에서 작은 공이 수평면과 최초로 충돌할 때까지의 시간 t_1 및 그 때의 x좌표 x_1을 구하여라.

(2) 구간 $0 \leqq x \leqq x_1$에 있어, 작은 공의 궤도와 x축으로 둘러싸인 부분의 넓이 S_1을 구하여라.

(3) 작은 공이 n번째로 수평면과 충돌할 때의 x좌표를 x_n이라 할 때, 구간 $x_{n-1} \leqq x \leqq x_n$에 있어, 작은 공의 궤도와 x축으로 둘러싸인 부분의 넓이 S_n을 구하여라. 단, $n \geqq 2$이다.

(4) $\sum_{n=1}^{\infty} S_n$을 구하여라.

[해답]

(1) $$x = x(t) = U_x t \ , \qquad y = y(t) = U_y t - \frac{1}{2}gt^2$$

$y=0$일 때, $t(2U_y - gt) = 0$에서 $t_1 = \dfrac{2U_y}{g}$, $x_1 = x(t_1) = \dfrac{2}{g}U_x U_y$ ………(답)

(2) (1)을 이용하면, 구하는 면적 S_1은

$$S_1 = \int_0^{x_1} y\, dx = \int_0^{t_1} y(t)x'(t)\, dt$$

$$= \left[\frac{U_x U_y}{2}t^2 - \frac{gU_x}{6}t^3\right]_0^{t_1} = \frac{2U_x {U_y}^3}{g^2} - \frac{4U_x {U_y}^3}{3g^2} = \frac{2}{3g^2}U_x {U_y}^3$$ ………(답)

(3) $y'(t) = U_y - gt$이므로

$$y'(t_1) = U_y - g \cdot \frac{2U_y}{g} = -U_y$$

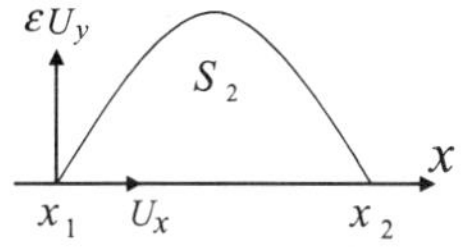

이제, 점$(x_1, 0)$을 원점 O로 하여 작은 공이 던져진 것으로 간주하면, 그 좌표 (x, y)는

$$x = U_x t \ , \ \ y = \epsilon U_y t - \frac{1}{2}gt^2 \quad (t \geqq 0)$$

(2)의 U_y에 ϵU_y를 대입하면

$$S_2 = \frac{2}{3g^2}U_x \cdot \epsilon^3 {U_y}^3 = \epsilon^3 S_1$$

S_{n-1}과 S_n $(n = 2, 3, 4, \cdots)$ 사이에도 같은 관계식이 성립하므로,

$\{S_n\}$은 공비 ϵ^3인 등비수열로 되어,

$$S_n = S_1(\epsilon^3)^{n-1} = \frac{2U_x {U_y}^3}{3g^2}\epsilon^{3n-3}$$ ………(답)

(4) $0 < \epsilon^3 < 1$이므로,

$$\sum_{n=1}^{\infty} S_n = \frac{S_1}{1-\epsilon^3} = \frac{2U_x {U_y}^3}{3g^2(1-\epsilon^3)}$$ ………(답)

24. 물이 가득 차있는 반지름 1인 반구모양의 용기A와, 반지름과 높이가 모두 1인 원기둥모양의 빈 용기B가 있다. 용기A를 시각 t에서의 기울기가 t(라디안)로 되도록 천천히 기울여, 흘러넘친 물을 용기B에 채운다.

단, $0 \leqq t \leqq \frac{\pi}{2}$이며, 용기B의 밑면은 수평을 이루고 있다. 또, 용기A에서 흘러넘친 물이 용기B로 흘러 들어가는 시간은 무시한다.

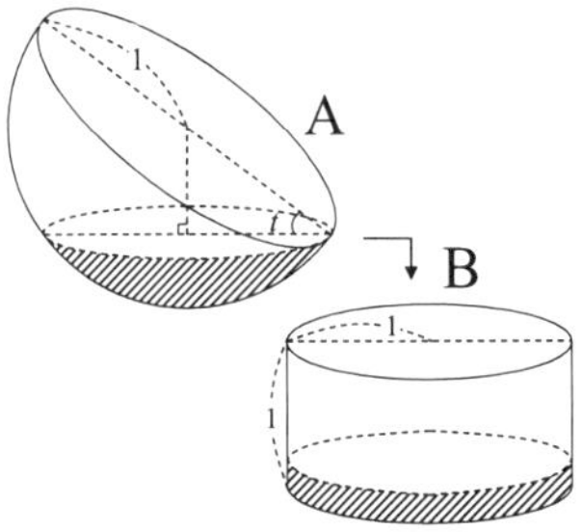

(1) 시각 $\frac{\pi}{3}$에서의 용기B의 물의 깊이를 구하여라.

(2) 시각 $\frac{\pi}{3}$에서의 용기B의 수면의 상승속도를 구하여라.

[해답]

(1) 시각 t에 있어서의 용기A에 남아있는 물의 부피는 그림의 사선부분을 x축 둘레로 회전시켜 얻어지는 입체의 부피와 같다.

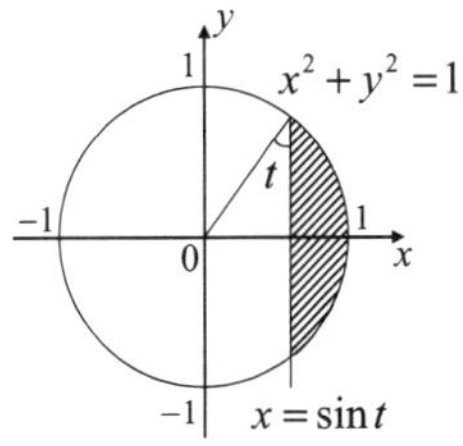

따라서, 시각 t에 있어서 용기B에 들어간 물의 부피를 $V(t)$라 하면,

$$V(t)=\frac{2}{3}\pi-\pi\int_{\sin t}^{1}(1-x^2)\,dx$$

$$=\frac{2}{3}\pi-\pi\left[x-\frac{x^3}{3}\right]_{\sin t}^{1}=\pi\left(\sin t-\frac{\sin^3 t}{3}\right)$$

시각 t에 있어서의 용기B의 수면의 높이를 $h(t)$라 하면, $V(t)=\pi h(t)$

$$h(t)=\frac{1}{\pi}V(t)=\sin t-\frac{\sin^3 t}{3}$$

$$\therefore\ h\left(\frac{\pi}{3}\right)=\frac{3\sqrt{3}}{8}\qquad\cdots\cdots\cdots(\text{답})$$

(2) 구하는 수면의 상승속도는 $h'\left(\frac{\pi}{3}\right)$이다. (1)에서

$$h'(t)=\cos t-\sin^2 t\cos t=\cos^3 t$$

$$\therefore\ h'\left(\frac{\pi}{3}\right)=\frac{1}{8}\qquad\cdots\cdots\cdots(\text{답})$$

25. 차의 구입에 있어, 차의 대금 M_0원을 전액 대출하였다. 대출금의 변제와 이자의 계산은 다음과 같다.

① 구입 1개월 후에 제1회 지불을 행하고,
이후, 1개월마다 지불하여 제N회 지불에서 종료하는 것으로 한다.
② 이자는 차의 대금 중 변제되고 남은 금액에
1개월당 $100\alpha\%$의 비율로 부과되는 것으로 한다.
③ 매월의 지불액은 일정하며, 그 금액을 a원이라 하자.
이것은 차의 대금의 일부변제와 ②에서 계산된 이자에 충당된다.

제 $k\,(1 \leqq k \leqq N)$회째의 지불을 행한 후의 차의 대금의 잔액을 M_k원이라 하자. 이때, M_k와 M_{k-1}의 관계를 a, α를 이용하여 나타내어라. 또, 매월의 지불액 a원을 M_0, α, N을 이용하여 구하여라.

[해답]

빌린 금액을 M_0, 1개월 당 이율을 α, k개월 후의 잔액을 M_k라 하면,

$$M_{k+1} = (M_k + \alpha M_k) - a$$

$$\therefore\ M_k = (1+\alpha)M_{k-1} - a \qquad \cdots\cdots\cdots(\text{답})$$

$$M_1 = (1+\alpha)M_0 - a$$

$$M_2 = (1+\alpha)M_1 - a = (1+\alpha)\{(1+\alpha)M_0 - a\} - a = (1+\alpha)^2 M_0 - a\{(1+\alpha)+1\}$$

$$\vdots$$

$$M_N = 0 = (1+\alpha)^N M_0 - a\{(1+\alpha)^{N-1} + (1+\alpha)^{N-2} + \cdots + (1+\alpha) + 1\}$$

$$\therefore\ a = \frac{(1+\alpha)^N M_0}{1 + (1+\alpha) + \cdots + (1+\alpha)^{N-1}}$$

$$= \frac{\alpha(1+\alpha)^N}{(1+\alpha)^N - 1} M_0 \qquad \cdots\cdots\cdots(\text{답})$$

26. 수평면 V상의 3점을 O, A, B라 하자. A는 선분OB 상에 있으며, 선분AB의 길이는 1미터이다. O로부터, V에 수직으로 봉이 서있다. 봉의 선단(先端) X를 A, B에서 보았을 때의 앙각(仰角)이 각각 $45^0, 44^0$라 한다. 봉의 길이는 몇 미터인가? 소수점아래는 반올림하여 답하여라. 단, $0.01745 < \tan 1^0 < 0.01746$

[해답]

4점 O, A, B, X를 포함하는 평면에 대하여 고려하면, 아래의 그림과 같이 $\triangle OAX$는 $\angle AOX = 90^0$인 직각이등변삼각형이다.

$\overline{OX} = l$로 놓으면, $\overline{OA} = l$, $\overline{AB} = 1$이므로

$$\tan 44^0 = \frac{\overline{OX}}{\overline{OB}} = \frac{l}{l+1} \quad \cdots ①$$

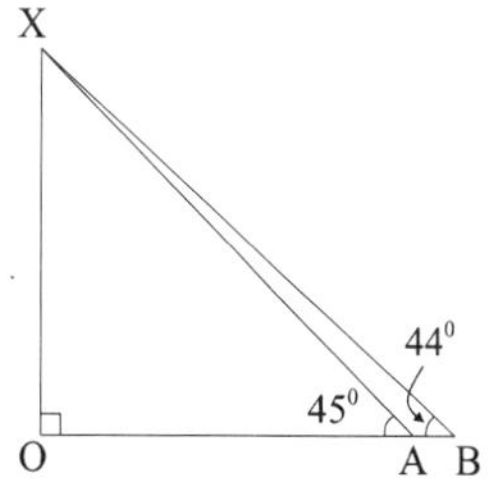

또, $\tan 44^0 = \tan(45^0 - 1^0) = \dfrac{\tan 45^0 - \tan 1^0}{1 + \tan 45^0 \tan 1^0}$

$$= \frac{1 - \tan 1^0}{1 + \tan 1^0} \quad \cdots ②$$

①, ②에서 $\dfrac{l}{l+1} = \dfrac{1 - \tan 1^0}{1 + \tan 1^0}$ $\qquad \therefore l = \dfrac{1}{2\tan 1^0} - \dfrac{1}{2}$

여기서, $0.01745 < \tan 1^0 < 0.01746$이므로

$$\frac{1}{0.03492} < \frac{1}{2\tan 1^0} < \frac{1}{0.03490}$$

$$28.63 \cdots\cdots < \frac{1}{2\tan 1^0} < 28.65 \cdots\cdots$$

$$\therefore 28.13 \cdots\cdots < l < 28.15 \cdots\cdots$$

소수점이하를 반올림하면, $l = 28$

따라서, 구하는 봉의 길이는 28 (미터)이다. ………(답)

27. 어느 호수에 사는 어떤 어종의 개체수에 관하여 조사한 결과, 어획을 하지 않는 경우, 개체수는 매년 1년간에 10%의 비율로 증가하는 것으로 나타났다. 1993년 4월 1일에 개체수가 10만인 것을 확인하고, 그 직후에 M마리를 어획하였다.
이후, 매년 4월 1일에 M마리를 어획한다. 단, 그 시점에서 개체수 a가 M보다 작으면 a마리를 어획하는 것으로 한다. 이때, 다음 물음에 답하여라. 단, $11^{50} \fallingdotseq 1.17 \times 10^{52}$을 사용할 수 있다.

(1) n년 후의 4월 1일, 어획 전에 있어서의 개체수를 a_n이라하자. $a_{n-1} \geqq M$인 경우, a_n과 $a_{n-1}(n \geqq 1)$의 관계를 구하여, a_n을 n, M으로 나타내어라.

(2) 50년 후의 3월 31일에 있어서의 개체수가 0으로 되지 않기 위한 M의 조건을 구하여라.

[해답]

(1) 문제에 의하여, $a_n = (a_{n-1} - M) \times 1.1$

$a_0 = 10^5$

$a_1 = (a_0 - M) \times 1.1 = 1.1(a_0 - M)$

$a_2 = (a_1 - M) \times 1.1 = 1.1(a_1 - M) = 1.1\{1.1(a_0 - M) - M\} = 1.1^2 a_0 - M(1.1 + 1.1^2)$

$$\begin{aligned} a_3 &= (a_2 - M) \times 1.1 = 1.1(a_2 - M) \\ &= 1.1\{1.1^2 a_0 - M(1.1 + 1.1^2) - M\} = 1.1^3 a_0 - M(1.1 + 1.1^2 + 1.1^3) \\ &\vdots \end{aligned}$$

$$\begin{aligned} a_n &= 1.1^n a_0 - M(1.1 + 1.1^2 + \cdots + 1.1^n) \\ &= 1.1^n a_0 - 1.1M(1 + 1.1 + 1.1^2 + \cdots + 1.1^{n-1}) \\ &= 1.1^n a_0 - 1.1M\frac{1.1^n - 1}{1.1 - 1} \\ &= 1.1^n a_0 - 11M(1.1^n - 1) = 1.1^n(10^5 - 11M) + 11M \end{aligned}$$ ·········(답)

(2) $$a_{50} = 1.1^{50}(10^5 - 11M) + 11M > 0$$

$1.1^{50} = \left(11 \times \frac{1}{10}\right)^{50} = 11^{50} \times \frac{1}{10^{50}} ≒ 1.17 \times 10^2 = 117$이므로,

$$a_{50} = 117(10^5 - 11M) + 11M = 10^5 \times 117 - 116 \times 11M > 0$$

$$\therefore\ 11M < \frac{117}{116} \times 10^5 ≒ 1.00862 \times 10^5 = 100862$$

$$M < \frac{1}{11} \times 100862 ≒ 9169.27$$

답 : $M \leqq 9169$

28. 어느 공장에서, 기계 P, Q, R을 사용하여, 2종류의 제품 A와 B를 제조하고 있다. 제품A를 1개 제조하기 위해, P는 3분, Q는 1분, R은 1분의 작업이 필요하다. 또, 제품 B를 1개 제조하기 위해, P는 1분, Q는 2분, R은 1분의 작업이 필요하다. 어떤 기계도 제품 1개씩의 작업만 가능하다. 또, 기계 P, Q, R은 각각 하루에 1000분, 800분, 500분만 작업가능하다. 제품 A와 B의 1개당 이익을 각각 50만원, 40만원이라 할 때, 이익을 최대로 하기 위하여, 제품A와 B를 각각 1일당 몇 개 제조하는 것이 좋은가?

[해답]
문제의 조건을 정리하면, 다음 표와 같다.

	P(1000분)	Q(800분)	R(500분)	이익	개수
A	3분	1분	1분	50만원	x
B	1분	2분	1분	40만원	y

기계 P, Q, R의 작업시간의 제한에 의하여

$$\begin{cases} 3x+y \leqq 1000 & \cdots ① \\ x+2y \leqq 800 & \cdots ② \\ x+y \leqq 500 & \cdots ③ \end{cases} \qquad \begin{cases} x \geqq 0 & \cdots ④ \\ y \geqq 0 & \cdots ⑤ \end{cases}$$

부등식 ①, ②, ③의 부등호를 등호로 바꾼 직선의 방정식을 각각 ①′, ②′, ③′라 하고, 이익을

$$50x+40y=k \qquad \cdots ⑥$$

로 놓자.

점 (x, y)의 존재범위는 오른쪽 그림의 사선부분이며, 두 직선 ②′, ③′의 교점을 C, ①′, ③′의 교점을 D로 놓으면

$$\mathrm{C}(200, 300),\ \mathrm{D}(250, 250)$$

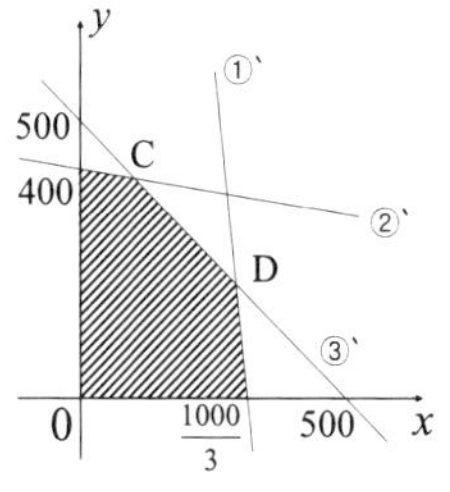

직선 ⑥, ①′, ②′, ③′의 기울기는 각각

$$-\frac{5}{4},\ -3,\ -\frac{1}{2},\ -1$$

이므로, 직선⑥이 점D를 통과할 때, 이익은 최대로 된다.

즉, 제품 A, B를 각각 250개, 250개 제조하였을 때, 최대이익 22500원이 얻어진다.

답 : 제품A 250개, 제품B 250개 ·········(답)

29. 오전 7시에 A항을 출발하여, 50해리 떨어진 B항까지 등속 v노트$(4 \leqq v \leqq 20)$의 모터보트를 타고 가서, B항에서 300km 떨어진 C시까지 등속 $w\,\mathrm{km/h}(30 \leqq \mathrm{w} \leqq 100)$의 자동차로 가려고 한다. C시에 당일 오후 4시에서 9시 사이에 도착해야만 한다. 자동차와 모터보트의 소요시간을 각각 x, y시간이라 하자.
다음 물음에 답하여라. (단, 노트 = 해리/시간)

(1) 위의 조건을 만족하는 x, y의 존재범위를 도시하여라.

(2) 소요경비 P가 $P=1000+30(5-x)+20(8-y)$로 주어질 때, 소요경비를 최소로 하는 v, w를 구하여라.

[해답]

(1) $v=\dfrac{50}{y}, w=\dfrac{300}{x}$이며, $4 \leqq v \leqq 20, 30 \leqq w \leqq 100$이므로

$$3 \leqq x \leqq 10, \frac{5}{2} \leqq y \leqq \frac{25}{2} \qquad \cdots ①$$

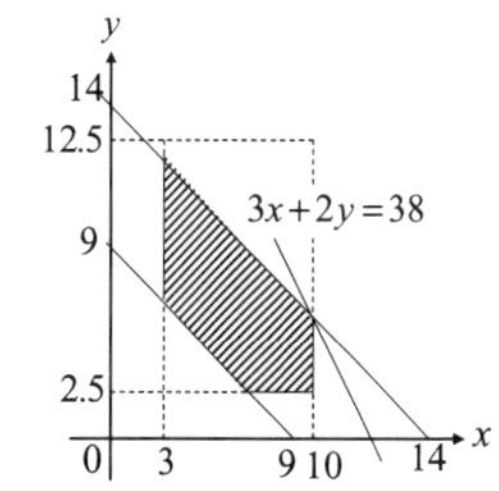

소요시간 $x+y$는 9시간에서 14시간까지이므로

$$9 \leqq x+y \leqq 14 \qquad \cdots ②$$

①, ②를 만족하는 점 (x, y)의 존재범위는 그림의 사선부분이다. (경계포함)

(2) $$P=1000+30(5-x)+20(8-y)$$

$$3x+2y=131-\frac{P}{10} \qquad \cdots\cdots ③$$

$131-\dfrac{P}{10}=k$로 놓으면, k가 최대인 경우 P가 최소이다. (1)의 영역을 통과하는 기울기 $-\dfrac{3}{2}$인 직선 $3x+2y=k$ 중 k를 최대로 하는 것은 점 (10,4)를 지나는 것이다.
즉, $x=10, y=4$일 때 P가 최소로 되며, 이 때 $v=12.5, w=30$이다.

답 : $v=12.5, w=30$

30. 어느 관광버스회사는 보유하고 있는 버스의 일부를 이용하여, 같은 시간간격으로 발차하는 호반(湖畔)일주버스를 운행하고 있다. 버스의 사용대수를 1대 감소시키면 발차간격은 2분 40초만큼 늘어나고, 2대 증가시키면 1대 증가시킨 경우보다 1분 4초만큼 더 발차간격이 단축된다.
호반을 버스로 일주하는데 소요되는 시간을 구하여라. 단, 버스는 출발점에서 5분간 정차하는 것 이외에는 도중에 정차하지 않는다.

[해답]

1대의 버스가 호반을 발차한 후 다시 발차하는 데 걸리는 시간을 x분이라 하고, 최초의 버스의 사용대수를 y대라 하자. 이 때, 발차간격은 $\frac{x}{y}$분이다.

버스를 1대 감소시키면 발차간격이 2분 40초 늘어나므로,

$$\frac{x}{y-1} = \frac{x}{y} + 2\frac{40}{60} \qquad \cdots\cdots ①$$

버스를 2대 증가시키면 1대 증가시킨 경우보다 1분 4초만큼 더 발차간격이 단축되므로,

$$\frac{x}{y+2} = \frac{x}{y+1} - 1\frac{4}{60} \qquad \cdots\cdots ②$$

①에서, $\frac{x}{y(y-1)} = \frac{8}{3}$ $\cdots\cdots$ ③

②에서, $\frac{x}{(y+1)(y+2)} = \frac{16}{15}$ $\cdots\cdots$ ④

③÷④에서, $\frac{(y+1)(y+2)}{y(y-1)} = \frac{5}{2}$

$$3y^2 - 11y - 4 = 0, (3y+1)(y-4) = 0$$

$$\therefore y = 4 \ (\because y > 0)$$

$y=4$를 ③에 대입하면, $x=32$
$y=4$는 ③, ④의 분모를 0으로 만들지 않으므로 문제의 뜻에 적당하다.

$x=32$는 1대의 버스가 발차한 후 다시 발차하는 데 걸리는 시간이므로 출발점에서 정차하는 5분이 포함되어 있다. 따라서, 일주하는데 소요되는 시간은 $32-5=27$(분)이다.

답 : 27분

31. 어느 지도상의 네 도시 A_1, A_2, A_3, A_4의 중심지점을 각각 C_1, C_2, C_3, C_4라 하자. 각 지점 C_i와 $C_j(i \neq j)$간의 거리를 $d_{ij}(\mathrm{km})$라 할 때 다음이 성립한다.

$$d_{12} = d_{14},\ d_{23} = d_{34} = \sqrt{5}\,d_{12},\ d_{13} = 12,\ d_{24} = 6,\ d_{12} > d_{24}$$

여기서, 각 도시의 인구를 p_i라 하고, A_i와 A_j을 왕래하는 사람의 1일 교통량을 y_{ij}라 하면, 상수 r이 존재하여 모든 $i, j\,(i \neq j)$에 대하여 $y_{ij} = r \cdot \dfrac{p_i \cdot p_j}{{d_{ij}}^2}$가 성립한다.

(1) C_1과 C_3를 지나는 직선과 C_2와 C_4를 지나는 직선의 교점을 Q라 할 때, C_2와 Q 사이의 거리를 구하여라.

(2) C_1과 C_2 사이의 거리 d_{12}를 구하여라.

(3) $p_1 : p_4 = 2 : 1$, $y_{12} : y_{23} : y_{34} = 12 : 4 : 3$인 경우, $p_1 : p_2 : p_3 : p_4$를 구하여, 어느 두 도시 사이의 교통량이 가장 많은지를 구하여라.

[해답]

$$d_{12} = d_{14},\ d_{23} = d_{34} = \sqrt{5}\,d_{12},\ d_{13} = 12,\ d_{24} = 6,\ d_{12} > d_{24} \quad \cdots ①$$

$$y_{ij} = r \cdot \frac{p_i \cdot p_j}{{d_{ij}}^2} \quad \cdots ②$$

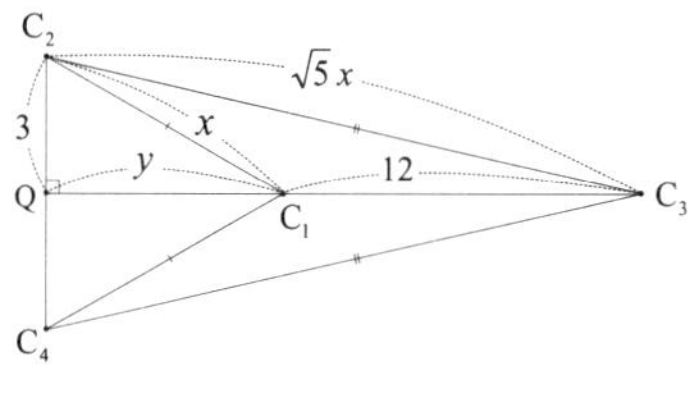

(1) 조건①에 의하여, 위와 같은 그림을 얻을 수 있다.

$$\overline{C_2Q} = 3 \qquad \cdots\cdots\cdots(답)$$

(2) $\overline{C_1C_2} = x$, $\overline{C_1Q} = y$로 놓으면, 피타고라스의 정리에 의하여

$$\begin{cases} x^2 = 9 + y^2 & \cdots ③ \\ 5x^2 = 9 + (y+12)^2 & \cdots ④ \end{cases}$$

③, ④에서 x를 소거하면, $5(9+y^2) = 9 + (y+12)^2$

$$y^2 - 6y - 27 = 0 \qquad \therefore y = 9 \quad (\because y > 0)$$

$y = 9$를 ③에 대입하면,

$$d_{12} = x = 3\sqrt{10} \quad (\because x > 0) \qquad \cdots\cdots\cdots(답)$$

(3) $$p_1 : p_4 = 2 : 1 \quad \cdots ⑤ \qquad\qquad y_{12} : y_{23} : y_{34} = 12 : 4 : 3 \quad \cdots ⑥$$

②, ⑥에서, $r \cdot \dfrac{p_1 p_2}{{d_{12}}^2} : r \cdot \dfrac{p_2 p_3}{{d_{23}}^2} : r \cdot \dfrac{p_3 p_4}{{d_{34}}^2} = 12 : 4 : 3$

또, ⑤에서 $p_1 = 2k$, $p_4 = k$로 놓으면,

$$\frac{2k \cdot p_2}{90} : \frac{p_2 \cdot p_3}{450} : \frac{p_3 \cdot k}{450} = 12 : 4 : 3 \quad (\because (2))$$

$$\begin{cases} 2 \cdot 5k : p_3 = 12 : 4 \\ p_2 : k = 4 : 3 \end{cases} \qquad \therefore p_3 = \frac{10}{3}k,\ p_2 = \frac{4}{3}k$$

따라서, $p_1 : p_2 : p_3 : p_4 = 6 : 4 : 10 : 3$ $\cdots\cdots\cdots$(답)

$p_1 = 6$, $p_2 = 4$, $p_3 = 10$, $p_4 = 3$으로 놓으면,

$$\begin{cases} y_{12} = \dfrac{16}{60}r,\ y_{13} = \dfrac{25}{60}r,\ y_{14} = \dfrac{12}{60}r \\ y_{23} = \dfrac{4}{45}r,\ y_{24} = \dfrac{20}{60}r,\ y_{34} = \dfrac{4}{60}r \end{cases}$$

따라서, 교통량이 가장 많은 것은 A_1과 A_3 사이이다. $\cdots\cdots\cdots$(답)

32. 현재, 기상대 A의 위치에서 서쪽으로 300km 떨어진 곳에 태풍의 중심이 있다. 태풍은 매시 40km의 속력으로 북동쪽으로 이동하고 있으며, 그 중심으로부터 반경 250km 이내는 태풍권 안에 속한다. 기상대 A가 태풍권 내에 속하는 것은, 현재로부터 대략 얼마의 시간이 지나서인가? 또, 기상대 A가 태풍권 안에 속하는 시간은 대략 몇 시간 동안인가? (단, $\sqrt{2} \fallingdotseq 1.4$, $\sqrt{7} \fallingdotseq 2.6$으로 계산)

[해답]

기상대 A의 좌표를 원점으로 하고, 동쪽을 x축의 양의 방향, 북쪽을 y축의 양의 방향으로 하자. 현재의 태풍의 중심의 좌표는 $(-300,0)$이므로, t시간 후 태풍의 중심의 좌표는

$$(-300+40t\cos 45^{\circ}, 40t\sin 45^{\circ}) = (-300+20\sqrt{2}t, 20\sqrt{2}t)$$

따라서, t시간 후의 태풍권은

$$(x+300-20\sqrt{2}t)^2+(y-20\sqrt{2}t)^2 \leqq 250^2$$

이므로,

기상대 $A(0,0)$가 태풍권 내에 속할 조건은

$$(300-20\sqrt{2}t)^2+(-20\sqrt{2}t)^2 \leqq 250^2$$

$$16t^2-120\sqrt{2}t+275 \leqq 0$$

$$\frac{15\sqrt{2}-5\sqrt{7}}{4} \leqq t \leqq \frac{15\sqrt{2}+5\sqrt{7}}{4}$$

$$\therefore \text{ 약 } 2 \leqq t \leqq 8.5$$

답 : 태풍권에 들어가는 것은 약 2시간 후이며,
태풍권 안에 속하는 것은 약 6시간 반 동안이다.

step 2

33. A, B 양 지점을 연결하는 통신선을 중계지점 C를 지나도록 부설하려 한다. AC간의 거리는 10km, CB간의 거리는 20km이며, 통신선 1회선의 1km 당 부설비는 10만원이다. 이 통신선은 가끔 고장이 나며, 고장 중일 확률은 AC 간은 0.3, CB 간은 0.4이다. 이때, 다음 물음에 답하여라.

(1) AC간에 3회선, CB간에 3회선의 통신선을 부설하여, 고장 나지 않은 회선끼리 C지점에서 연결되면 AB간은 ' 통신가능상태 '라고 한다. AB간이 통신가능상태일 확률을 구하여라.

(2) 부설자금으로 800만원을 사용하여, AB간이 통신가능상태일 확률을 최대로 하는 통신선을 부설하고자 한다. AC간과 CB간에 각각 몇 회선을 부설해야 하는가?

[해답]

(1) AB간의 3회선이 모두 고장일 확률은 0.3^3이므로, 적어도 1회선은 고장이 아닐 확률은 $p_1 = 1 - 0.3^3$이다. 같은 방법으로, CB간의 3회선 중 적어도 1회선은 고장이 아닐 확률은 $p_2 = 1 - 0.4^3$이다. 따라서 AB간이 통신가능상태일 확률은

$$p_1 p_2 = (1 - 0.3^3)(1 - 0.4^3) = 0.910728 \fallingdotseq 0.91 \qquad \cdots\cdots\cdots\cdots (\text{답})$$

(2) AC간에 m회선, CB간에 n회선의 통신선을 부설한다고 하면,

$$100m + 200n = 800$$

$$\therefore m + 2n = 8 \quad (m, n\text{은 양의 정수})$$

이것을 풀면,

m	2	4	6
n	3	2	1

위 3가지 경우에 있어 통신가능상태일 확률을 각각 x, y, z라 하면,

$$\frac{x}{y} = \frac{(1-0.3^2)(1-0.4^3)}{(1-0.3^4)(1-0.4^2)} = \frac{780}{763} > 1$$

$$\frac{x}{z} = \frac{(1-0.3^2)(1-0.4^3)}{(1-0.3^6)(1-0.4)} = \frac{15600}{10981} > 1$$

이므로, $x > y$, $x > z$이다.

답 : AC간에 2회선, CB간에 3회선

34. 어떤 전화국 관내의 전화의 1회 통화시간(분)은, 확률변수 x로 표시하며, 그 확률 밀도함수 $f(x)$는 $f(x)=\begin{cases} ae^{-\frac{x}{3}} & (0 \leqq x < 180) \\ 0 & (x \geqq 180) \end{cases}$로 된다. 단, a는 상수이다.

한편, 통화료는 $3(n-1) \leqq x < 3n$ $(n=1,\ 2,\ \cdots)$의 통화시간에 대하여 $10n$원이다.

(1) 상수 a의 값을 구하여라.

(2) 1회 통화시간의 평균을 정적분으로 나타내고, 그 값을 구하여라. (단위:분)

(3) 1회의 통화료가 $10n$원$(n=1, 2, \cdots, 60)$으로 될 확률 $P(n)$을 정적분으로 나타내고, 그 값을 구하여라.

(4) 1회 통화료의 평균을 급수로 나타내고, 그 값을 구하여라. (단위:분)

[해답]

(1) $\int_0^{180} f(x)\,dx = a\left[-3e^{-\frac{x}{3}}\right]_0^{180} = 1$에서, $a = \dfrac{e^{60}}{3(e^{60}-1)}$ ·········(답)

(2) $\int_0^{180} xf(x)\,dx = a\left[-9e^{-\frac{x}{3}} - 3xe^{-\frac{x}{3}}\right]_0^{180} = \dfrac{3(e^{60}-61)}{e^{60}-1}$ ·········(답)

(3) $P(n) = \int_{3(n-1)}^{3n} f(x)\,dx = a\left[-3e^{-\frac{x}{3}}\right]_{3(n-1)}^{3n} = \dfrac{e^{60}}{e^{60}-1}\left(\dfrac{1}{e^{n-1}} - \dfrac{1}{e^n}\right)$ ·········(답)

(4)

$$\sum_{n=1}^{60} 10nP(n) = \sum_{n=1}^{60} 10n \cdot \frac{e^{60}}{e^{60}-1} \cdot \frac{e-1}{e^n} = \frac{10(e-1)e^{60}}{e^{60}-1}\sum_{n=1}^{60} ne^{-n}$$

여기서, $\displaystyle\sum_{n=1}^{60} ne^{-n} = e^{-1} + 2e^{-2} + 3e^{-3} + \cdots + 59e^{-59} + 60e^{-60}$

$$e^{-1}\sum_{n=1}^{60} ne^{-n} = e^{-2} + 2e^{-3} + \cdots + 58e^{-59} + 59e^{-60} + 60e^{-61}$$

$$(1-e^{-1})\sum_{n=1}^{60} ne^{-n} = \sum_{n=1}^{60} e^{-n} - 60e^{-61}$$

$$\sum_{n=1}^{60} ne^{-n} = \frac{e^{-1}(1-e^{-60})}{(1-e^{-1})^2} - \frac{60e^{-61}}{1-e^{-1}} = \frac{e^{61}-61e+60}{(e-1)^2e^{60}}$$

$$\sum_{n=1}^{60} 10nP(n) = \frac{10(e-1)e^{60}}{e^{60}-1} \cdot \frac{e^{61}-61e+60}{(e-1)^2e^{60}}$$

$$= \frac{10(e^{61}-61e+60)}{(e^{60}-1)(e-1)}$$ ·········(답)

35. n명의 집단에서 총액 r만원의 기부를 모으려 한다. 단, 1구좌 1만원으로, 1인당 2구좌까지 가능하며 0구좌도 가능하다. 가능한 모집방법의 총수를 ${}_nA_r$로 놓을 때, 아래의 물음에 답하여라. 단, n, r은 양의 정수 또는 0이며, ${}_nA_0 = 1$로 한다.

(1) $n \geqq 1$일 때, ${}_nA_2$를 n의 식으로 나타내어라.

(2) ${}_nA_r = {}_nA_{2n-r}$이 성립함을 보여라. 단, $0 \leqq r \leqq 2n$이다.

(3) ${}_nA_n$은 홀수임을 보여라.

[해답]

(1) $n=1$인 경우, 그 한 명이 2만원을 내는 방법밖에 없으므로, ${}_nA_2=1$이다.
$n \geqq 2$인 경우에는, 2명이 1만원씩 내는 방법과 1명이 2만원을 내는 방법밖에 없으므로

$${}_nA_2 = {}_n\mathrm{C}_2 + {}_n\mathrm{C}_1 = \frac{n(n-1)}{2} + n = \frac{n(n+1)}{2} \quad (n=1\text{일 때도 성립}) \qquad \cdots\cdots\cdots(\text{답})$$

(2) n명으로부터 r만원의 기부를 모집하는 방법의 총수는, n명으로부터 2만원씩 모집한 $2n$만원에서 $2n-r$만원을 n명의 사람에게 0구좌, 1구좌, 2구좌 중 하나의 형태로 반환하는 방법의 총수와 같으므로 ${}_nA_r = {}_nA_{2n-r}$ $(0 \leqq r \leqq 2n)$ $\cdots$ ①

(3) $n=0, 1, 2$인 경우에는 명확히 성립하므로, $n \geqq 2$에 대하여 ${}_nA_n$은 홀수라고 가정하자.
이제, $n+1$명의 사람으로부터 $n+1$만원을 모집하는 방법을 고려해보자.

$n+1$번째 사람이
1구좌를 기부하는 경우, 모집방법의 총수는 ${}_nA_n$
2구좌를 기부하는 경우, 모집방법의 총수는 ${}_nA_{n-1}$
0구좌를 기부하는 경우, 모집방법의 총수는 ${}_nA_{n+1}$
이므로,

$$\begin{aligned} {}_{n+1}A_{n+1} &= {}_nA_n + {}_nA_{n-1} + {}_nA_{n+1} = {}_nA_n + {}_nA_{n-1} + {}_nA_{2n-(n+1)} \quad (\because ①) \\ &= {}_nA_n + 2\,{}_nA_{n-1} \end{aligned}$$

따라서, 귀납법의 가정에 의하여 ${}_{n+1}A_{n+1}$은 홀수이므로 문제는 증명되었다. ∎

[다른 방법] (3)은, 다음과 같이 고려할 수도 있다.

n명의 사람으로부터 기부금을 모집하는 방법은 3^n가지이며, $\sum_{r=0}^{2n} {}_nA_r = 3^n$이므로

$$\begin{aligned} {}_nA_n &= \sum_{r=0}^{2n} {}_nA_r - ({}_nA_0 + \cdots + {}_nA_{n-1} + {}_nA_{n+1} + \cdots + {}_nA_{2n}) \\ &= 3^n - 2({}_nA_0 + \cdots + {}_nA_{n-1}) \quad (\because ①) \end{aligned}$$

따라서, ${}_nA_n$은 홀수이다.

36. 그림과 같이 3개의 상자 A, B, C가 있어, 1마리의 쥐가 1초마다 상자에서 이웃한 상자로 이동한다. 이동방향과 확률은 그림에 표시된 방법에 따른다. 즉, 쥐가

상자 A에 있을 때, 확률 p로 상자B로 이동하며, 확률 $1-p$로 이동하지 않는다.

상자 B에 있을 때, 확률 p로 상자C로 이동하며, 확률 $1-p$로 상자A로 이동한다.

상자 C에 있을 때, 확률 $1-p$로 상자B로 이동하며, 확률 p로 이동하지 않는다.

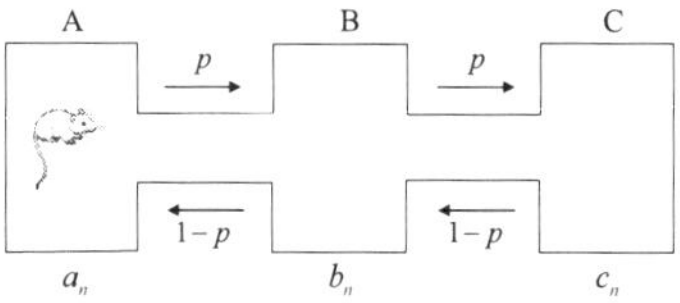

n초 후에 쥐가 A, B, C에 있을 확률을 각각 a_n, b_n, c_n이라 하자. 단, $n=0$일 때 쥐는 상자A에 있으며, $0<p<1$이다.

(1) a_n, b_n, c_n을 a_{n-1}, b_{n-1}, c_{n-1} 및 p를 이용하여 나타내어라.

(2) $a_{n+1}+\alpha a_n+\beta a_{n-1}=r\ (n=1,2,3,\cdots)$일 때, α, β, γ를 p의 식으로 나타내어라.

(3) $p=\dfrac{1}{2}$일 때, 자연수 m에 대하여 a_{2m}을 구하여라.

[해답]

(1) 쥐가 n초 후에 상자A에 있는 것은,

$n-1$초 후에 상자A에 있는 상태로 머무르거나,

$n-1$초 후에 상자B에 있다가 상자A로 이동한 경우이다.

$$a_n = (1-p)a_{n-1} + (1-p)b_{n-1} \quad \cdots ① \qquad \text{(답)}$$

같은 방법으로, $b_n = pa_{n-1} + (1-p)c_{n-1} \quad \cdots ② \qquad$ (답)

$$c_n = pb_{n-1} + pc_{n-1} \quad \cdots ③ \qquad \text{(답)}$$

(2) ①+②+③에서 $a_n + b_n + c_n = a_{n-1} + b_{n-1} + c_{n-1}$

$$a_n + b_n + c_n = a_0 + b_0 + c_0 = 1+0+0 = 1$$

①에서, $a_n = (1-p)(a_{n-1} + b_{n-1}) = (1-p)(1-c_{n-1})$

③에서, $c_n = p(b_{n-1} + c_{n-1}) = p(1-a_{n-1}) = p - pa_{n-1}$

$$\begin{aligned} \therefore a_{n+1} &= (1-p)(1-c_n) = (1-p) - (1-p)c_n \\ &= (1-p) - (1-p)(p - pa_{n-1}) \\ &= p(1-p)a_{n-1} + (1-p)^2 \end{aligned}$$

$$\therefore a_{n+1} + 0 \cdot a_n + (p^2 - p)a_{n-1} = (1-p)^2$$

$$\therefore \alpha = 0, \ \beta = p^2 - p, \ \gamma = (1-p)^2 \qquad \cdots\cdots\cdots\text{(답)}$$

(3) (2)의 결과에 $n = 2m-1$, $p = \frac{1}{2}$를 대입하면,

$$a_{2m} - \frac{1}{4}a_{2(m-1)} = \frac{1}{4}$$

$a_{2m} = x_m$으로 놓으면,

$$x_m - \frac{1}{4}x_{m-1} = \frac{1}{4}, \ x_0 = a_0 = 1$$

$$x_m - \frac{1}{3} = \frac{1}{4}\left(x_{m-1} - \frac{1}{3}\right)$$

$$x_m - \frac{1}{3} = \left(x_0 - \frac{1}{3}\right)\left(\frac{1}{4}\right)^m = \frac{2}{3}\left(\frac{1}{4}\right)^m$$

$$\therefore a_{2m} = x_m = \frac{1}{3} + \frac{2}{3}\left(\frac{1}{4}\right)^m \qquad \cdots\cdots\cdots\text{(답)}$$

37. 그림과 같이 배치된 25개의 구역 A～Y가 있다.
최초 A에서 출발하여 이웃한 구역들을 지나 Y에 도달하려한다. 각 구역에서의 이동방향을 결정하는 방법은, 각각 東, 西, 南, 北이 적혀있는 4장의 카드를 잘 섞어 무작위로 1장을 뽑아, 뽑은 카드에 적혀있는 방향의 바로 이웃한 구역으로 이동한다.
단, 뽑은 카드에 적혀있는 방향에 이웃한 구역이 없을 때는, 그 방향과 정반대의 방향에 바로 이웃한 구역으로 이동한다. 예를 들면, K에 있을 때 西가 적힌 카드를 뽑으면, L로 이동한다. 또, E에 있을 때 北이 적힌 카드를 뽑으면, J로 이동한다.

A	B	C	D	E
F	G	H	I	J
K	L	M	N	O
P	Q	R	S	T
U	V	W	X	Y

(1) 2회 이동하여 C에 도달할 확률은 □, 2회 이동하여 G에 도달할 확률은 □, 3회 이동하여 H에 도달할 확률은 □이다.

(2) 3회 이동하여 D, H, L, P 중 어느 곳인가에 도달할 확률은 $\frac{\square}{2^6}$, 6회 이동하여 O에 도달할 확률은 $\frac{\square}{2^{12}}$, 8회 이동하여 Y에 도달할 확률은 $\frac{\square}{2^{16}}$이다.

[해답]

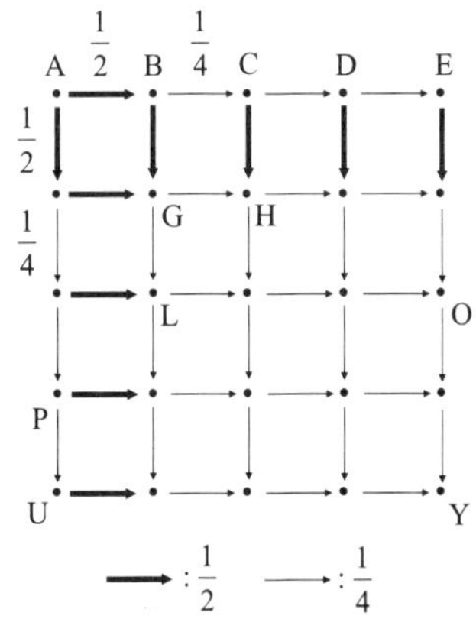

(1) 2회 이동하여 C에 도달하는 것은 1회째에 東이나 西, 2회째에 東인 경우이므로,

구하는 확률은 $\frac{1}{2} \cdot \frac{1}{4} = \frac{1}{8}$ ………(답)

2회 이동하여 G에 도달하는 경우는 A→B→G 또는 A→F→G

이므로, $\frac{1}{2} \cdot \frac{1}{2} + \frac{1}{2} \cdot \frac{1}{2} = \frac{1}{2}$ ………(답)

그림의 굵은 화살표로 나아갈 확률은 $\frac{1}{2}$, 가는 화살표로 나아갈 확률은 $\frac{1}{4}$이므로,

3회 이동하여 H에 도달할 확률은 $\left(\frac{1}{2}\right)^2 \cdot \frac{1}{4} \cdot 3 = \frac{3}{16}$ … ①

(2) 3회 이동하여 D, P에 이동할 확률은 각각 $\frac{1}{2}\left(\frac{1}{4}\right)^2 = \frac{1}{2^5} = \frac{2}{2^6}$이며,

H 또는 L로 이동할 확률은 각각 $\frac{3}{16}$이므로,

구하는 확률은 $2\left(\frac{3}{16} + \frac{2}{2^6}\right) = \frac{28}{2^6}$ ………(답)

같은 방법으로, 6회 이동하여 O에 도달할 확률은 $\frac{6!}{2!4!}\left(\frac{1}{2}\right)^2\left(\frac{1}{4}\right)^4 = \frac{60}{2^{12}}$ ………(답)

8회 이동하여 Y에 도달할 확률은 $\frac{8!}{4!4!}\left(\frac{1}{2}\right)^2\left(\frac{1}{4}\right)^6 = \frac{280}{2^{16}}$ ………(답)

38. 4개의 전구 A, B, C, D가 그림과 같이 배선되어있다. 각각의 전구는 정상일 확률이 $p\,(0<p<1)$, 끊어져 있을 확률이 $1-p$이며, 전구가 정상인가 아닌가는 서로 독립이다. 스위치를 켰을 때, 불이 들어오는 전구의 수를 X라 하자.

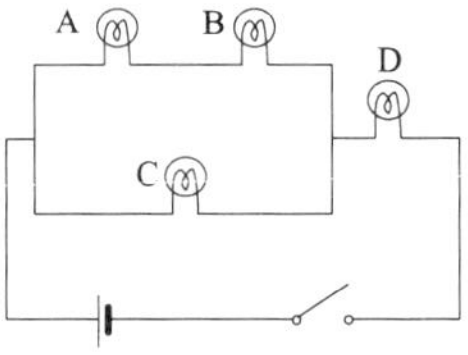

(1) $X=k$일 확률을 p_k라 할 때, p_4, p_3, p_2, p_1, p_0를 구하여라.

(2) X의 기대값을 구하여라.

(3) 전구D가 켜지지 않는 원인으로, 전구C가 끊어져있을 확률을 구하여라.

[해답]

(1)

$X=4$로 되는 것은, A, B, C, D가 모두 정상인 경우이므로, $p_4=p^4$ ·········(답)

$X=3$으로 되는 것은, A, B, D가 정상이고 C가 끊어져 있는 경우이므로

$$p_3=p^3(1-p)$$ ·········(답)

$X=2$로 되는 것은, C, D가 정상이고, A 또는 B가 끊어져 있는 경우이므로,

$$p_2=p^2\{p(1-p)\times 2+(1-p)^2\}=p^2(1+p)(1-p)$$ ·········(답)

$X=1$인 경우는 없으므로, $p_1=0$ ·········(답)

$X=0$로 되는 것은, $X\neq 4, 3, 2, 1$인 경우이므로

$$p_0=1-\{p^4+p^3(1-p)+p^2(1+p)(1-p)\}=(1-p)(1+p-p^3)$$ ·········(답)

(2) $$E(X)=\sum_{k=1}^{4}kp_k=p^2(2+3p-p^2)$$ ·········(답)

(3) D가 점화되지 않을 확률은 p_0이다.

또, C가 끊어져 있어 D가 점화되지 않는 것은,

C가 끊어져 있고, A, B, D 중 적어도 하나가 끊어져 있는 경우이며, 그 확률은

$$(1-p)(1-p^3)$$

따라서, 구하는 확률은

$$\frac{(1-p)(1-p^3)}{p_0}=\frac{1-p^3}{1+p-p^3}$$ ·········(답)

39. n개의 카드가 있어, 그 중 1개에만 [당첨] 표시를 한다. 단, $n \geqq 3$이다. 최초, 갑과 을 두 사람 앞에, 이 n개의 카드가 뒤집어져 나열되어있다. 다음의 일련의 과정에 의하여, 갑이 카드를 1개 획득한다. 단, 갑은 과정이 종료되었을 때 처음으로 [당첨] 표시의 유무를 볼 수 있으며, 그 때까지는 볼 수 없는 것으로 한다.

<과정>

① 갑은 1개의 카드를 뽑는다.

② 을은 남아있는 카드를 조사하여, 그 중 [당첨] 표시가 없는 것을 1개 제거한다.

③ 갑은 손에 쥐고 있는 카드를, 나열되어 있는 카드 중 1개와 교환해도 된다.

④ 을은 ②에서 제거한 카드를 다시 넣어, 다시 넣은 카드가 어디에 있는지 모르게 카드의 위치를 바꾼다.

⑤ 갑은 손에 쥐고 있는 카드를, 나열되어있는 카드 중 1개와 교환해도 된다.

(1) ③에서 갑이 카드를 교환한 경우와 교환하지 않은 경우 중, 어느 경우가 ③이 종료된 시점에서 갑이 손에 들고 있는 카드가 [당첨]일 확률이 높은가?

(2) 과정이 종료된 시점에서 갑이 들고 있는 카드가 [당첨]일 확률을 가장 높게 하는 카드의 교환방법(③과 ⑤에서 각각 카드를 교환하는가 하지 않는가의 선택)을 구하라.

(3) 과정이 종료된 시점에서 갑이 들고 있는 카드가 [당첨]일 확률을 가장 낮게 하는 카드의 교환방법을 구하여라.

(4) ④에서, 을이 다시 넣는 카드에 어떤 일정한 확률 p로 [당첨] 표시를 하는 것으로 하자. 이 때, 위의 (2)번에서 구한 카드의 교환방법에 의하여 갑이 취득한 카드가 [당첨]일 확률을 p_A, (3)번에서 구한 카드의 교환방법에 의하여 갑이 취득한 카드가 [당첨]일 확률을 p_B라 하자. $p_B > p_A$로 되기 위한 p의 조건을 구하여라.

[해답] [당첨] 표시가 없는 카드를 [꽝]이라 부르자.

(1) 교환하는 경우

③직후에 [당첨]인 경우는, ①에서 [꽝]을 뽑고 ③에서 [당첨]을 뽑은 경우이므로

$$\text{확률은 } \frac{n-1}{n} \times \frac{1}{n-2} = \frac{1}{n} \times \frac{n-1}{n-2} \qquad \cdots\cdots \text{(A)}$$

교환하지 않는 경우, ③직후에 [당첨]인 경우는 ①에서 [당첨]을 뽑은 경우이므로

$$\text{확률은 } \frac{1}{n} \qquad \cdots \text{(B)}$$

따라서, (A)의 교환한 경우의 확률이 더 크다. ………(답)

(2)

③직후에 [당첨]인 카드를 들고 있을 확률을 q라 하자. q는 ③에서 교환한 경우에는 (A), 교환하지 않은 경우에는 (B)로 된다.

⑤의 후에 [당첨]인 카드를 들고 있을 확률은, (1)과 같은 방법으로

⑤에서 교환한 경우는 $(1-q)\times\frac{1}{n-1}$

⑤에서 교환하지 않은 경우는 q

따라서, 각 경우의 확률은 다음과 같다.

③	⑤	확 률
교환 O	교환 O	$\left(1-\frac{1}{n}\times\frac{n-1}{n-2}\right)\times\frac{1}{n-1}$ …(C)
교환 O	교환 ×	$\frac{1}{n}\times\frac{n-1}{n-2}$ …(D)
교환 ×	교환 O	$\left(1-\frac{1}{n}\right)\times\frac{1}{n-1}=\frac{1}{n}$ …(E)
교환 ×	교환 ×	$\frac{1}{n}$ …(F)

(C) < (E) = (F) < (D)이므로,

③에서는 교환하고, ⑤에서는 교환하지 않는 경우에 최대이다. ………(답)

$$\left(1-\frac{1}{n}\times\frac{n-1}{n-2}\right)\times\frac{1}{n-1}=\frac{1}{n}\times\frac{n^2-3n+1}{n^2-3n+2}<\frac{1}{n}$$

(3) ③, ⑤에서 모두 교환하는 경우에 최소이다. ………(답)

(4) 두 경우 모두 ③에서 교환하므로, q는 (A)의 값으로 된다.

⑤에서 교환하지 않는 경우는 (2)와 같으므로

$$p_A=q=\frac{1}{n}\times\frac{n-1}{n-2}$$

⑤에서 교환하는 경우는, [당첨]인 카드가 증가한 경우를 고려하여

$$p_B=q\times\frac{p}{n-1}+(1-q)\times\frac{1+p}{n-1}=\frac{1}{n-1}(p+1-q)$$

따라서, $p_B>p_A$로 되기 위한 조건은 $\frac{1}{n-1}(p+1-q)>q,\quad p>nq-1$

$$\therefore\ p>\frac{1}{n-2}$$ ………(답)

40. 어느 두부장수는 1개에 240원하는 두부를 신제품으로 팔 계획을 세웠다. 이 신제품을 사기위해 온 손님은 품절이 된 경우를 제외하고는 1인당 반드시 1개를 구입하는 것으로 한다. 또, 1일의 손님수는 1~80명이며, 1일의 손님수가 k명$(k=1, 2, \cdots, 80)$일 확률은 어느것도 같은 것으로 한다. 팔고 남은 두부는 모두 폐기하며, 1개를 제작하는데 드는 비용은 60원이다.
1일의 이익을 최대로 하기 위하여, 몇 개를 제작하는 것이 좋은가? 다음 순서로 고려해보자. 1일에 만드는 두부수를 n개$(n=1, 2, \cdots, 80)$라 하자.

(1) 손님수가 k명일 확률은 $\square$이다. 이때, 팔고 남은 경우의 매상은 $\square$원이다.
또, n개의 두부가 전부 팔릴 확률은 $\square$이며, 이때의 매상은 $\square$원이다.

(2) (1)에 의하여, 매상의 평균은 $\square$원이다.

(3) n개의 두부를 제작하는데 필요한 비용은 $\square$원이므로, 1일의 이익의 평균은 $\square$원이다. 따라서, $n=\square$ 또는 $\square$일 때, 1일의 이익의 평균이 최대로 된다.

[해답]

(1) 손님수가 k명$(k=1,2,\cdots,80)$일 확률은 $\frac{1}{80}$이다. 따라서, $1 \leqq k \leqq n-1$ $(n \geqq 2)$의 경우, 두부가 남으며 매상은 $240k$원이다. 한편, n개 전부 팔리는 경우는 $n \leqq k \leqq 80$인 경우이며, 그 확률은 $\frac{1}{80}\{80-(n-1)\}=\frac{81-n}{80}$이며 매상은 $240n$이다.

(2) (1)에 의하여, $n \geqq 2$인 경우, 매상의 평균은

$$\sum_{k=1}^{n-1} 240k \cdot \frac{1}{80} + 240n \cdot \frac{81-n}{80} = 3\sum_{k=1}^{n-1} k + 3n(81-n)$$

$$= \frac{3}{2}n(n-1)+3n(81-n) = -\frac{3}{2}n^2+\frac{483}{2}n \text{ (원)}$$

위 식에 $n=1$을 대입하면 240원이 되므로, 위 식은 $n=1$인 경우에도 성립한다.

(3) n개의 두부를 만드는데 필요한 비용은 $60n$원이므로, 1일의 이익의 평균은

$$\left(-\frac{3}{2}n^2+\frac{483}{2}n\right)-60n = -\frac{3}{2}n^2+\frac{363}{2}n$$

$$= -\frac{3}{2}(n-60.5)^2+\frac{43923}{8} \text{ (원)}$$

따라서, $n=60$ 또는 61인 경우, 1일의 이익의 평균은 최대로 된다.

41. 점 A, B에 차고가 각각 하나씩 있으며, 각각 m_1대, m_2대의 버스가 있다. 선분AB 상에 수리소를 만들어 모든 차량을 각 1회 차량검사를 실시하려고 한다. 다음 각 경우에 있어, 소요되는 운반비를 최소로 하기 위해 수리소를 어디에 만드는 것이 좋은가? 점 A로부터의 거리를 구하여라. 단, A, B간의 거리는 l이며, 버스는 선분AB 상을 움직이는 것으로 한다.

(1) 1대당 운송비는 거리에 비례한다.

(2) 1대당 운송비는 거리의 세제곱에 비례한다.

[해답]

(1) 점 A에서부터 수리소까지의 거리를 $x(0 \leqq x \leqq l)$라 하면, 점 A에서 수리소까지의 운반비는 1대당 kx(k는 양의 비례상수)이며 점 B에서 수리소까지의 운반비는 1대당 $k(l-x)$이다. 총운반비를 y라 하면, $y = m_1k \times 2x + m_2k \times 2(l-x)$

$$\therefore\ y = 2k\{(m_1 - m_2)x + m_2 l\} \qquad \cdots\cdots \text{①}$$

①식의 그래프는 직선이므로, $0 \leqq x \leqq l$의 범위에서

$m_1 > m_2$인 경우, 직선①의 기울기가 양이므로 $x = 0$일 때 y는 최소이다.

$m_1 = m_2$인 경우,

직선①의 기울기가 0이므로 $0 \leqq x \leqq l$인 모든 x에 대하여 y값은 같다.

$m_1 < m_2$인 경우, 직선①의 기울기가 음이므로 $x = l$일 때 y는 최소이다.

답 : $m_1 > m_2$인 경우: 0, $m_1 < m_2$인 경우: l,

$m_1 = m_2$인 경우: $0 \leqq x \leqq l$인 모든 x (어느 곳에 설치하든 같다.)

(2) 점 A에서부터 수리소까지의 거리를 $x(0 \leqq x \leqq l)$라고 하면, 점 A에서 수리소까지의 운반비는 1대당 kx^3(k는 양의 비례상수)이며 점 B에서 수리소까지의 운반비는 1대당 $k(l-x)^3$이다. 총운반비를 y라 하면,

$$y = m_1k \times 2x^3 + m_2k \times 2(l-x)^3 = 2k\left\{m_1x^3 + m_2(l-x)^3\right\}$$

$$y' = 6k\left\{m_1x^2 - m_2(l-x)^2\right\} = 6k\left\{(m_1 - m_2)x^2 + 2m_2lx - m_2l^2\right\}$$

$y' = 0$을 만족하는 $x(0 \leqq x \leqq l)$의 값을 a라 하면,

$m_1 > m_2$인 경우, $a = \dfrac{-m_2 + \sqrt{m_1m_2}}{m_1 - m_2}l = \dfrac{\sqrt{m_2}}{\sqrt{m_1} + \sqrt{m_2}}l$에서 극소이며 최소이다.

$m_1 < m_2$인 경우도 $x = a$에서 극소이며 최소이다.

$m_1 = m_2$인 경우, $y = 2km_1\left\{3l\left(x - \dfrac{l}{2}\right)^2 + \dfrac{1}{4}l^3\right\}$이므로 $x = \dfrac{l}{2}$일 때 최소이다.

$$\text{답 : } \begin{cases} m_1 \neq m_2\text{인 경우: } \dfrac{\sqrt{m_2}}{\sqrt{m_1} + \sqrt{m_2}}l \\ m_1 = m_2\text{인 경우 : } \dfrac{l}{2} \end{cases}$$

42. 문제 [$20\,\mathrm{m}^3$가 들어가는 빈 수조에, 매분 ㉠ t- ㉡ $t^2\,(\mathrm{m}^3)$의 비율로 물을 넣는다. 이 비율이 음인 경우는 물을 빼는 것으로 해석한다. 물을 넣기 시작한지 ㉢ 분 후에, 수조에 들어간 물의 양을 구하여라. 단, t는 수조에 물을 넣기 시작한 후 흐른 시간(분)을 나타낸다.]에 있어서, 다음 물음에 답하여라.

(1) 수조에서 물이 넘치지도 않으며, 수조가 다시 비지도 않도록, ㉠, ㉡에는 1보다 큰 수를, ㉢에는 2보다 큰 수를 넣어 문제를 완성하여라.

(2) 완성한 문제를 풀어라.

[해답]

(1) 매분 $f(t) = bt - at^2\ (\mathrm{m}^3)$의 비율로 물을 넣는다고 하자.

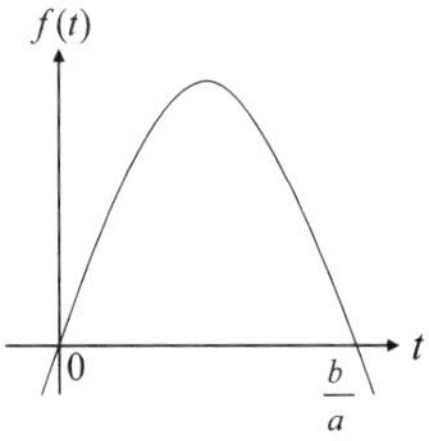

오른쪽 그림에서, $0 \leqq t \leqq \dfrac{b}{a}$에서 물의 양이 계속 증가하며,

문제의 조건에 의하여, $a > 1$, $b > 1$이다.

수조에서 물이 넘치지 않아야하므로,

$0 < \alpha \leqq \dfrac{b}{a}$인 α에 대하여, $\displaystyle\int_0^{\alpha} f(t)\,dt \leqq 20$이 성립하여야한다.

예를 들어, $a = 2$, $b = 6$, $\alpha = 3$으로 놓으면,

$$f(t) = 6t - 2t^2$$

$$\int_0^3 f(t)\,dt = \int_0^3 (6t - 2t^2)\,dt = 9$$

답 : ㉠ : 6 ㉡ : 2 ㉢ : 3

(2)

(1)에 의하여, $9\,\mathrm{m}^3$ ………(답)

43. N개의 열차$(N \geq 2)$가 A역에서 L km떨어진 B역까지 운행한다. 안전을 위하여, v km/h로 운행하는 두 열차는 간격을 kv^2 km(k는 양의 상수) 보다 가깝게 하면 안된다. 모든 열차를 B역까지 보내는 것을 끝마치는데 소요되는 시간을 최소로 하기위하여 열차의 속력을 얼마로 하면 좋은가?
단, 각 열차는 A역을 출발하여 B역에 도착할 때까지 정차하지 않으며, 모든 열차는 속력 v km/h로 운행하는 것으로 한다. 또, 속력v는 안전간격 kv^2 km가 A, B 역사이의 거리를 초과하지 않는 범위에서 자유롭게 취할 수 있으며, 열차의 길이는 무시한다.

[해답]

모든 열차를 가장 빨리 B역까지 보내기 위해서는, A역에서 전의 열차가 안전간격만큼 이동하였을 때 다음 열차를 출발시켜야 한다. 첫 번째 열차가 출발한 이후 마지막 열차가 출발할 때까지 소요되는 시간은 $(N-1)\dfrac{kv^2}{v} = (N-1)kv$이며, 마지막 열차가 A역을 출발하여 B역에 도착할 때까지 소요되는 시간은 $\dfrac{L}{v}$이므로, 첫 번째 열차가 A역을 출발한 후 마지막 열차가 B역에 도착할 때까지 소요되는 시간은

$$(N-1)kv + \frac{L}{v}$$

$$(N-1)kv + \frac{L}{v} \geq 2\sqrt{(N-1)kv \cdot \frac{L}{v}} \geq 2\sqrt{(N-1)kL}$$

이 성립하며, 등호는 $(N-1)kv = \dfrac{L}{v}$일 때 성립한다.

$$\therefore v = \sqrt{\frac{L}{k(N-1)}}$$

$v = \sqrt{\dfrac{L}{k(N-1)}}$ 은 $kv^2 \leq L$를 만족하므로 문제의 뜻에 적당하다.

(안전간격은 두 역 사이의 거리 L을 초과할 수 없다는 조건을 만족.)

답 : $v = \sqrt{\dfrac{L}{k(N-1)}}$

44. x를 실수라 할 때, $[x]$는 x보다 크지 않은 최대정수를 나타낸다.

(1) 정수 $\left[\dfrac{2^{10}}{10}\right]$을 2진법으로 나타내어라.

(2) 다음과 같은 과정을 고려해보자.

(i) 초기치를 $b \leftarrow f(a)$, $s \leftarrow 0$로 설정한다.
(ii) 다음 조작을 $b < c$로 될 때까지 반복한다.
$s \leftarrow s + b$, $b \leftarrow g(b * r)$를 순차적으로 실행
(iii) 위의 조작을 반복하여 종료 후, $t \leftarrow h(s)$를 실행

상수 a, r, c와 함수 f, g, h를 각각 $a = \dfrac{1}{10}$, $r = \dfrac{1}{2}$, $c = 1$, $f(x) = [2^{10}x]$, $g(x) = [x]$, $h(x) = 2^{-10}x$로 하여, 위의 과정을 실행한다. 이때, (ii)의 조작을 반복한 회수와 실행 후의 t의 값을 구하여라.

[해답]

(1) $\dfrac{2^{10}}{10}=\dfrac{1024}{10}=102.4$ $\quad\therefore\ \left[\dfrac{2^{10}}{10}\right]=[102.4]=102=1100110_{(2)}$ ·········(답)

(2) (i)의 초기설정 후, $b=f\left(\dfrac{1}{10}\right)=\left[\dfrac{2^{10}}{10}\right]=102$, $s=0$

(ii)에서, $b<1$로 될 때까지

$$s\leftarrow s+b,\quad b\leftarrow g\left(b*\frac{1}{2}\right)=\left[\frac{b}{2}\right]$$

을 반복 실행하며, 반복 실행의 각 회 후의 값은 다음과 같다.

1회 후	$s=102$	$b=\left[\dfrac{102}{2}\right]=51$
2회 후	$s=153$	$b=\left[\dfrac{51}{2}\right]=25$
3회 후	$s=178$	$b=\left[\dfrac{25}{2}\right]=12$
4회 후	$s=190$	$b=\left[\dfrac{12}{2}\right]=6$
5회 후	$s=196$	$b=\left[\dfrac{6}{2}\right]=3$
6회 후	$s=199$	$b=\left[\dfrac{3}{2}\right]=1$
7회 후	$s=200$	$b=\left[\dfrac{1}{2}\right]=0$ $\quad(\rightarrow$(iii))

(iii)의 후에,

$$t=h(200)=\frac{200}{2^{10}}=\frac{25}{2^{7}}=\frac{25}{128}$$

따라서, (ii)의 조작회수는 7회 ·········(답)

실행후의 t의 값은 $t=\dfrac{25}{128}$ ·········(답)

45. A군은 수학공식 100개를 암기하는 것을 목표로 하였다(최대달성률).
시각 t까지의 기억량(달성량)을 미분가능한 함수로 근사하여 $y(t)$라 하자. 시각 t에 있어서의 달성량의 변화률 $y'(t)$는 그 시점에서의 기억되지 않고 남은 양에 비례하는 양(비례상수는 $a>0$)에서 그 시점에서의 달성량에 비례하는 양(비례상수는 $b=\frac{1}{10}a$)를 뺀 값으로 된다. 최초의 기억량을 0으로 하여, 다음 문제에 답하여라.

(1) $y'(t)$와 $y(t)$ 사이의 관계식을 구하여라.
(2) (1)의 방정식에서 $y(t)$를 구하여라.

(3) $\lim_{t\to\infty} y(t)$를 구하여, 그것이 최대달성량 $y=100$에 도달하지 못함을 보이고, $y(t)$의 그래프의 개형을 그려라.

(4) $a=0.05/$일이라 할 때, 기억량이 90%를 초과하는 것은 며칠 째인가?
단, $\ln 10 = 2.3$으로 계산하시오.

[해답]

(1) 시각 t의 시점에서 기억되지 않고 남은 양은 $100-y(t)$이므로

$$y'(t) = a\{100-y(t)\} - by(t)$$

$b=\frac{1}{10}a$를 대입하면 $y'(t) = 100a - \frac{11}{10}ay(t)$ ·········(답)

(2) (1)에서 $\frac{dy}{dt} = -\frac{11}{10}a\left(y(t) - \frac{10}{11a}\cdot 100a\right)$

$$\therefore \frac{1}{y(t)-k}\frac{dy}{dt} = -\frac{11}{10}a \quad \left(k=\frac{1000}{11}\right)$$

$$\int \frac{dy}{y-k} = -\frac{11}{10}a\int dt$$

$$\log|y-k| = -\frac{11}{10}at + C$$

$$y(t) - \frac{1000}{11} = Ae^{-\frac{11}{10}at} \quad (A=\pm e^C)$$

$y(0)=0$이므로, $A=-\frac{1000}{11}$

$$\therefore\ y(t)=\frac{1000}{11}\left(1-e^{-\frac{11}{10}at}\right) \qquad \cdots\cdots\cdots(\text{답})$$

(3) $a>0$일 때, $\lim_{t\to\infty} e^{-\frac{11}{10}at}=0$이므로

$$\lim_{t\to\infty} y(t)=\frac{1000}{11}<100$$

따라서, $\lim_{t\to\infty} y(t)$는 최대달성량 100에 도달하지 못하며, $y(t)$의 그래프는 다음과 같다.

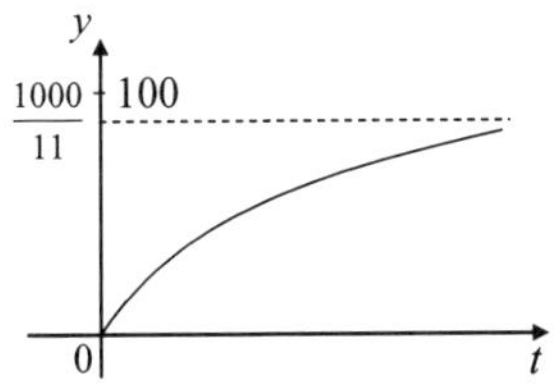

(4) $a=0.05$일 때, $y(t)>90$에서

$$\frac{1000}{11}\left(1-e^{-\frac{11}{10}at}\right)>90 \qquad \therefore\ \frac{1}{100}>e^{-\frac{11}{200}t}$$

양변에 자연대수를 취하면,

$$-2\ln 10>-\frac{11}{200}t$$

$$\therefore\ t>\frac{400}{11}\times 2.3=83.63\cdots$$

답 : 84일 째

46. 다음 물음에 답하여라.

(1) 어느 행성의 형상은 타원 $\frac{x^2}{a^2}+\frac{y^2}{b^2}=1,\ 0<b<a$을 단축의 둘레로 회전시켜 얻어지는 회전체라 한다. 그 부피는 $\frac{4}{3}\pi a^2 b$임을 증명하여라.

(2) 이 행성의 부피는 변하지 않게 유지하며 지축(단축)이 $p\,\%$만큼 미세하게 변할 때, 적도의 길이의 증감의 백분율을 구하여라. (단, $p>0$)

[해답]

(1) $\dfrac{x^2}{a^2}+\dfrac{y^2}{b^2}=1 \quad (0<b<a)$에서, $x^2=a^2\left(1-\dfrac{y^2}{b^2}\right)$

따라서, 부피 $V=\displaystyle\int_{-b}^{b}\pi a^2\left(1-\frac{y^2}{b^2}\right)dy$

$$=2\pi a^2\left[y-\frac{y^3}{3b^2}\right]_0^b=\frac{4}{3}\pi a^2 b$$

(2) b가 Δb만큼 미세하게 변화할 때 a는 Δa만큼 미세하게 변한다고 가정하면, 부피는 변하지 않으므로

$$(a+\Delta a)^2(b+\Delta b)=a^2b$$

$$2ab\Delta a+b(\Delta a)^2+a^2\Delta b+2a\Delta a\cdot\Delta b+(\Delta a)^2\Delta b=0$$

여기서, $(\Delta a)^2$, $\Delta a\cdot\Delta b$, $(\Delta a)^2\Delta b$의 항을 생략하면 $2b\Delta a+a\Delta b\fallingdotseq 0$

$$\therefore\ \frac{\Delta a}{a}\fallingdotseq-\frac{1}{2}\cdot\frac{\Delta b}{b}$$

$\dfrac{\Delta a}{a}$, $\dfrac{\Delta b}{b}$는 각각 a, b의 상대오차이므로, $\dfrac{\Delta b}{b}=\dfrac{p}{100}$에서

$$\frac{\Delta a}{a}=-\frac{p}{200}$$ (즉, a는 $\dfrac{p}{2}$%감소한다.)

적도의 길이는 a에 정비례하므로 적도의 길이도 $\dfrac{p}{2}$% 감소한다.

답 : $\dfrac{p}{2}$% 감소

47. 반지름이 R인 구에, 그 중심을 통과하는 반지름 $r=\dfrac{R}{2}$인 곧바른 구멍을 뚫으려 한다. 여기서, 그림과 같은 형상을 한 송곳모양의 칼날을 그 중심선 CC'의 주위로 회전시키며 이동시켜 구를 도려낸다. 칼날이 다음 형태로 되었을 때, 도려내어지고 남은 구의 부피 V를 R을 이용하여 나타내어라. 단, 칼날의 두께는 무시한다.

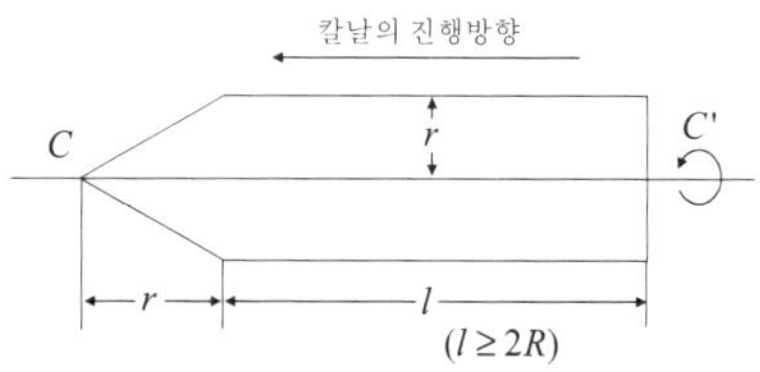

(1) 칼날의 선단(先端)이 구의 표면으로부터 r의 깊이만큼 도달하였을 때

(2) 칼날이 완전히 관통하여 구에 반지름 r인 구멍을 만들었을 때

[해답]

(1) 잘려 나간 단면의 원의 반지름 β는

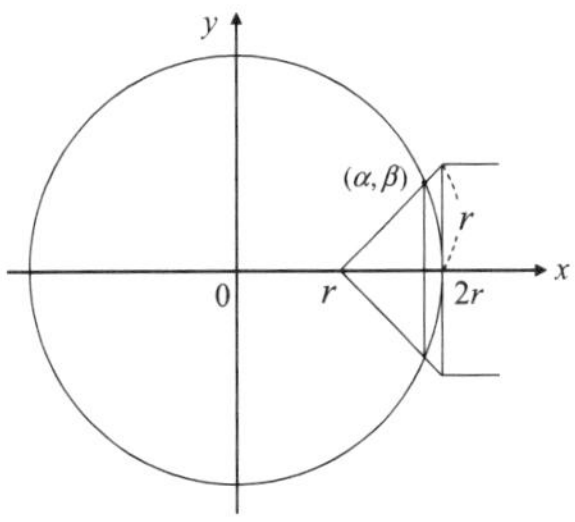

$$y = x - r, \quad x^2 + y^2 = 4r^2$$

을 만족하는 y의 양의 해이다.

x를 소거하면,

$$2y^2 + 2ry - 3r^2 = 0$$

$$\therefore \ \beta = \frac{\sqrt{7}-1}{2}r, \quad x = \frac{\sqrt{7}+1}{2}r \ (= \alpha\text{로 놓자})$$

따라서, 도려나간 부분의 부피 V_1은

$$V_1 = \frac{1}{3}\pi\beta^2(\alpha - r) + \pi\int_{\alpha}^{2r}(4r^2 - x^2)\,dx$$

$$= \frac{\pi}{3}\left(\frac{\sqrt{7}-1}{2}\right)^3 r^3 + \frac{16\pi r^3}{3} - \pi\left\{2(\sqrt{7}+1) - \frac{1}{3}\left(\frac{\sqrt{7}+1}{2}\right)^3\right\}r^3$$

$$= \frac{20 - 7\sqrt{7}}{6}\pi r^3 = \frac{20 - 7\sqrt{7}}{48}\pi R^3$$

도려내어지고 남은 부분의 부피 V는

$$V = \frac{4}{3}\pi R^3 - V_1 = \frac{44 + 7\sqrt{7}}{48}\pi R^3 \quad \cdots\cdots\cdots\cdots(\text{답})$$

(2) 도려내어진 부분의 부피 V_2는

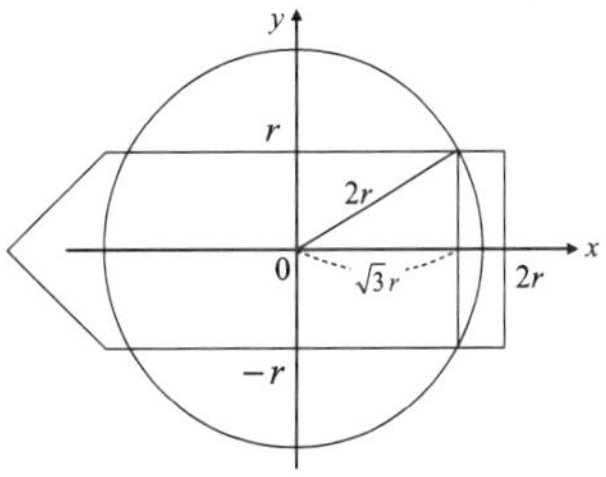

$$V_2 = \pi r^2 \cdot 2\sqrt{3}r + 2\pi\int_{\sqrt{3}r}^{2r}(4r^2 - x^2)\,dx$$

$$= 2\sqrt{3}\pi r^3 + \frac{32}{3}\pi r^3 - 2\pi\left\{4r^2 \cdot \sqrt{3}r - \frac{1}{3}(\sqrt{3}r)^3\right\}$$

$$= \frac{4(8 - 3\sqrt{3})}{3}\pi r^3 = \frac{8 - 3\sqrt{3}}{6}\pi R^3$$

도려내어지고 남은 부분의 부피 V는

$$V = \frac{4}{3}\pi R^3 - V_2 = \frac{\sqrt{3}}{2}\pi R^3 \quad \cdots\cdots\cdots\cdots(\text{답})$$

48. 그림과 같이, 반지름 r_1인 원을 단면으로 하는 축 A, B가 있다. 축 A에는 테이프가 빈틈없이 감겨있으며, 그 단면을 원형으로 가정하여 반지름을 r_2라 하자.
이제, 테이프의 바깥쪽 끝을 축B에 고정하여, 축B를 3초에 1회전하는 일정한 속력으로 회전시켜 테이프가 느슨해지지 않게 모두 감는데 T초가 필요하다. 테이프는 충분히 얇다고 가정하여 다음 문제에 답하여라.

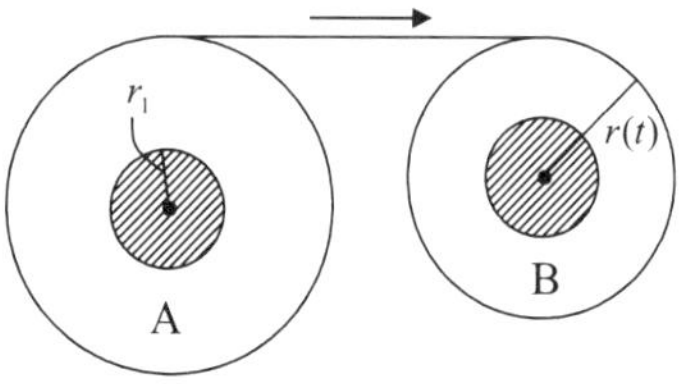

(1) 감기시작한 후 t초간 축B에 감긴 부분을 포함한 단면의 반지름을 $r(t)$라 할 때, $r(t)$는 t의 일차함수로 볼 수 있음을 설명하시오.

(2) 테이프의 총길이는 대략 얼마인가?

[해답]

(1) 축 B가 일정한 속력으로 회전하므로,
축 B에 감기는 테이프는 일정한 속도로 두꺼워진다.

문제에서, 그 두께는 T초가 흐르는 동안 0에서 $r_2 - r_1$까지 증가하므로,

두께가 증가하는 속도는 매초 $\dfrac{r_2 - r_1}{T}$이다.

따라서,

$$r(t) = r_1 + \frac{r_2 - r_1}{T}t \qquad (0 \leqq t \leqq T)$$

와 같은 일차함수가 성립한다.

(2) 축 B의 회전속도는 매초 $\dfrac{1}{3}$회전이므로 감기 시작한지 t초 후, 테이프는 매초

$$\frac{1}{3} \times 2\pi r(t) = \frac{2}{3}\pi\left(r_1 + \frac{r_2 - r_1}{T}t\right)$$

의 길이만큼 감긴다.

따라서, 테이프의 길이는 대략

$$\frac{2}{3}\pi \int_0^T \left(r_1 + \frac{r_2 - r_1}{T}t\right) dt$$

$$= \frac{2}{3}\pi \left[r_1 t + \frac{r_2 - r_1}{2T}t^2\right]_0^T = \frac{\pi}{3}(r_1 + r_2)T \quad \cdots\cdots\cdots\cdots (\text{답})$$

49. 처음의 온도 T_1도의 액체를 용기에 담아, T_0도인 방에 놓아둔 지 t분후의 액체의 온도를 T도라 하면 $\frac{dT}{dt} = -k(T - T_0)$로 되는 관계가 성립한다. 단, k는 상수이다. $t = 10, 20, 40$인 경우, 각각 $T = 55, 35, 20$으로 되었다. T_0 및 T_1을 구하여라.

[해답]

$\dfrac{dT}{dt}=-k(T-T_0)$에서

$$\int \frac{dT}{T-T_0}=-k\int dt+c$$

$$\ln|T-T_0|=-kt+c \qquad \therefore\ T-T_0=\pm e^c\cdot e^{-kt}$$

$a=\pm e^c$으로 놓으면, $T-T_0=ae^{-kt}\quad(a\neq 0)$ …… ①

①에 $(t,T)=(0,T_1)$을 대입하면, $a=T_1-T_0$

$(t,T)=(10,55)$를 대입하면, $55-T_0=(T_1-T_0)e^{-10k}$ …… ②

$(t,T)=(20,35)$를 대입하면, $35-T_0=(T_1-T_0)e^{-20k}$ …… ③

$(t,T)=(40,20)$을 대입하면, $20-T_0=(T_1-T_0)e^{-40k}$ …… ④

②, ③, ④에서, $(35-T_0)^3=(20-T_0)(55-T_0)^2$ …… ⑤

$x=35-T_0$로 놓으면, $(x-20)(x+12)=0 \qquad \therefore\ x=20,\ -12$

따라서, $T_0=15,\ 47$

②, ③에서, $55-T_0=(35-T_0)e^{10k}$ …… ⑥

$T_0=47$은 ⑥에 부적합하므로, $T_0=15$를 ⑥에 대입하면 $e^{10k}=2$

$T_0=15,\ e^{10k}=2$를 ②에 대입하면, $T_1=95$

답 : $T_0=15$ (도), $T_1=95$ (도)

50. $200\,\mathrm{g}$의 소금을 녹인 $300\,l$의 용액이 들어있는 용기에 매분 $9\,l$의 물을 주입하며, 동시에 매분 $6\,l$의 비율로 용액을 배출한다.
단, 용기에 들어있는 용액의 농도는 위치에 상관없이 같은 시각에 일정하다고 가정한다. 또, 시각 t에 있어 용기내의 소금의 양을 $x\,\mathrm{g}$이라고 하면, 소금의 양이 감소하는 비율 $-\frac{dx}{dt}$는 그 시각에서의 농도에 비례한다.

(1) $-\frac{dx}{dt}$가 만족하는 방정식을 구하여라.

(2) 용기내의 소금의 양이 $50\,\mathrm{g}$으로 될 때까지 필요한 시간 및 그 시각에 있어서의 용기내의 용액의 양을 구하여라.

[해답]

(1) 시각 t에 있어서 용기내의 용액은 $(3t+300)l$이며 소금의 양은 xg이므로, $\alpha\,(\alpha>0)$를 비례상수라 하면,

$$-\frac{dx}{dt}=\alpha\frac{x}{(3t+300)\times 1000} \qquad \cdots\cdots\cdots(\text{답})$$

(2) $x>0$이므로, (1)은 $-\frac{1}{x}dx=\frac{\alpha}{3000(t+100)}dt$

$$\int -\frac{1}{x}\,dx=\int\frac{\alpha}{3000(t+100)}\,dt$$

$$\therefore\ -\ln x=\frac{\alpha}{3000}\ln(t+100)+C \qquad (C\text{는 적분상수})$$

조건에서, $t=0$일 때 $x=200$이므로

$$C=-\left(\ln 200+\frac{\alpha}{3000}\ln 100\right)$$

따라서, 소금의 양이 50g으로 되는데 소요되는 시간 t는

$$-\ln 50=\frac{\alpha}{3000}\ln(t+100)-\ln\left(200\times 100^{\frac{\alpha}{3000}}\right)$$

$$\therefore\ t=100\left(2^{\frac{6000}{\alpha}}-1\right)\ (\text{분}) \qquad \cdots\cdots\cdots(\text{답})$$

이때, 용기내의 용액의 부피는

$$3(t+100)=300\times 2^{\frac{6000}{\alpha}}\ (l) \qquad \cdots\cdots\cdots(\text{답})$$

51. xy평면상에 원점O를 중심으로 하는 반지름1인 원C가 있다.
반지름 $\frac{1}{n}$(n은 자연수)인 원 C_n이 C에 외접하며 미끄러지지 않게 반시계방향으로 회전할 때, C_n 상의 점P의 궤적을 고려해보자. 단, 최초 P는 점 $\mathrm{A}(1,0)$에 일치하는 것으로 한다.

(1) 원점O를 끝점으로 하며 C_n의 중심을 지나는 반직선이 x축의 양의 방향과 이루는 각을 θ라 할 때, P의 좌표를 n과 θ로 나타내어라.

(2) P가 처음으로 A로 되돌아오기까지의 P의 궤적의 길이 l_n을 구하여라.

(3) (2)에서 구한 l_n에 대하여, $\lim_{n \to \infty} l_n$을 구하여라.

[해답]

(1) C_n의 중심을 O_n이라 하고, $\overrightarrow{\mathrm{O_nP}}$가 $\overrightarrow{\mathrm{O_nO}}$와 이루는 각을 μ라 하면, 미끄러지지 않으므로,

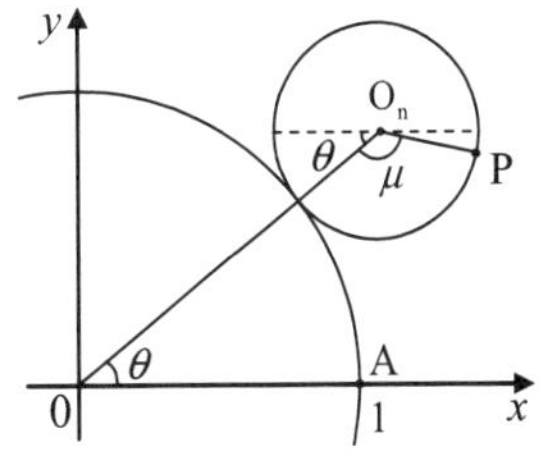

$$1\times\theta=\frac{1}{n}\times\mu \qquad \therefore\ \mu=n\theta$$

$$\overrightarrow{\mathrm{OP}}=\overrightarrow{\mathrm{OO_n}}+\overrightarrow{\mathrm{O_nP}}=\left(1+\frac{1}{\mathrm{n}}\right)\begin{pmatrix}\cos\theta\\ \sin\theta\end{pmatrix}+\frac{1}{n}\begin{pmatrix}\cos(\pi+\theta+\mu)\\ \sin(\pi+\theta+\mu)\end{pmatrix}$$

$$\therefore\ \mathrm{P}\left(\frac{\mathrm{n}+1}{\mathrm{n}}\cos\theta-\frac{1}{\mathrm{n}}\cos(\mathrm{n}+1)\theta,\ \frac{\mathrm{n}+1}{\mathrm{n}}\sin\theta-\frac{1}{\mathrm{n}}\sin(\mathrm{n}+1)\theta\right)$$ ·········(답)

(2) $\theta=2\pi$일 때, P는 A로 돌아오므로, $l_n=\int_0^{2\pi}\sqrt{\left(\frac{dx}{d\theta}\right)^2+\left(\frac{dy}{d\theta}\right)^2}\,d\theta$

$$\frac{dx}{d\theta}=-\frac{n+1}{n}\sin\theta+\frac{n+1}{n}\sin(n+1)\theta,\quad \frac{dy}{d\theta}=\frac{n+1}{n}\cos\theta-\frac{n+1}{n}\cos(n+1)\theta$$

$$\therefore\ \left(\frac{dx}{d\theta}\right)^2+\left(\frac{dy}{d\theta}\right)^2=4\left(\frac{n+1}{n}\right)^2\sin^2\frac{n\theta}{2}$$

$$\begin{aligned}\therefore\ l_n&=2\left(\frac{n+1}{n}\right)\int_0^{2\pi}\left|\sin\frac{n\theta}{2}\right|d\theta=2\left(\frac{n+1}{n}\right)\int_0^{2n\pi}\left|\sin\frac{\mu}{2}\right|\frac{d\mu}{n}\qquad(\mu=n\theta)\\&=2\left(\frac{n+1}{n}\right)\frac{n}{n}\int_0^{2\pi}\sin\frac{\mu}{2}\,d\mu\\&=2\left(\frac{n+1}{n}\right)\left[-2\cos\frac{\mu}{2}\right]_0^{2\pi}=8\left(\frac{n+1}{n}\right)\end{aligned}$$ ·········(답)

(3) $\lim_{n\to\infty}l_n=\lim_{n\to\infty}8\left(1+\frac{1}{n}\right)=8$ ·········(답)

52. 평면을 그림과 같이 정육각형으로 메워, 그 각 꼭지점에 전구를 배치하자.
이 전구들은 다음과 같은 규칙에 따라 점멸한다.

(a) 먼저, 점A에 있는 전구가 점멸한다.
(b) 한 번 점멸한 전구는, 이후 1초마다 점멸을 반복한다.
(c) 아직 점멸하지 않은 전구는, 인접한 전구가 점멸한 1초 후에 점멸을 시작한다.
(예를 들면, 그림에 1로 표시된 점에 있는 전구는 A의 전구가 점멸한 후 1초 후에, 2로 표시된 점에 있는 전구는 A의 전구가 점멸한 후 2초 후에 점멸을 시작한다.)

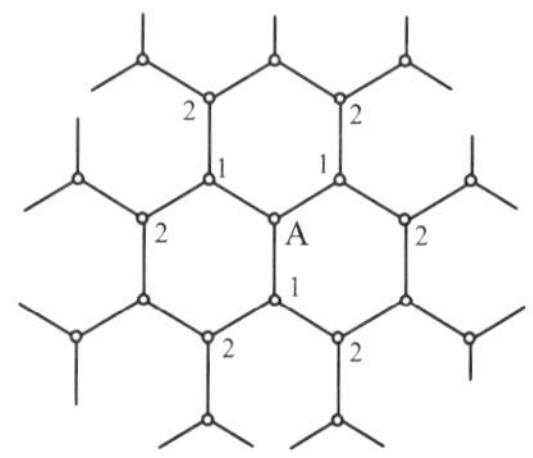

이때, A의 전구가 점멸한 후 n초 후에 처음으로 점멸하는 전구의 수를 a_n, n초 후에 점멸하고 있는 전구의 총수를 b_n이라 하자.

(1) a_3, a_4, a_5를 구하여라.

(2) a_n을 n의 식으로 나타내어라.

(3) b_n을 구하여, 극한값 $\lim_{n \to \infty} \frac{b_n}{n^2}$을 계산하여라.

[해답]

(1) 오른쪽의 그림에서 ∠XAY의 내부(단, 반직선AX를 포함)에 있는 전구 중, A의 전구가 점멸한 후 n초 후에 처음으로 점멸하는 전구의 개수를 x_n이라 하자.

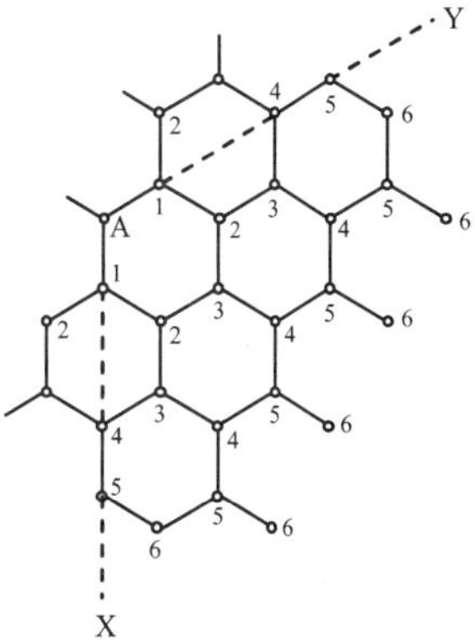

이때, 대칭성에 의하여 $a_n = 3x_n$

또, 그림에서 $x_3 = 3$, $x_4 = 4$, $x_5 = 5$

따라서, $a_3 = 9$, $a_4 = 12$, $a_5 = 15$ ·········(답)

(2) (1)의 그림에서,

x_n과 $x_{n-1}(n \geqq 6)$의 관계는 x_{n-4}와 x_{n-5}의 관계와 같은 것을 알 수 있다.

또, $x_1 = 1$, $x_2 = 2$, $x_3 = 3$, $x_4 = 4$, $x_5 = 5$이므로 $\{x_n\}$은 초항 1, 공차가 1인 등차수열이다.

따라서, 구하는 a_n은 $a_n = 3x_n = 3n(n \geqq 1)$ ·········(답)

(3) m을 양의 정수라 하자.

$n = 2m-1$일 때, $b_{2m-1} = \sum_{k=1}^{m} a_{2k-1} = \sum_{k=1}^{m} 3(2k-1) = 3m^2$ ·········(답)

$$\lim_{m \to \infty} \frac{3m^2}{(2m-1)^2} = \lim_{m \to \infty} \frac{3}{\left(2 - \frac{1}{m}\right)^2} = \frac{3}{4}$$

또, $n = 2m$일 때, A의 전구도 점멸하고 있으므로

$$b_{2m} = \sum_{k=1}^{m} a_{2k} + 1 = \sum_{k=1}^{m} 6k + 1 = 3m(m+1) + 1 = 3m^2 + 3m + 1$$ ·········(답)

$$\lim_{m \to \infty} \frac{3m^2 + 3m + 1}{(2m)^2} = \lim_{m \to \infty} \left(\frac{3}{4} + \frac{3}{4m} + \frac{1}{4m^2}\right) = \frac{3}{4}$$

따라서, $\lim_{n \to \infty} \frac{b_n}{n^2} = \frac{3}{4}$ ·········(답)

53. 어느 택시회사는 신차를 구입하여 몇 개월 사용한 후에 중고차로 팔고 다시 신차를 구입한다. 신차의 구입비는 a원이며, 구입 후 k개월째의 한 달 유지비는 $(b+kc)$원이다. 또, 중고차로 팔 때의 가격은 첫 달에는 신차의 가격의 80%이며, 이후 1개월마다 구입 후 1개월째의 가격의 2%씩 떨어진다. 단, a, b, c는 모두 양의 상수이다.
몇 개월마다 신차로 교환하는 것이 가장 합리적인가라는 문제를 고려해보자.

(1) n개월마다 신차로 교환하는 경우, 총비용의 1개월 평균을 S라 하자. S를 n에 관한 식으로 나타내어라.

(2) S를 최소로 하는 n을 구하여라.

[해답]

(1) 구입 후 k개월째의 한 달 유지비는 $(b+kc)$원이므로,
구입 후 n개월간의 유지비의 총액은

$$\sum_{k=1}^{n}(b+kc)=bn+\frac{n(n+1)c}{2}$$

신차를 구입하여 n개월 후에 중고차로 파는 경우 가격은 $0.8a\{1-0.02(n-1)\}$

$$\therefore\ S=\frac{1}{n}\left[a+bn+\frac{n(n+1)c}{2}-0.8a(1.02-0.02n)\right]$$

$$=b+\frac{(n+1)c}{2}+0.016a+\frac{0.184a}{n} \qquad \cdots\cdots\cdots\cdots(\text{답})$$

(2)

$$S=b+\frac{(n+1)c}{2}+0.016a+\frac{0.184a}{n}$$

$$=b+0.016a+\frac{c}{2}+\frac{nc}{2}+\frac{0.184a}{n}\geqq b+0.016a+\frac{c}{2}+2\sqrt{\frac{nc}{2}\frac{0.184a}{n}}$$

$$=b+0.016a+\frac{c}{2}+2\sqrt{0.092ac}$$

여기서, 등호가 성립하는 경우는 $\frac{nc}{2}=\frac{0.184a}{n}$ $\quad\therefore\ n^2=\frac{0.368a}{c}$

n은 정수이므로, S를 최소로 하는 n은 $\sqrt{\frac{0.368a}{c}}$에 가장 가까운 정수이다.

단, $0.8a\{1-0.02(n-1)\}>0$에서 $n<51$이므로, $\sqrt{\frac{0.368a}{c}}\leqq 50$
따라서 $c\geqq 0.0001472a$를 만족하여야 한다.

답 : $\sqrt{\frac{0.368a}{c}}$에 가장 가까운 정수 $(c\geqq 0.0001472a)$

54. 2개의 점을 1개의 끈으로 이어서 이루어지는 것을 I_1으로 표시하자. I_1의 복제 J_1을 만들어, I_1과 J_1의 대응하는 점을 각각 끈으로 이어서 I_2를 만든다(그림1). 이어서, I_2의 복제 J_2를 만들어, I_2와 J_2의 대응하는 점을 각각 끈으로 이어서 I_3를 만든다(그림2). 이러한 조작을 귀납적으로 반복하여 I_n을 만든다.

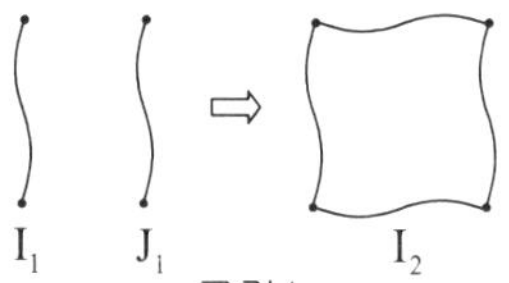

그림1

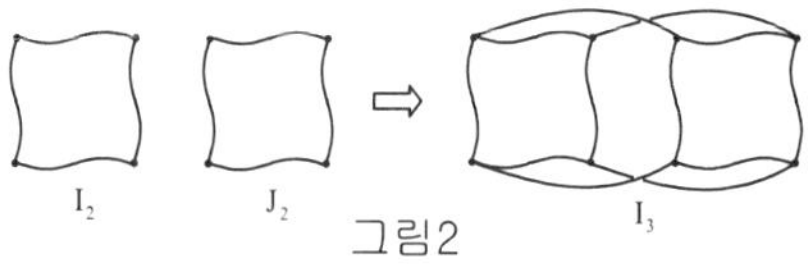

그림2

이때, 다음 물음에 답하여라.

(1) I_n에 포함되는 끈의 개수를 a_n이라 하자. a_1, a_2, a_3를 구하여라.

(2) $a_n (n \geqq 2)$을 a_{n-1}을 이용하여 나타내어라.

(3) a_n을 구하여라.

(4) I_n에 포함되는 4개의 점과 4개의 끈으로 이루어지는 폐곡선을 [면]이라 부르고, 그 개수를 b_n이라 하자. 예를 들면, $b_1 = 0, b_2 = 1, b_3 = 6$이다. $b_n (n \geqq 2)$을 b_{n-1}을 이용하여 나타내어라.

(5) b_n을 구하여라.

[해답]

(1) $a_1 = 1$, $a_2 = 4$, $a_3 = 12$ ………(답)

(2) $\mathrm{I_n}$을 만들기 위해 $\mathrm{J_{n-1}}$을 만들어 대응하는 점을 연결한다.
먼저, $\mathrm{J_{n-1}}$을 만드는 과정에서 끈의 수는 $2a_{n-1}$개로 되며, 이어서 대응하는 점을 연결하는데 필요한 끈의 수($\mathrm{I_{n-1}}$의 점의 개수)를 더해야 한다. $\mathrm{I_{n-1}}$에서 $\mathrm{I_n}$을 만드는 과정에서 점의 개수는 2배가 되며 $\mathrm{I_1}$의 점의 개수는 2이므로, $\mathrm{I_{n-1}}$의 점의 개수는 2^{n-1}이다.

$$\therefore\ a_n = 2a_{n-1} + 2^{n-1} \qquad \text{………(답)}$$

(3) (2)식의 양변을 2^n으로 나누면 $\dfrac{a_n}{2^n} = \dfrac{a_{n-1}}{2^{n-1}} + \dfrac{1}{2}$

$\dfrac{a_n}{2^n} = x_n$으로 놓으면, $x_n - x_{n-1} = \dfrac{1}{2}$

$$\therefore\ x_n = \frac{1}{2} + \frac{1}{2}(n-1) = \frac{1}{2}n$$

$$\therefore\ a_n = n \cdot 2^{n-1} \quad (n = 1, 2, \cdots) \qquad \text{………(답)}$$

(4) $\mathrm{I_{n-1}}$에서 $\mathrm{I_n}$을 만들 때, $\mathrm{J_{n-1}}$을 만드는 과정에서 [면]의 개수가 2배로 되어 $2b_{n-1}$로 된다. 이어서, $\mathrm{I_{n-1}}$의 변 1개에 대하여 1개의 면이 새로 만들어 지므로 a_{n-1}개가 더해진다.

$$\therefore\ b_n = 2b_{n-1} + a_{n-1}$$

(3)에 의하여, $b_n = 2b_{n-1} + (n-1)2^{n-2} \quad (n \geqq 2)$ ………(답)

(5) (4)의 양변을 2^n으로 나누면

$$\frac{b_n}{2^n} = \frac{b_{n-1}}{2^{n-1}} + \frac{1}{4}(n-1)$$

$\dfrac{b_n}{2^n} = y_n$으로 놓으면,

$$y_n - y_{n-1} = \frac{1}{4}(n-1)$$

$$\therefore\ y_n = y_1 + \frac{1}{4}\sum_{k=1}^{n-1} k \quad (n \geqq 2)$$

$y_1 = \dfrac{b_1}{2} = 0$을 대입하면, $y_n = \dfrac{1}{8}n(n-1) \quad (n \geqq 1)$

$$\therefore\ b_n = n(n-1)2^{n-3} \qquad \text{………(답)}$$

55. 어떤 종의 쥐는 좌우의 눈에 닿는 빛의 양이 같아지도록 몸의 방향 θ를 결정하여 정지한다고 한다. 이 쥐가 정지하였을 때, θ는 다음 식을 만족함을 보여라.

$$\cot\theta = \frac{I_1 - I_2}{I_1 + I_2}\cot\frac{A}{2} \quad (0 < \theta < \pi)$$

또, $\cot\frac{A}{2} = 3$인 경우 $\theta = \frac{\pi}{4}$로 되는 것은 $I_1 : I_2$가 어떠한 경우인가?

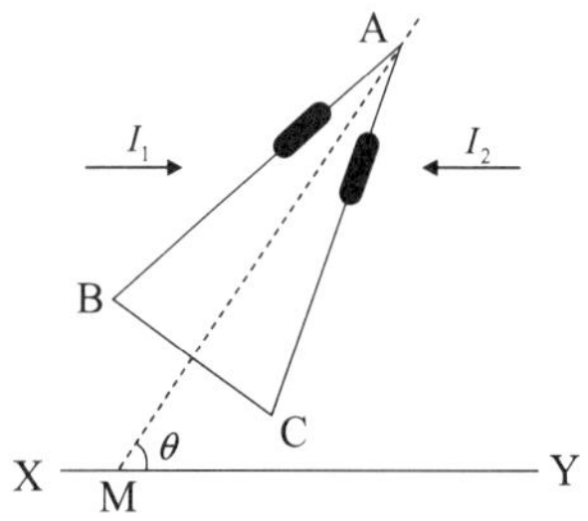

단, 그림에서 I_1, I_2는 빛의 강도, 이등변삼각형ABC는 쥐를 나타낸다. 또, $\overline{AB}, \overline{AC}$의 굵은 선 부분은 쥐의 눈을 나타내며, 몸의 방향 $\overline{MA}$는 $\overline{BC}$에 수직이다. 단, 어떤 면에 닿는 빛의 양은 다음 식으로 구한다.

빛의 양 = (빛의 강도)×(그 면의 넓이)×(그 면과 빛이 이루는 각의 $\sin$값)

[해답]

그림과 같이 빛의 방향과 눈이 이루는 각을 α, β로 놓고, 눈의 표면적을 S라 하면,

$$I_1 S\sin\alpha = I_2 S\sin\beta$$

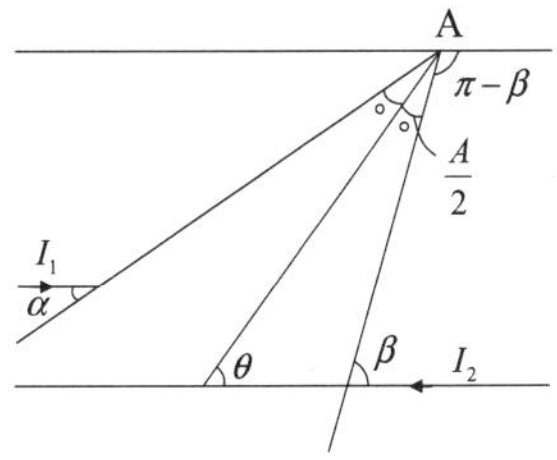

그림에서 $\alpha = \theta - \frac{A}{2}$, $\beta = \theta + \frac{A}{2}$이므로,

$$I_1 \sin\left(\theta - \frac{A}{2}\right) = I_2 \sin\left(\theta + \frac{A}{2}\right)$$

$$\frac{I_1}{I_2} = \frac{\sin\left(\theta + \frac{A}{2}\right)}{\sin\left(\theta - \frac{A}{2}\right)}$$

$$\frac{I_1 - I_2}{I_1 + I_2} = \frac{\sin\left(\theta + \frac{A}{2}\right) - \sin\left(\theta - \frac{A}{2}\right)}{\sin\left(\theta + \frac{A}{2}\right) + \sin\left(\theta - \frac{A}{2}\right)} = \frac{2\cos\theta\sin\left(\frac{A}{2}\right)}{2\sin\theta\cos\left(\frac{A}{2}\right)} = \frac{\cot\theta}{\cot\left(\frac{A}{2}\right)}$$

$$\therefore \cot\theta = \frac{I_1 - I_2}{I_1 + I_2}\cot\frac{A}{2}$$

$\cot\frac{A}{2} = 3$인 경우 $\theta = \frac{\pi}{4}$로 된다면, $1 = 3 \cdot \frac{I_1 - I_2}{I_1 + I_2}$

$$\therefore I_1 : I_2 = 2 : 1 \qquad \cdots\cdots\cdots\cdots \text{(답)}$$

56. 평면상의 원점O에서 지점A에, 다음과 같은 조건으로 최단시간의 이동법을 고려해 보자. 평면상에서는 시속 60(km/h)으로 이동한다. 단, 선분OA와 평행하게 1(km) 떨어진 도로 L이 있어, 이 도로 상에서는 시속 75(km/h)로 이동한다. O에서 직선으로 L상의 지점P까지 t_1시간 이동한 후, 도로L상을 지점Q까지 t_2시간 이동하여, 여기에서 t_3시간 걸려 직선으로 A까지 도달하는 경로 중 최단시간에 도착하는 것을 고려해 보자. 즉, $t_1+t_2+t_3$가 최소로 되는 경로를 고려하자. (단, $\overline{OP}=\overline{QA}$)
이때, $t_1=t_3$로 되는 것을 알 수 있다. L상의 지점 중 O에서 가장 가까운 점을 H라 하고 $\angle HOP=\alpha$라 하면, 다음을 얻는다. (단, $a=\overline{OA}$)

$$\square\ t_1\cos\alpha=1,\quad \square\ t_1\sin\alpha+\square\ t_2=a$$

α를 0^0에서 90^0까지 변화시키면, $k=t_1+\frac{1}{2}t_2-\frac{a}{150}$의 최소값은 $\frac{1}{\square}$이다.

따라서, $2t_1+t_2$의 최소값은 $\frac{\square}{\square}a+\frac{\square}{\square}$이다.

여기에서, 도로L을 사용하는 경우가 빠른 경우는 $a>\square$인 경우이며, 이 경우뿐이다.

[해답]

오른쪽 그림에서,

$$\frac{\overline{OH}}{\overline{OP}}=\cos\alpha \qquad \therefore\ \overline{OH}=\overline{OP}\cos\alpha$$

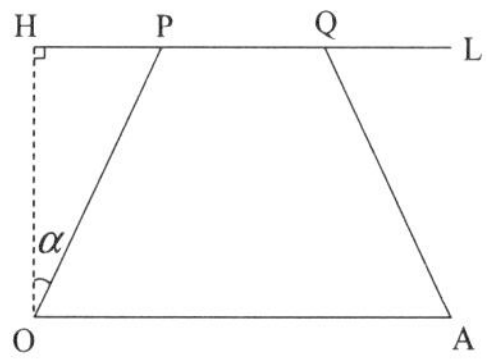

$$\overline{OH}=1,\ t_1=\frac{\overline{OP}}{60}\text{이므로, } 60t_1\cos\alpha=1 \qquad \cdots ①$$

같은 방법으로,

$\overline{PH}=60t_1\sin\alpha$이며 $t_2=\frac{\overline{PQ}}{75}$에서 $\overline{PQ}=75t_2$이므로,

$$\overline{OA}=2\times 60t_1\sin\alpha+75t_2$$

$$\therefore\ 120t_1\sin\alpha+75t_2=a \qquad \cdots ②$$

이때, $k= t_1+\frac{1}{2}t_2-\frac{a}{150}=t_1+\frac{75t_2-a}{150}$ $\quad (\because ②)$

$$= t_1-\frac{120t_1\sin\alpha}{150}=t_1\left(1-\frac{4}{5}\sin\alpha\right)>0$$

$$\frac{k}{t_1}=1-\frac{4}{5}\sin\alpha,\ 60k\cos\alpha=1-\frac{4}{5}\sin\alpha \qquad (\because ①)$$

$$\therefore\ 300k\cos\alpha+4\sin\alpha=5$$

따라서, $\sin\theta=\frac{300k}{\sqrt{(300k)^2+16}}$, $\cos\theta=\frac{4}{\sqrt{(300k)^2+16}}$를 만족하는 θ를 이용하면,

$$\sqrt{(300k)^2+16}\sin(\theta+\alpha)=5$$

$\sin\theta, \cos\theta>0$에서, θ는 $0^0<\theta<90^0$를 만족하는 상수이므로,
$\alpha+\theta=90^0$를 만족하는 α가 존재한다. $(-90^0<\alpha<90^0)$

$\therefore\ \sin(\theta+\alpha)\leqq 1$ $\qquad$ $\therefore\ \sqrt{(300k)^2+16}\geqq 5$

$$(300k)^2\geqq 25-16=9$$

$$300k\geqq 3,\ 300k\leqq -3$$

$$\therefore\ k\geqq\frac{1}{100}$$

따라서, $k=t_1+\frac{1}{2}t_2-\frac{a}{150}\geqq\frac{1}{100}$

이때, $2t_1+t_2\geqq\frac{a}{75}+\frac{1}{50}$

도로 L을 사용하지 않는 경우의 소요시간은 $\frac{a}{60}$시간이므로,

도로 L을 사용하는 것이 빠른 경우는 $\frac{a}{75}+\frac{1}{50}<\frac{a}{60}$ $\qquad \therefore\ a>6$

57. 다음 프로그램은 방정식 $x^3-3x-6=0$의 근사값을, 오차의 한계를 0.0001로 하여 이분법으로 구한 것이다. 다음 물음에 답하여라.

(1) 방정식 $x^3-3x-6=0$은 구간 $[2,3]$에서 유일한 해를 가짐을 보여라.

(2) 프로그램의 60행은 이분법에 의하여 새로운 구간 $[\mathrm{A},\mathrm{B}]$를 정하는 명령문이며, 70행은 구간 $[\mathrm{A},\mathrm{B}]$의 폭이 0.0001 이하인지 아닌지를 판별하여, 만약 그런 방식의 반복조작이 이 단계에서 종료하면 결과를 출력하는 명령문이다. (i)과 (ii)를 채워 명령문을 완성하라.

[힌트]

IF α then β else r : α가 성립하면 β를 실행하고, 성립하지 않으면 r를 실행하라.

(3) 프로그램은 폭이 0.0001 이하로 될 때까지 최고 20회 반복조작을 하도록 되어있다. 시작하는 구간을 위와 같이 $[\mathrm{A}_0,\mathrm{B}_0]=[2,3]$으로 하면 실제 20회까지 가지 않는다. 몇 회째에 반복조작을 종료하는가? 필요하면, $\log_{10}2=0.301$을 사용해도 좋다.

(4) 프로그램에서 구간을 좁히는 과정을 2회 행하였을 때 이루어지는 구간을 $[\mathrm{A}_2,\mathrm{B}_2]$라 하자. A_2, B_2를 구하여라.

```
10   DEF  F(X) = X^3 - 3X - 6
20   LET  A = 2
30   LET  B = 3
40   FOR  N = 1  TO  20
50   LET  C = (A + B)/2
60   IF  F(C) ≤ 0  THEN  ( i )
70   IF  (ii)
80   NEXT  N
90   PRINT  "근사값 =  " ; C
100  END
```

[해답]

(1) $f(x)=x^3-3x-6$으로 놓으면,

$f(2)=2^3-3\cdot 2-6=-4<0$, $f(3)=3^3-3\cdot 3-6=12>0$

$f'(x)=3x^2-3=3(x^2-1)>0 \quad (2\leqq x\leqq 3)$

이므로, $f(x)$는 $[2,3]$에서 유일한 해를 갖는다.

(2)

60행은 $f(\mathrm{C})\leqq 0$일 때는 A에 C를 대입하며,

$f(\mathrm{C})>0$일 때는 B에 C를 대입하는 것이므로

(i): A = C ELSE B = C ·········(답)

70행은 [A, B]의 폭이 0.0001 이하로 판정되면, 결과를 출력하는 것이므로

(ii): B − A ≦ 0.0001 THEN 90 ·········(답)

(3) 구간의 폭을 $\frac{1}{2}$로 만들어 가므로,

$$1\cdot\left(\frac{1}{2}\right)^n\leqq 0.0001=10^{-4}$$

$-n\log 2\leqq -4 \qquad \therefore\ n\geqq 13.2\cdots \qquad$ 답 : 14회째

(4)

$f\left(\frac{5}{2}\right)>0$에서, $[\mathrm{A}_1,\mathrm{B}_1]=\left[2,\ \frac{5}{2}\right]$이며,

$f\left(\frac{9}{4}\right)<0$에서, $[\mathrm{A}_2,\mathrm{B}_2]=\left[\frac{9}{4},\ \frac{5}{2}\right]$

답 : $\mathrm{A}_2=\frac{9}{4}$, $\mathrm{B}_2=\frac{5}{2}$

58. 점P는 x축 상을, 시각 $t=0$부터 $t=t_1$까지 속도 $v(t)=a\sqrt{t}$ (a는 $a>0$을 만족하는 상수)로 운동하며, 시각 $t=t_1$부터 가속도 b(b는 $b<0$를 만족하는 상수)로 감속하여, 시각 $t=t_2$에 속도가 0으로 되어 정지한다. 다음의 각 문제에 답하여라.

(1) $a=12, b=-12$인 경우, 점P가 시각 $t=0$부터 $t=t_2$까지 움직인 거리가 88이 되도록 하는 t_1의 값(감속을 시작하는 시각)과 그 때의 속도 $v(t_1)$의 값을 구하여라.

(2) a와 b가 $ab=-144$를 만족하는 것으로 하자. $v(t_1)=24$일 때, 점P가 시각 $t=0$부터 $t=t_2$까지 움직인 거리가 최소로 되는 a, b의 값과 그때의 거리를 구하여라.

[해답]

시각 $t=0$에서의 P의 위치를 좌표의 원점으로 하고, 시각 t에서의 P의 좌표를 $x(t)$, 속도를 $v(t)$라 하자.

$0 \leqq t \leqq t_1$에서 $v(t)=a\sqrt{t}$

$$x(t_1)=\int_0^{t_1} a\sqrt{t}\,dt=\frac{2}{3}at_1\sqrt{t_1}$$

또, $v(t_1)=a\sqrt{t_1}$ 이므로,

$t_1 \leqq t \leqq t_2$에서 $v(t)=b(t-t_1)+a\sqrt{t_1}$

$v'(t)=b$, $v(t)=bt+C$ 에서, $v(t_1)=bt_1+C=a\sqrt{t_1}$ $\therefore C=-bt_1+a\sqrt{t_1}$

$$x(t_2)=\int_{t_1}^{t_2}\left\{b(t-t_1)+a\sqrt{t_1}\right\}dt+\frac{2}{3}at_1\sqrt{t_1}$$

$$=\frac{b}{2}(t_2-t_1)^2+a\sqrt{t_1}(t_2-t_1)+\frac{2}{3}at_1\sqrt{t_1} \qquad \cdots ①$$

또, $v(t_2)=b(t_2-t_1)+a\sqrt{t_1}=0$이므로, $t_2-t_1=\dfrac{a\sqrt{t_1}}{-b}$ $\qquad \cdots ②$

(1)

조건 $a=12$, $b=-12$에서 ②는 $t_2-t_1=\sqrt{t_1}$

이것과 a, b의 값을 ①에 대입하면, $x(t_2)=-6t_1+12t_1+8t_1\sqrt{t_1}$

문제에서, 점P는 오른쪽으로만 운동하였으므로 $t=t_2$에서의 좌표가 움직인 거리다.

$x(t_2)=88$이므로, $\sqrt{t_1}=T$로 놓으면 $6T^2+8T^3=88$

$$(T-2)(4T^2+11T+22)=0 \qquad \therefore\ T=2$$

$$\therefore\ t_1=4\,,\quad v(t_1)=a\sqrt{t_1}=24 \qquad \cdots\cdots\cdots(\text{답})$$

(2)

$$\text{조건에 의하여, }\begin{cases} ab=-144 & \cdots ③ \\ v(t_1)=a\sqrt{t_1}=24 & \cdots ④ \end{cases}$$

②에 ④와 ③을 이용하면, $t_2-t_1=\dfrac{24}{-b}=\dfrac{a}{6}$

이것과 ④와 ③을 ①에 대입하면,

$$x(t_2)=\frac{b}{2}\left(\frac{a}{6}\right)^2+24\left(\frac{a}{6}\right)+16t_1$$

$$=\frac{1}{2}(-144)\frac{a}{6^2}+4a+16\left(\frac{24}{a}\right)^2$$

$$=2a+\frac{96^2}{a^2}$$

$a>0$이므로, $a+a+\dfrac{96^2}{a^2}\geqq 3\sqrt[3]{a\cdot a\cdot\dfrac{96^2}{a^2}}=24\sqrt[3]{18}$

여기서, 등호가 성립하는 경우의 a의 값은

$$a=\frac{96^2}{a^2} \qquad \therefore\ a=\sqrt[3]{96^2}=8\sqrt[3]{18}$$

따라서, 거리 $x(t_2)$의 최소값은

$a=8\sqrt[3]{18}\,,\ b=-3\sqrt[3]{12}$일 때, $24\sqrt[3]{18}$ $\cdots\cdots\cdots(\text{답})$

59. 카드 표면의 새로운 디자인에 있어, 다음 세 조건을 만족하는 n개의 마크의 배치법을 고려하자.

- 카드를 종횡(縱橫)으로 n등분하여, 나누어진 각 부분의 중심에 마크를 배치한다.
- 각 종열(縱列) 및 횡열(橫列)에 2개 이상의 마크를 배치하지 않는다.
- 한 장의 카드에 있어, 마크를 서로 다른 방향으로 배치하지 않는다.

예를 들면, 하트1개는 1가지, 2개는 2가지, 3개는 6가지의 배치법이 있다.

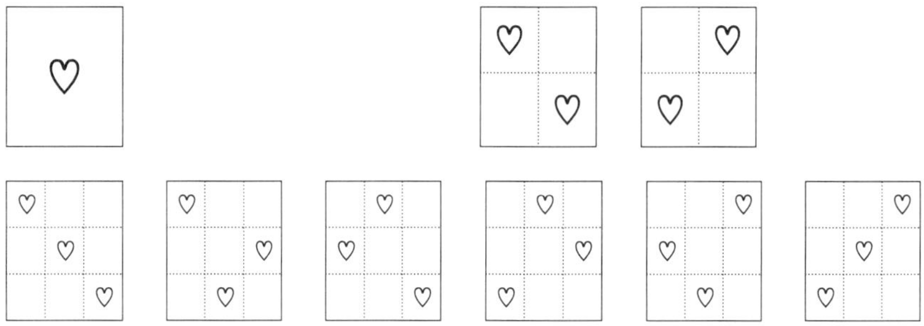

한편, 다이아몬드는 카드를 뒤집었을 때 같은 것이 존재하므로, 다이아몬드 1개는 1가지, 2개는 2가지의 배치법이 있으나, 3개는 그림과 같이 4가지 밖에 없다.

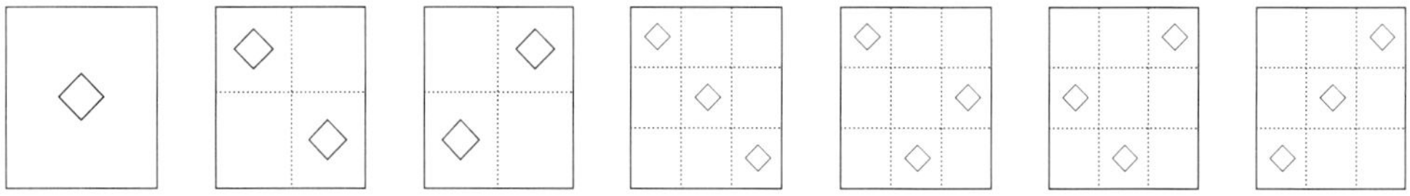

같은 방법으로 고려하여, 다음 빈칸을 채우시오.

(1) 하트 7개의 배치법은 [   ] 가지이다.

(2) 다이아몬드 4개의 배치법은 [   ] 가지이다.

(3) 다이아몬드 7개의 배치법은 [   ] 가지이다.

[해답]

(1) 가로열을 '행'이라 부르자. 1행에는 P_1번째, 2행에는 P_2번째, $\cdots$, 7행에는 P_7번째에 마크를 넣는 배치법을 $(P_1, P_2, \cdots, P_7)$로 표시하자. 주어진 조건을 만족하기 위해서는 $P_1, P_2, \cdots, P_7$이 모두 달라야 한다. 따라서, $(P_1, P_2, \cdots, P_7)$은 1에서 7까지의 자연수의 순열로 된다.
하트의 경우, 뒤집었을 때 같은 경우가 없으므로, 순열의 모든 경우가 서로 다르다.

구하는 수는 $7! = 5040$ ………(답)

(2) 다이아몬드의 경우에는 뒤집었을 때 같아지는 경우가 있다.

배치법 (P_1, P_2, P_3, P_4)가 뒤집었을 때 자기자신과 같아지려면

$$P_4 = 5 - P_1,\ P_3 = 5 - P_2$$

가 성립하여야 한다.

이러한 배치법은 P_1, P_2를 선택하면 전체가 결정되며, 모두 다른 수가 되어야하므로 P_2는 P_1, P_4와 다른 수를 선택하여야만 한다. 따라서, 그 개수는 $4 \times 2 = 8$이다.

이것들 이외에는, 뒤집었을 때 자신이 아닌 다른 것과 일치한다.

따라서, 구하는 수는 $\dfrac{4! - 8}{2} + 8 = 16$ ………(답)

(3) 같은 방법으로, 뒤집었을 때 자기자신과 일치하는 경우는

$$P_7 = 8 - P_1,\ P_6 = 8 - P_2,\ P_5 = 8 - P_3,\ P_4 - 4$$

가 성립하며, 모든 수가 서로 다른 경우이다.

이 경우의 개수는 $1 \times 6 \times 4 \times 2 = 48$

따라서, 구하는 수는 $\dfrac{7! - 48}{2} + 48 = 2544$ ………(답)

step 3

60. 어느 작은 무인도에 살고 있는 야생토끼의 총수 n을 조사하려한다. 임의추출법(무작위추출)에 의하여 무인도의 여러 지점을 선택하여, 그곳에서 토끼를 포획하여 그 수를 세고 표식을 단 후 다시 놓아준다. 1주일 후에 다시 임의추출법에 의하여 여러 지점을 선택하여 두 번째의 포획을 실시한다. 1회째 및 2회째에 포획된 토끼의 수는 각각 r 및 s였다. 단, 이 섬의 토끼의 총수는 조사기간 중 변하지 않는 것으로 한다.

(1) 이제, n 및 r, s가 주어졌을 때, 2회째 포획된 토끼 중 표식이 있는 토끼의 수가 t일 확률 P를 n, r, s, t의 식으로 나타내어라. 단, 어떠한 토끼도 같은 확률로 포획되는 것으로 가정한다.

(2) (1)에서 구한 식에서, r, s, t가 주어졌을 때, P를 n의 함수로 고려하여, P를 최대로 하는 n을 구하여라.

(3) (2)에서 구한 n을 r, s, t가 주어졌을 때의 총수의 추정치(推定値)라 한다. $r=23$, $s=18$, $t=5$인 경우 총수의 추정치를 구하여라.

(4) 1회째에 포획된 토끼가 2회째에 포획될 확률이, 1회째에 포획되지 않은 토끼가 2회째에 포획될 확률의 2배라고 가정하자. $r=23$, $s=18$, $t=5$인 경우, 위와 같은 방법으로 총수의 추정치를 구하여라.

[해답]

(1) 2회째에 포획된 s 중, 1회째에 포획되었던 1마리가 다시 포획될 확률은 $\frac{r}{n}$, 그 수는 t, 그 이외의 경우의 확률은 $\frac{n-r}{n}$이며, 그 수는 $s-t$이다.

$$P = {}_sC_t\left(\frac{r}{n}\right)^t\left(\frac{n-r}{n}\right)^{s-t} \qquad \cdots\cdots\cdots(답)$$

(2) 위의 식에서 ${}_sC_t r^t$은 상수이므로, $\frac{(n-r)^{s-t}}{n^s} = f(n)$을 최대로 하는 n을 구하면 된다.

$$f'(n) = \frac{(s-t)(n-r)^{s-t-1}n^s - sn^{s-1}(n-r)^{s-t}}{n^{2s}}$$

$$= \frac{n^{s-1}(n-r)^{s-t-1}(rs-nt)}{n^{2s}}$$

n	r	$\cdots$	$\frac{rs}{t}$	$\cdots$
$f'(n)$	0	$+$	0	$-$
P		↗	극대	↘

$f'(n)=0$으로 되는 것은 $n=r, \dfrac{rs}{t}$일 때이며, P는 $n=\dfrac{rs}{t}$에서 극대이며 최대이다.

($s-t-1$의 짝수, 홀수 여부에 관계없음)

단, n은 정수이므로, $\dfrac{rs}{t}$가 정수가 아닌 경우에는 $\left[\dfrac{rt}{t}\right]$ 또는 $\left[\dfrac{rs}{t}\right]+1$에서 최대이다.

………(답)

(3) $r=23$, $s=18$, $t=5$인 경우

$$\frac{rs}{t}=\frac{23\cdot 18}{5}=82.8$$

답 : 83

(4) 1회째에 포획되지 않았던 토끼가 2회째에 포획될 확률을 a라 하면, 1회째에 포획된 토끼가 2회째에 포획될 확률(2회째에 표식이 있는 토끼가 포획될 확률)은 $2a$이므로

$$r\cdot 2a+(n-r)a=r \qquad \therefore\ a=\frac{r}{n+r}$$

따라서, 2회째에 표식이 있는 토끼가 잡힐 확률은 $\dfrac{2r}{n+r}$이다.

$r=23$, $s=18$, $t=5$인 경우

$$P={}_{18}\mathrm{C}_5\left(\frac{46}{n+23}\right)^5\left(\frac{n-23}{n+23}\right)^{13}$$

위의 식에서 ${}_{18}\mathrm{C}_5 46^5$은 상수이므로, $g(n)=\dfrac{(n-23)^{13}}{(n+23)^{18}}$을 최대로 하는 n을 구하면 된다.

$$g'(n)=\frac{(n-23)^{12}(n+23)^{16}(n+23)(-5n+713)}{(n+23)^{36}}$$

$n=\dfrac{713}{5}=142.6$에서 극대이며 최대이다.

답 : 143

61. 6개의 점 A, B, C, D, E, F가 일방통행인 도로에 의하여 그림과 같이 연결되어 있다. 지점A에서 출발하여 각 지점간을 이동하는 점 P가 있다. 점 P는 동전을 던져 앞면이 나오면 실선에 연하여, 뒷면이 나오면 점선에 연하여 화살표 방향으로 나아가 이웃한 지점으로 이동하는 것으로 한다.

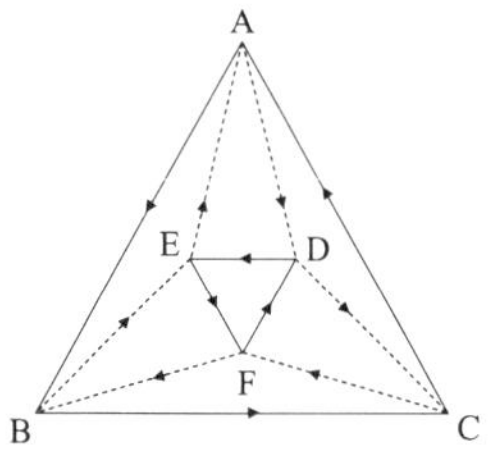

(1) 3회 연속으로 동전을 던져 이동하였을 때, 점 P가 지점A에 있을 확률을 구하여라.

(2) n회 연속으로 동전을 던져 이동하였을 때, 점 P가 지점A에 있을 확률을 구하여라.

(3) n회 연속으로 동전을 던져 이동하였을 때 점 P가 지점B 이외에 있으며, 게다가 그 때까지 지점B를 전혀 통과하지 않았을 확률을 구하여라.

[해답]

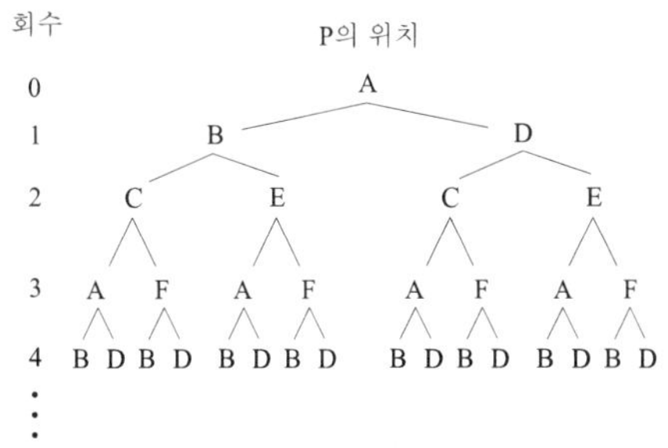

동전을 던진 회수 n에 따른 P의 위치는 그림과 같이, 같은 형태가 반복된다. 따라서, m을 자연수라 할 때, $n=3m-2$에서는 B와 D, $n=3m-1$에서는 C와 E, $n=3m$에서는 A와 F 만 나타나며, 각 경우에 같은 수로 나타난다.

(1) 구하는 확률은 $\dfrac{1}{2}$ ·········(답)

(2) A가 n회째에 나타나는 것은 $n=3m$인 경우에 한하므로, 구하는 확률은

$$\begin{cases} n=3m-1, 3m-2 \text{인 경우: } p_n=0 \\ n=3m \text{인 경우: } p_n=\dfrac{1}{2} \end{cases}$$ ·········(답)

(3) 구하는 확률을 q_n이라 하자. $n=3m-2$인 경우에만 B가 나타나므로,

$$q_{3m-2}=q_{3m-1}=q_{3m} \quad \cdots ①$$

q_{3m}은, $n=3m-1$까지 B를 통과하지 않고, $3m$번째에 A나 F에 도착할 확률이다. $3m+1$번째에는 확률 $\dfrac{1}{2}$로 B, D로 각각 이동한다. 따라서, $q_{3m+1}=\dfrac{1}{2}q_{3m}$

①에 의하여, $q_{3m+1}=q_{3m+2}=q_{3(m+1)}=\dfrac{1}{2}q_{3m}$

$q_3=\dfrac{1}{2}$이므로, $q_{3m}=\left(\dfrac{1}{2}\right)^m$

이상에서, $n=3m-2,\ 3m-1,\ 3m \quad (m=1,2,\cdots)$일 때,

$$q_n=\left(\frac{1}{2}\right)^m$$ ·········(답)

62. 같은 종류의 동전을 중복되지 않게, 정오각형의 꼭지점에 앞면이 위로 오도록 나열하는 배치를 고려해보자. 단, 정오각형을 회전하여 일치하는 배치는 같은 배치로 간주한다. 가능한 배치는 A, B, C, D, E, F, G의 7종류이다.

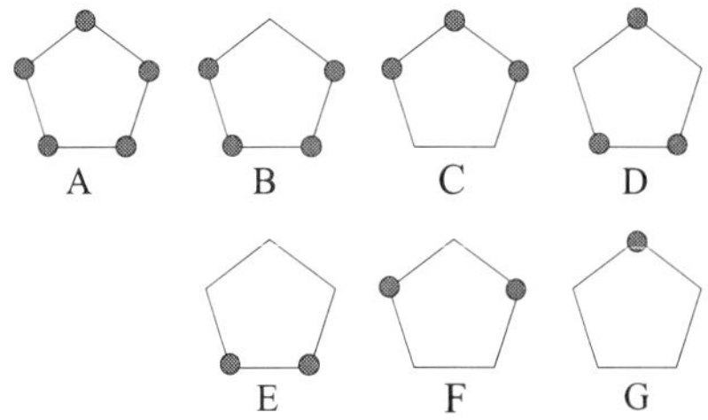

다음 방법에 의하여 배치X는 배치Y로 변형된다.

(i) 배치X에 있는 각각의 동전을 독립적으로 확률 $\frac{1}{2}$로 양쪽 이웃점 중 하나로 이동시킨다.

(ii) (i)의 조작에 의하여 2개의 동전이 중복된 꼭지점은, 동전 1개를 제거하여 1개만 남긴다.

(iii) (ii)의 조작에 의하여 얻어진 배치를 Y라 하자.

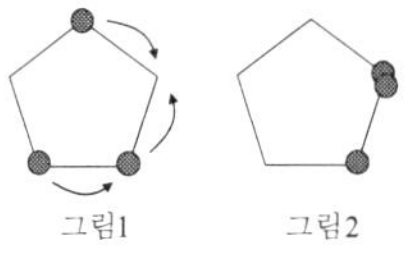

예를 들어, 배치D에 있어 각각의 동전을 그림1의 화살표와 같이 이동시킨다면 그림2와 같이 되며, (ii)의 조작에 의하여 배치E가 얻어진다. 배치A의 가능한 변형을 모두 구하고, 각각의 배치로 변형될 확률을 구하여라.

[해답]

정오각형의 각 꼭지점을 순서대로 1, 2, 3, 4, 5로 놓자.
(ⅰ)의 조작에 의하여 동전이 1에서 2, 2에서 3, … , 5에서 1로 이동하는 것을 +로 표시하자. 또, 5에서 4, 4에서 3, … , 1에서 5로 이동하는 것을 -로 표시하자.

㉠ [모두 +] 또는 [모두 -]인 경우
배치A로 되는 것이 2개이다.

㉡ [1개만 +] 또는 [1개만 -]인 경우
예를 들면, 동전이 (1, 2, 3, 4, 5)에서 (2, 1, 2, 3, 4)로 이동하여 배치B가 된다.
각 꼭지점의 대칭성에 의하여, 배치B로 되는 것이 5×2개다.

㉢ [2개 +] 또는 [2개 -]인 경우
예를 들면, (1, 2, 3, 4, 5)의 배치에서
(+, +, -, -, -)에 의하여 이동하여 (2, 3, 2, 3, 4)로 되어 배치C가 되거나
(+, -, +, -, -)에 의하여 이동하여 (2, 1, 4, 3, 4)로 되어 배치B로 된다.

즉, +또는 -가 2개 연속으로 있는 경우는 배치C로 되며, 5×2개다.
연속하여 나타나지 않는 경우는 배치B로 되며, 5×2개다.

이상에서, 가능한 변형은 A, B, C 중 하나로 된다. ·········(답)

이때, 각각의 배치로 되는 경우의 확률은 같으므로,

A로 되는 확률은 $\dfrac{2}{5\times2\times3+2}=\dfrac{1}{16}$ ·········(답)

B로 되는 확률은 $\dfrac{5\times2\times2}{5\times2\times3+2}=\dfrac{5}{8}$ ·········(답)

C로 되는 확률은 $\dfrac{5\times2}{5\times2\times3+2}=\dfrac{5}{16}$ ·········(답)

63. 홀수개의 서로 다른 수치데이터 $a_1, a_2, \cdots, a_n$이 주어져 있을 때, 그 median(중앙치)를 출력할 의도로, 아래와 같은 알고리즘을 고려하였다. median이라는 것은, 주어진 수치데이타를 크기순으로 나열하여 전체의 중앙에 위치하는 값이다. 예를 들면, 아래의 문제(1)에 주어진 $a_1 = 9, a_2 = 6, a_3 = 8, a_4 = 4, a_5 = 1$의 경우, median은 6이다. 단, 알고리즘에서 기호 [$X \leftarrow Y$]는, Y의 값 또는 Y를 실행하여 얻어진 값을 변수X의 값으로 한다는 것을 의미한다.

(i) $i \leftarrow 1,\ L \leftarrow \dfrac{n-1}{2}$
(ii) $i = n$이면, a_i를 출력한다.
(iii) $j \leftarrow i+1,\quad K \leftarrow 0$
(iv) $j > n$이면, (vii)행으로 간다.
(v) $a_i > a_j$이면, $K \leftarrow K+1$
(vi) $j \leftarrow j+1$로 한 후, (iv)행으로 간다.
(vii) $K = L$이면, a_i를 출력하고 정지한다.
(viii) $K < L$이면, $L \leftarrow L-1$
(ix) $i \leftarrow i+1$로 한 후, (ii)행으로 간다.

(1) $n = 5$일 때, $a_1,\ a_2,\ a_3,\ a_4,\ a_5$가 아래과 같이 주어진 경우에 있어, 알고리즘이 정지할 때까지, step(v)를 실행한 직후의 각 변수 i, j, K, L의 값은 어떻게 변하는가? 다음 표의 빈 칸을 완성하여라.

a_1	a_2	a_3	a_4	a_5
9	6	8	4	1

i								$\cdots$
j								$\cdots$
K								$\cdots$
L								$\cdots$

(2) step(v)에서 실행한 데이터의 비교$(a_i > a_j)$의 회수가 최소로 되는 것은, 어떠한 데이터가 주어졌을 때인가? $n = 5$인 경우에 구체적인 예를 들어 설명하여라.

(3) step(v)에서 실행한 데이터의 비교$(a_i > a_j)$의 회수가 최대로 되는 것은, 어떠한 데이터가 주어졌을 때인가? $n = 5$인 경우에 구체적인 예를 들어 설명하여라.

(4) 일반적으로, 주어진 $a_1,\ a_2,\ \cdots,\ a_n$ 중 a_k가 median인 경우$(1 \leqq k \leqq n)$, step(v)에 있어서 데이터의 비교$(a_i > a_j)$는 몇 회 실행되는가? 실행회수를 n과 k를 이용하여 나타내어라.

[해답]

(1) L은 median보다 작은 값의 데이터의 개수, K는 a_i보다 작은 값의 데이터의 개수이며, $K=L$인 경우에 a_i가 median과 같아진다는 것이 프로그램의 기본개념이다.

step(v)를 실행한 직후의 각 변수 i, j, K, L의 값은 아래와 같이 변화한다.

i	1	1	1	1	2	2	2
j	2	3	4	5	3	4	5
K	1	2	3	4	0	1	2
L	2	2	2	2	2	2	2

.........(답)

(2) a_1의 값이 median인 경우, 데이터의 비교회수가 최소이다.

예를 들면,
$a_1=6,\ a_2=4,\ a_3=9,\ a_4=1,\ a_5=8$인 경우이다.
이때, 데이터의 비교회수는 4회이다.

i	1	1	1	1
j	2	3	4	5
K	1	1	2	2
L	2	2	2	2

(3) a_5의 값이 median인 경우, 데이터의 비교회수가 최대이다.
예를 들면, $a_1=9,\ a_2=1,\ a_3=8,\ a_4=4,\ a_5=6$인 경우이다. 이때, 데이터의 비교회수는 $4+3+2+1=10$이다.

(4) 일반적으로, $a_1, a_2, \cdots, a_k, \cdots, a_n$과 같이 주어진 수치데이터에 있어서, a_k가 median인 경우, 비교의 회수는 다음과 같다.

a_1과 a_j $(2 \leqq j \leqq n)$의 비교에서 $n-1$회
a_2과 a_j $(3 \leqq j \leqq n)$의 비교에서 $n-2$회
⋮
a_k과 a_j $(k+1 \leqq j \leqq n)$의 비교에서 $n-k$회

따라서, 비교의 실행회수는 전부 합하여

$$\sum_{j=1}^{k}(n-j)=\frac{\{(n-1)+(n-k)\}k}{2}=\frac{(2n-k-1)k}{2}$$ ....(답)

64. 어떤 병에 걸린 환자들에게 특정 약을 병이 완치될 때까지 복용시켜, 복용한 약의 총량이 x단위 이하인 환자의 전체에 대한 비율 $F(x)$를 조사하였더니, 함수 $p=F(x)$의 그래프가 그림1의 곡선 C로 되었다. $F(x)$의 도함수 $f(x)$가 연속함수라고 가정하자. 적분 $\int_a^b xf(x)\,dx$ (복용한 약의 총량의 환자전체에 대한 평균)를 m이라 하자.

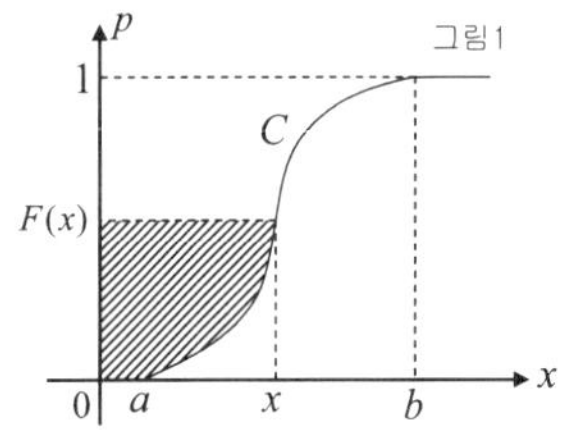

(1) 함수 $y=f(x)$의 그래프의 개형을 그리고, $a<m<b$를 보여라.

(2) $a \leqq x \leqq b$일 때, 적분 $\int_a^x tf(t)\,dt$가 그림1의 사선부분의 면적과 같음을 보여라.

(3) $G(x)=\dfrac{1}{m}\displaystyle\int_a^x tf(t)\,dt \quad (a \leqq x \leqq b)$로 놓을 때, x를 매개변수로 하여 $p=F(x)$를 $q=G(x)$의 함수로 고려하는 것이 가능하다. $a<x<b$인 경우, 다음을 보여라.

$$\frac{dp}{dq}=\frac{m}{x}, \quad \frac{d^2p}{dq^2}=-\frac{m^2}{x^3 f(x)}$$

(4) 매개변수 $x(a \leqq x \leqq b)$로 표시된 곡선 $q=G(x),\ p=F(x)$의 개형을 (q,p)평면에 나타내어라.

(5) 처음의 함수 $p=F(x)$의 그래프가 아래그림의 곡선 C'로 주어졌을 때, 대응하는 (4)의 곡선의 개형을 그려라. (구간 $c \leqq x \leqq d$에서 q가 상수로 되는 것에 주의)

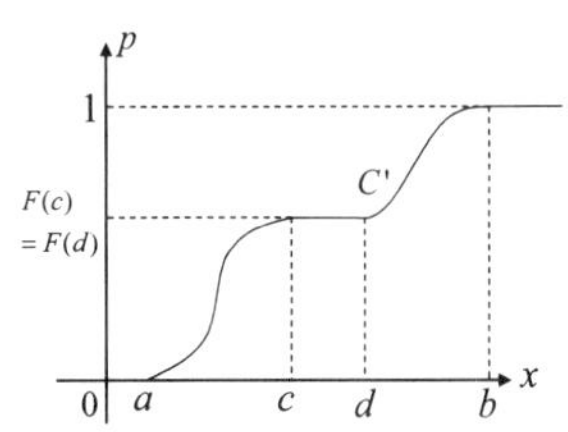

[해답]

(1) $y=f(x)$의 개형은 다음과 같다.

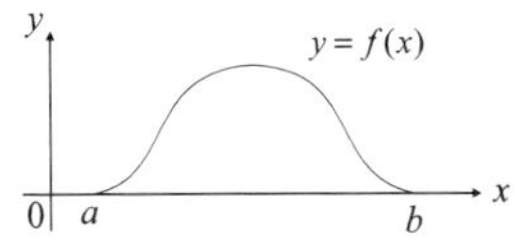

그래프에서 $f(x) \geqq 0$이며, $\int_a^b f(x)\,dx = F(b) - F(a) = 1$

$a \leqq x \leqq b$에서 $af(x) \leqq xf(x) \leqq bf(x)$

a에서 b까지 적분하면,

$$a = a\int_a^b f(x)\,dx \leqq \int_a^b xf(x)\,dx \leqq b\int_a^b f(x)\,dx = b \qquad \therefore a \leqq m \leqq b$$

여기서, 등호가 성립하려면

$af(x) = xf(x)$ 또는 $bf(x) = xf(x)$가 항상 성립하여야하므로 $\therefore a < m < b$

(2) $$\int_a^x tf(t)\,dt = [tF(t)]_a^x - \int_a^x F(t)\,dt = xF(x) - 0 - \int_a^x F(x)\,dt$$

$\int_a^x F(t)\,dt$는 x축, 곡선C 및 $(x,0)$을 지나며 p축에 평행한 직선에 의하여 둘러싸인 부분의 넓이이므로, 그림1의 사선부분의 넓이는 $\int_a^x tf(t)\,dt$로 표시된다.

(3) $a < x < b$에서 $f(x) > 0$, $\dfrac{dp}{dx} = f(x)$, $\dfrac{dq}{dx} = \dfrac{1}{m}xf(x)$ $\qquad \therefore \dfrac{dp}{dq} = \dfrac{dp}{dx} \div \dfrac{dq}{dx} = \dfrac{m}{x}$

2차도함수에 대해서는 $\dfrac{d^2p}{dq^2} = \dfrac{d}{dq}\left(\dfrac{dp}{dq}\right) = \dfrac{d}{dx}\left(\dfrac{dp}{dq}\right) \div \dfrac{dq}{dx} = \left(-\dfrac{m}{x^2}\right) \div \left(\dfrac{1}{m}xf(x)\right) = -\dfrac{m^2}{x^3f(x)}$

(4) $F(x), G(x)$는 $a \leqq x \leqq b$에서 단조증가함수이며 $F(a) = G(a) = 0$, $F(b) = G(b) = 1$

또, $\dfrac{dp}{dq} > 0$, $\dfrac{d^2p}{dq^2} < 0$ $\quad (a < x < b)$이므로 그래프의 개형은 아래의 왼쪽 그림과 같다.

(5) 점 $(G(c), F(c))$의 앞뒤에서 접선의 기울기가 대에서 소로 변화하므로, (3)을 고려하면 아래의 오른쪽 그림과 같다.

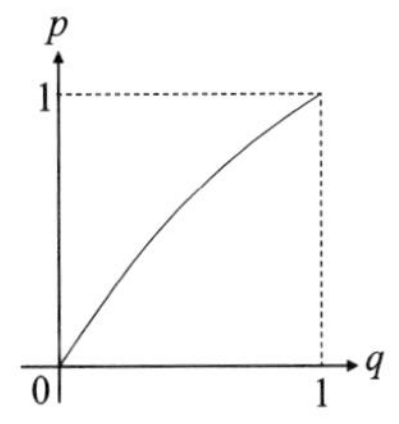

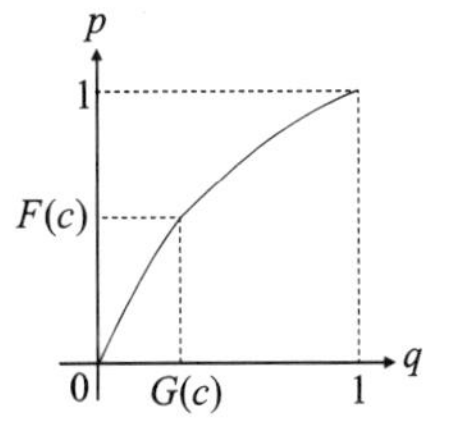

65. 용기 내에 증식하고 있는 어떤 종의 세포를 가열멸균(加熱滅菌)할 때, 다음 방정식이 성립한다. 단, x 및 u는 각각 시각 t에서의 세균의 개수, 열류량(단위시간에 가열한 열량)을 나타낸다. $\frac{dx}{dt} = ax - u$ ($a > 0$는 상수)

(1) $u = f(t)$를 연속함수라 하자. $y = xe^{-at}$로 놓을 때, y'에 관한 식을 구하여라.

(2) 시각 $t = 0$에서의 세포의 개수 $N > 0$과 시간 $T > 0$가 주어졌을 때, $t = T$에서 살균완료($x = 0$)될 조건은 $\int_0^T f(t)e^{-at}dt = N$임을 보여라.

(3) 다음 각 경우에 (2)의 조건을 만족하는 상수 C_1, C_2를 구하여라.

(i) $f(t) = C_1 e^{-at}$ (ii) $f(t) = C_2 e^{at}$

(4) (3)의 2가지 가열방법에 대하여, 멸균완료까지 필요한 열량을 각각 Q_1, Q_2라 하자. $\frac{Q_2}{Q_1}$를 구하여, Q_1과 Q_2의 대소관계를 구하여라.

[해답]

(1) $x = ye^{at}$ $\therefore$ $x' = y'e^{at} + aye^{at}$

$x' = ax - f(t)$와 비교하면, $y' = -f(t)e^{-at}$ …………(답)

(2) $-f(t)e^{-at}$의 원시함수 중 하나를 $F(t)$라 하면, $y = F(t) + C$이므로

$$x(t) = (F(t) + C)e^{at}$$

$N = x(0) = (F(0) + C)e^0 = F(0) + C$에서

$$y = F(t) - F(0) + N = -\int_0^t f(t)e^{-at}dt + N$$

$$\therefore x(t) = ye^{at} = \left(-\int_0^t f(t)e^{-at}dt + N\right)e^{at}$$

따라서, 조건 $x(T) = 0$는 $N = \int_0^T f(t)e^{-at}dt$와 동치이다.

(3)

(ⅰ) $f(t)=C_1e^{-at}$가 (2)의 조건을 만족하는 경우,

$$C_1\int_0^T e^{-2at}dt=N$$

$$-\frac{C_1}{2a}(e^{-2aT}-1)=N \qquad \therefore\ C_1=\frac{2aN}{1-e^{-2aT}} \qquad \cdots\cdots\cdots\cdots(\text{답})$$

(ⅱ) 같은 방법으로, $f(t)=C_2e^{at}$에 대하여 고려하면

$$\therefore\ C_2=\frac{N}{T} \qquad \cdots\cdots\cdots\cdots(\text{답})$$

(4)

$$Q_1=\int_0^T C_1e^{-at}dt=\frac{C_1(1-e^{-aT})}{a}$$

같은 방법으로, $Q_2=\dfrac{C_2(e^{aT}-1)}{a}$ (C_1, C_2는 (3)에서 구한 값)

$$\therefore\ \frac{Q_2}{Q_1}=\frac{1}{2aT}(e^{aT}-e^{-aT})=\frac{1}{2X}(e^X-e^{-X}) \quad (\text{단, } X=aT \quad (a>0)\ )$$

$g(X)=\dfrac{Q_2}{Q_1}$로 놓고, 1과 대소관계를 조사해보자.

$$g'(X)=\frac{1}{2X^2}\{(e^X+e^{-X})X-(e^X-e^{-X})\}$$

분자 $h(X)=(e^X+e^{-X})X-(e^X-e^{-X})$의 도함수는

$$h'(X)=(e^X-e^{-X})X>0 \qquad (X>0)$$

$h(0)=0$이므로, $g'(X)>0 \quad (X>0)$

또, $\lim\limits_{X\to 0}g(X)=1$이므로, $g(X)=\dfrac{Q_2}{Q_1}>1 \quad \therefore\ Q_2>Q_1 \quad \cdots\cdots\cdots\cdots(\text{답})$

66. 빈 물병에 단위시간당 일정한 비율로 물을 주입하여, 바닥으로부터 측정한 수면의 높이 h가 10이 될 때까지 계속하였다. 수면의 상승속도 v는, 수면의 높이 h의 함수로

$$v = \frac{\sqrt{2+h}}{\ln(2+h)} \qquad (0 \leq h \leq 10)$$

로 주어진 것으로 한다. 수면의 상승이 시작한 후로부터 수면의 면적이 최대로 될 때까지의 시간을 구하여라.

[해답]

단위시간당 주입하는 물의 일정량을 a, 시간 t_0에서의 높이를 h_0, 수면의 면적을 $S(h_0)$로 놓자. 수면이 상승하기 시작한 후, 시간 t_0까지 주입된 물의 양은

$$\int_0^{h_0} S(h)\,dh = at_0 \quad (a > 0) \qquad \cdots ①$$

양변을 시간 t로 미분하면, $S(h) \cdot \dfrac{dh}{dt} = a$

이 식에 $v = \dfrac{dh}{dt} = \dfrac{\sqrt{2+h}}{\ln(2+h)}$를 대입하면, $S(h) = \dfrac{a\ln(2+h)}{\sqrt{2+h}} \qquad \cdots ②$

$$S'(h) = \frac{\dfrac{a\sqrt{2+h}}{2+h} - a\ln(2+h) \cdot \dfrac{1}{2\sqrt{2+h}}}{2+h} = \frac{a\{2-\ln(2+h)\}}{2(2+h)\sqrt{2+h}}$$

$S'(h) = 0$에서 $h = e^2 - 2$이며, $0 < e^2 - 2 < 10$

h	0	$\cdots$	e^2-2	$\cdots$	10
$S'(h)$		+	0	−	
$S(h)$		↗	극대	↘	

증감표에 의하여, $h = e^2 - 2$에서 최대값 $\dfrac{2a}{e}$를 갖는다.

구하는 시간은 ①, ②에서

$$t = \frac{1}{a}\int_0^{e^2-2} S(h)\,dh = \int_0^{e^2-2} \frac{\ln(2+h)}{\sqrt{2+h}}dh \quad (\sqrt{2+h} = u\text{로 놓으면, } dh = 2u\,du)$$

$$= \int_{\sqrt{2}}^{e} \frac{\ln u^2}{u} \cdot 2u\,du$$

$$= 4\int_{\sqrt{2}}^{e} \ln u\,du$$

$$= 4\Big[\ u\ln u - u\ \Big]_{\sqrt{2}}^{e}$$

$$= 4(\sqrt{2} - \sqrt{2}\ln\sqrt{2})$$

$$= 2\sqrt{2}(2 - \ln 2) \qquad \cdots\cdots\cdots(\text{답})$$

67. 어떤 방사성물질이, 방사선을 방출하면서 붕괴하는 속도는 그때의 방사성물질의 양에 비례한다. 그 비례상수를 1로하고, 1시간마다 이 물질이 m씩 공급되는 것으로 하자. 단, $m>0$이다. 다음 물음에 답하여라.

(1) $t=0$에서 처음으로 m만큼 공급되었을 때, 다음 공급까지$(0 \leqq t<1)$의 양 $M_1(t)$가 만족하는 방정식을 구하여라.

(2) (1)에서 구한 식을 이용하여 $M_1(t)$를 구하여라.

(3) 2회째의 공급 후$(1 \leqq t<2)$의 양 $M_2(t)$를 구하여라.

(4) n회째의 공급 후$((n-1) \leqq t<n)$의 양 $M_n(t)$를 구하여라.

[해답]

(1) 주어진 조건에 의하여, 방사성물질의 양을 $M(t)$ $(M(t) \neq 0)$로 놓으면,

$$\frac{dM(t)}{dt}=-\alpha M(t)$$

로 표시할 수 있다.
가정에 의하여, 비례상수 α는 $\alpha=1$이다.

따라서, 구하는 방정식은

$$\frac{dM_1(t)}{dt}=-M_1(t), \quad M_1(0)=m \qquad \cdots\cdots\cdots(\text{답})$$

(2) (1)에서 $\displaystyle\int \frac{dM_1}{M_1}=-\int dt$

C를 적분상수라 하면, $\ln M_1(t)=-t+C \qquad (\because M_1(t)>0)$

$$\therefore M_1(t)=ke^{-t} \qquad (e^C=k)$$

$M_1(0)=m$이므로, $k=m$

$$\therefore M_1(t)=me^{-t} \quad (0 \leqq t<1) \qquad \cdots\cdots\cdots(\text{답})$$

(3) $t=1$일 때, $M_2(1)=me^{-1}+m=m(e^{-1}+1)$

따라서, (1), (2)의 결과에 의하여

$$M_2(t)=m(e^{-1}+1)e^{-(t-1)}=m(1+e)e^{-t} \quad (1 \leqq t < 2) \qquad \cdots\cdots\cdots(\text{답})$$

(4) (3)에 의하여, $t=2$일 때

$$M_3(2)=m(1+e)e^{-2}+m=m\{1+(1+e)e^{-2}\}=m(1+e+e^2)e^{-2}$$

따라서, $M_3(t)=m(1+e+e^2)e^{-2}e^{-(t-2)}=m(1+e+e^2)e^{-t} \quad (2 \leqq t < 3)$

$M_n(t)$를 유추하면,

$$M_n(t)=m(1+e+e^2+\cdots+e^{n-1})e^{-t} \quad (n-1 \leqq t < n) \qquad \cdots (*)$$

이를 수학적귀납법으로 증명하자.

(i) $n=1$인 경우, (2)에 의하여 성립한다.
(ii) $n=i$인 경우 성립한다고 가정하면,

$$M_i(t)=m(1+e+e^2+\cdots+e^{i-1})e^{-t}$$

또, $M_{i+1}(i)=m(1+e+e^2+\cdots+e^{i-1})e^{-i}+m$

$$=m\{1+(1+e+\cdots+e^{i-1})e^{-i}\}$$

$$=m(1+e+e^2+\cdots+e^{i-1}+e^i)e^{-i}$$

따라서, $M_{i+1}(t)=m(1+e+\cdots+e^{i+1-1})e^{-t} \quad (i \leqq t < i+1)$

(i), (ii)에 의하여, 모든 자연수 n에 대하여 (*)가 성립한다.

따라서, $n-1 \leqq t < n$에 대하여

$$M_n(t)=m(1+e+e^2+\cdots+e^{n-1})e^{-t}$$

$$=\frac{m(1-e^n)}{1-e}e^{-t} \qquad \cdots\cdots\cdots(\text{답})$$

68. 좌표평면상의 원점O를 중심으로 하는 반지름1인 원주 상을, 시각 t에서의 위치가 $(\cos t^2, \sin t^2)$로 되도록 움직이는 점P가 있다. 이때, 시각 t에 있어서의 P의 속도벡터를 $\vec{v}$라 하고, $\overrightarrow{OQ} = \overrightarrow{OP} + \vec{v}$에 의하여 동점Q를 정하자. t가 음수가 아닌 실수값을 가지며 변할 때 동점Q의 궤적의 일부는 오른쪽 그림과 같다.

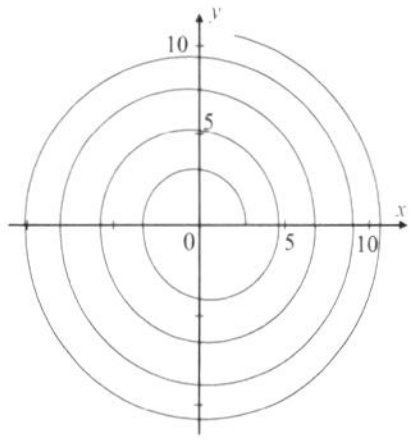

(1) 시각 t에 있어서의 점Q의 좌표를 t의 식으로 나타내어라.
(2) 시각 t가 $t \geq 0$의 범위에서 움직일 때의 점Q의 궤적은 자기자신과 만나지 않음을 증명하여라.
(3) $t \geq 0$의 범위에서, 점Q가 x축의 양의 부분 상에 있을 때의 시각 t의 값을 작은 순서로 $0 = t_0 < t_1 < t_2 < t_3 < \cdots$라 하자.
  (a) $\tan s$의 그래프와 $-2\sqrt{s}\ (s > 0)$의 그래프를 이용하여, $\lim_{n \to \infty}({t_{n+1}}^2 - {t_n}^2)$을 구하여라. (힌트 : t_n의 값을 정확히 구할 필요는 없다.)
  (b) $\lim_{n \to \infty} \frac{t_n}{\sqrt{n}}$의 값을 구하고,
    이것을 이용하여 $\lim_{n \to \infty} \sqrt{n}(t_{n+1} - t_n) = \sqrt{\frac{\pi}{2}}$가 성립함을 보여라.

[해답]

(1) $\overrightarrow{OP} = (\cos t^2,\ \sin t^2)$이므로 $\vec{v} = \frac{d\overrightarrow{OP}}{dt} = (-2t\sin t^2,\ 2t\cos t^2)$

따라서, $\overrightarrow{OQ} = \overrightarrow{OP} + \vec{v}$에서 점Q의 좌표는

$$\therefore\ Q(\cos t^2 - 2t\sin t^2,\ \sin t^2 + 2t\cos t^2) \qquad \cdots\cdots\cdots(답)$$

(2) (1)의 결과에 의하여

$$|\overrightarrow{OQ}|^2 = (\cos t^2 - 2t\sin t^2)^2 + (\sin t^2 + 2t\cos t^2)^2 = 1 + 4t^2$$

$t \geq 0$일 때, $|\overrightarrow{OQ}|^2$은 t의 단조증가함수로 되므로, 점Q의 궤적은 자기자신과 만나지 않는다.

(3) (a) 점Q가 x축의 양의 부분 상에 있다.

$$\Leftrightarrow \begin{cases} \cos t^2 - 2t\sin t^2 > 0 & \cdots ① \\ \sin t^2 + 2t\cos t^2 = 0 & \cdots ② \end{cases} \qquad (\ s = t^2\ (\geq 0))$$

$$\Leftrightarrow \begin{cases} \cos s > 2\sqrt{s}\sin s & \cdots ③ \\ \sin s + 2\sqrt{s}\cos s = 0 & \cdots ④ \end{cases}$$

여기서, $\cos s = 0$이면 $\sin s = \pm 1$이므로, 이때에는 ④가 성립하지 않는다.
$\cos s \neq 0$이므로, ④ $\Leftrightarrow$ $\tan s = -2\sqrt{s}$

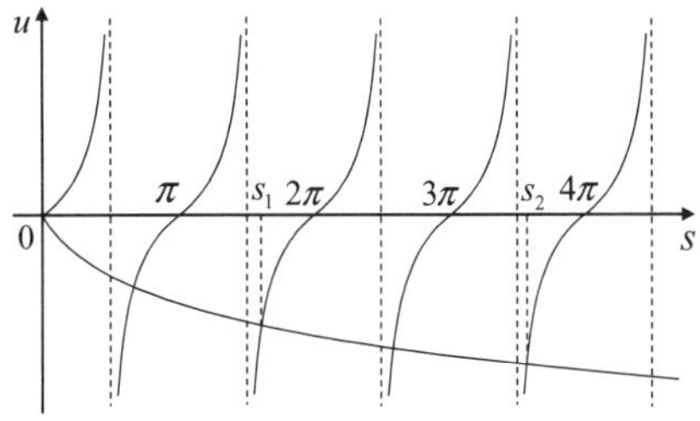

여기서, $u = \tan s$, $u = -2\sqrt{s}$의 그래프의 개형은 위와 같으므로, ③, ④를 만족하는 양의 해를 크기순으로 $s_1, s_2, \cdots, s_n, \cdots$으로 놓으면

$$2n\pi - \frac{\pi}{2} < s_n < 2n\pi \quad (n = 1, 2, \cdots) \qquad \cdots ⑤$$

또, 그래프에서 n이 커지면 s_n은 $2n\pi - \frac{\pi}{2}$에 무한히 가까워진다.

즉, ${t_{n+1}}^2 - {t_n}^2 = s_{n+1} - s_n$은 $\left\{2(n+1)\pi - \frac{\pi}{2}\right\} - \left(2n\pi - \frac{\pi}{2}\right) = 2\pi$로 근사한다.

$$\therefore \lim_{n \to \infty} ({t_{n+1}}^2 - {t_n}^2) = 2\pi \qquad \cdots\cdots\cdots (답)$$

(b) $\lim_{n \to \infty} \frac{t_n}{\sqrt{n}} = \lim_{n \to \infty} \sqrt{\frac{s_n}{n}}$ 이며, ⑤에 의하여 $2\pi - \frac{\pi}{2n} < \frac{s_n}{n} < 2\pi$이므로

$$\lim_{n \to \infty} \frac{t_n}{\sqrt{n}} = \lim_{n \to \infty} \sqrt{\frac{s_n}{n}} = \sqrt{2\pi} \qquad \cdots\cdots\cdots (답)$$

이 결과와 (a)에 의하여

$$\begin{aligned}
\lim_{n \to \infty} \sqrt{n}(t_{n+1} - t_n) &= \lim_{n \to \infty} \sqrt{n}(\sqrt{s_{n+1}} - \sqrt{s_n}) \\
&= \lim_{n \to \infty} \sqrt{n} \cdot \frac{s_{n+1} - s_n}{\sqrt{s_{n+1}} + \sqrt{s_n}} \\
&= \lim_{n \to \infty} \frac{s_{n+1} - s_n}{\sqrt{1 + \frac{1}{n}}\sqrt{\frac{s_{n+1}}{n+1}} + \sqrt{\frac{s_n}{n}}} \\
&= \frac{2\pi}{2\sqrt{2\pi}} = \sqrt{\frac{\pi}{2}}
\end{aligned}$$

■

69. 다음과 같이 철로 위를 굴러가는 기차의 바퀴를 생각해보자.
반지름이 2와 1인 두 원판을 각각의 중심이 일치하도록 접합시킨 물체를 고려하자. 이제, 작은 원판을 직선 $l: y=1$ 상에 얹어, 매초 ω라디안$(\omega>0)$으로 오른쪽으로 회전하며 직선 l상을 미끄러지지 않고 양의 방향으로 굴러가게 할 때, 큰 원판의 원주상의 한 점 P의 운동을 조사하려 한다. 출발할 때의 P는 원점에 있으며, 출발한지 t초 후의 위치를 $\mathrm{P}(x(t), y(t))$라 하자.

(1) 원판의 중심 A의 속도를 구하여라.

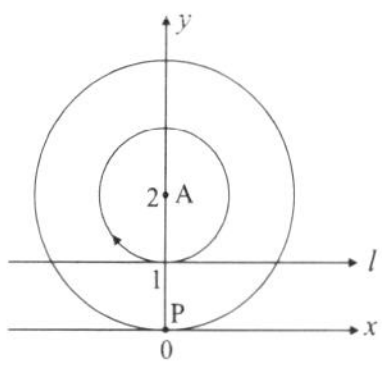

(2) $x(t)$, $y(t)$를 구하여라.

(3) P가 다시 x축과 만나게 되는 최단시간을 t_1이라 하자.
$0 \leqq t \leqq t_1$에서의 $x(t)$의 최소값과 최대값을 구하여라.

(4) P가 시간 $0 \leqq t \leqq t_1$의 범위에서 움직인 궤적 C의 개형을 그려라. 또, C와 x축으로 둘러싸인 부분의 면적을 구하여라.

[해답]

(1) t초 후의 중심의 위치는 $\mathrm{A}(\omega t, 2)$
따라서, A의 속도는 t로 미분하여 $(\omega, 0)$ ·········(답)

(2) t초 후의 원판의 위치는 오른쪽 그림과 같다.
$\angle \mathrm{PAH} = \omega t$이므로, $\overline{\mathrm{PH}} = 2\sin\omega t$, $\overline{\mathrm{AH}} = 2\cos\omega t$

$$\therefore \begin{cases} x(t) = wt - 2\sin\omega t \\ y(t) = 2 - 2\cos\omega t \end{cases}$$ ·········(답)

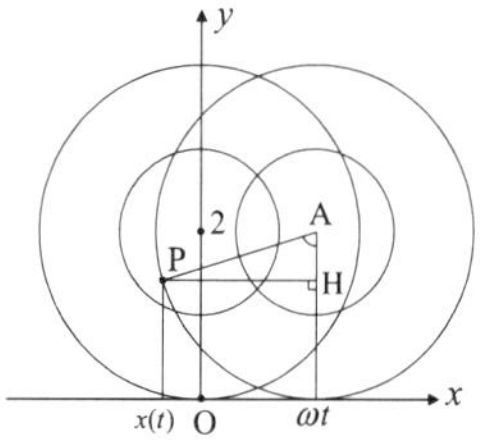

(3) $y(t_1) = 0$에서 $\cos\omega t_1 = 1$

t_1은 $\cos\omega t_1 = 1$을 만족하는 최소의 양수이므로, $\omega t_1 = 2\pi$ $\therefore t_1 = \dfrac{2\pi}{\omega}$

$\dfrac{dx}{dt} = \omega - 2\omega\cos\omega t = 0$에서 $\cos\omega t = \dfrac{1}{2}$ $\therefore t = \dfrac{\pi}{3\omega}, \dfrac{5\pi}{3\omega}$

t	0	$\cdots$	$\dfrac{\pi}{3\omega}$	$\cdots$	$\dfrac{5\pi}{3\omega}$	$\cdots$	$\dfrac{2\pi}{\omega}$
x'		$-$	0	$+$	0	$-$	
x	0	↘	극소	↗	극대	↘	2π

증감표에 의하여,

$$\begin{cases} t=\dfrac{\pi}{3\omega}\text{일 때, 최소값}: x=\dfrac{\pi}{3}-\sqrt{3} \\ t=\dfrac{5\pi}{3\omega}\text{일 때, 최대값}: x=\dfrac{5\pi}{3}+\sqrt{3} \end{cases}$$ ………(답)

(4) 궤적 C는 오른쪽 그림과 같으며, 구하는 면적 S은 직선 $x=\pi$에 의하여 좌우로 이등분된다. y축에 연하여 적분하면 계산이 간단하다.

$$S=2\int_0^4(\pi-x)\,dy \qquad (\because\ \theta=\omega t)$$

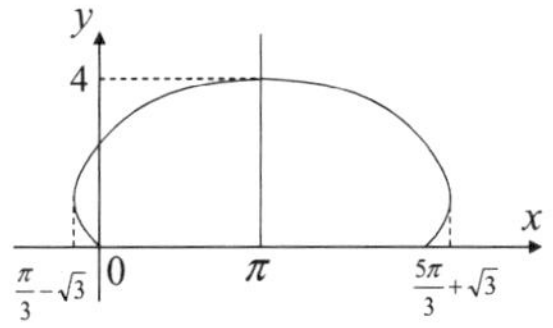

$$=2\int_0^{\pi}\{\pi-x(\theta)\}\frac{dy(\theta)}{d\theta}\,d\theta$$

$$=2\int_0^{\pi}\{\pi-(\theta-2\sin\theta)\}(2\sin\theta)\,d\theta$$

$$=4\int_0^{\pi}(\pi\sin\theta-\theta\sin\theta+2\sin^2\theta)\,d\theta$$

$$\int\theta\sin\theta\,d\theta=-\theta\cos\theta+\int\cos\theta\,d\theta=-\theta\cos\theta+\sin\theta$$

$$\int\sin^2\theta\,d\theta=\int\frac{1-\cos2\theta}{2}\,d\theta=\frac{1}{2}\left(\theta-\frac{1}{2}\sin2\theta\right)$$

$$=4\left[-\pi\cos\theta+\theta\cos\theta-\sin\theta+\left(\theta-\frac{1}{2}\sin2\theta\right)\right]_0^{\pi}=8\pi$$ ………(답)

70. 다음과 같은 원기둥K와 삼각형ABC를 고려해보자.

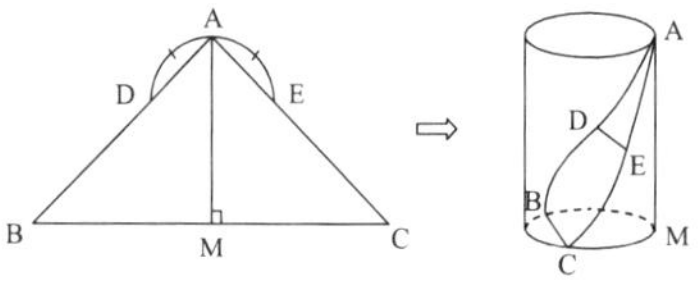

원기둥K는 밑면이 반지름이 1, 높이가 2이다. 삼각형ABC는 $\overline{AB} = \overline{AC}$인 이등변삼각형이며, 변BC의 중점M에 대하여 $\overline{AM} = \overline{MC}$이다.
또, 점D, E는 각각 $\overline{AB}, \overline{AC}$ 상을 $\overline{AD} = \overline{AE}$를 유지하며 움직이고 있다. 삼각형ABC를 원기둥K의 측면에 변AM이 모선, 변BC가 밑면의 원주의 일부분이 되도록 하여, 선분DE가 통과하여 이루는 곡면에 의하여 원기둥을 두 입체로 나눈다.(그림참조) 이때, 점M을 포함하는 부분의 부피를 구하여라.

[해답]

D, E에서 $\overline{\mathrm{BC}}$에 내린 수선의 발을 각각 D′,E′라 하자. 원기둥K의 밑면의 원을 포함하는 평면상에, 원의 중심을 원점O, $\overrightarrow{\mathrm{OM}}$의 방향을 x축의 양의 방향으로 하여, x, y축을 도입하자.

그림2에서 $\angle \mathrm{D'OM} = \theta$로 놓으면 $\widehat{\mathrm{D'M}} = \theta$이므로, 그림1에서

$$\overline{\mathrm{D'M}} = \theta, \quad \overline{\mathrm{DD'}} = 2 - \theta$$

그림2에서 $\overline{\mathrm{D'E'}} = 2\sin\theta$이므로, 직사각형DD′E′E의 넓이 S는

$$S = 2(2-\theta)\sin\theta$$

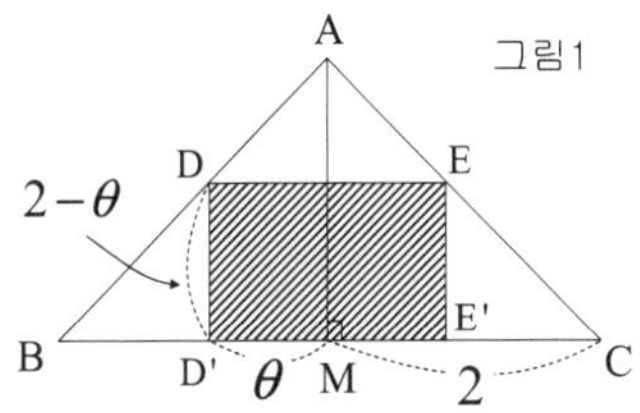

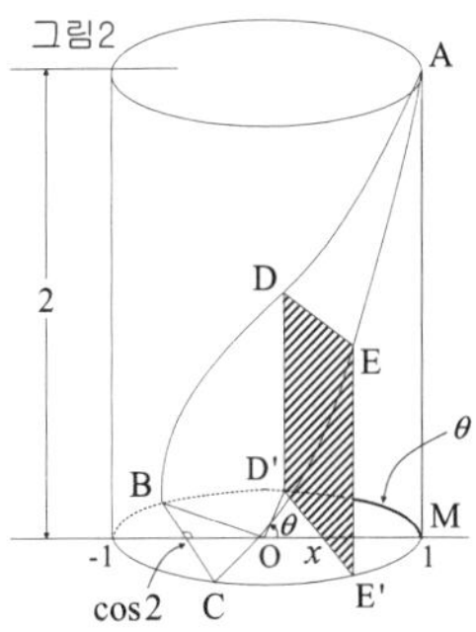

또, $\angle \mathrm{BOM} = \alpha$로 놓으면 $\widehat{\mathrm{BM}} = 2 = \alpha$이므로, 그림2에서 점 B, C의 x좌표는 $x = \cos 2$로 된다. 구하는 부피 V는

$$V = \int_{\cos 2}^{1} S\,dx = \int_{2}^{0} S\frac{dx}{d\theta}\,d\theta \qquad \left(x = \cos\theta\text{에서 } \frac{dx}{d\theta} = -\sin\theta\right)$$

$$= \int_{2}^{0} 2(2-\theta)\sin\theta(-\sin\theta)\,d\theta$$

$$= \int_{0}^{2} 2(2-\theta)\sin^2\theta\,d\theta = \int_{0}^{2}(2-\theta)(1-\cos 2\theta)\,d\theta$$

$$= \int_{0}^{2}(2-\theta)\left(\theta - \frac{1}{2}\sin 2\theta\right)'\,d\theta$$

$$= \left[(2-\theta)\left(\theta - \frac{1}{2}\sin 2\theta\right)\right]_{0}^{2} + \int_{0}^{2}\left(\theta - \frac{1}{2}\sin 2\theta\right)d\theta$$

$$= \left[\frac{\theta^2}{2} + \frac{1}{4}\cos 2\theta\right]_{0}^{2} = \frac{7}{4} + \frac{1}{4}\cos 4 \qquad \cdots\cdots\cdots(\text{답})$$

71. 3개의 시 A, B, C 사이에 매년 인구의 이동이 있다.
A시의 인구의 20%가 B시로, 10%가 C시로 이동하며, B시의 인구의 20%가 A시로, C시의 인구의 20%가 B시로 이동한다. A, B, C시의 인구의 총합을 a라 할 때, 다음 물음에 답하여라. 단, 인구는 연속적인 양으로 간주하며, 출생과 사망은 무시한다.

(1) n년 후의 A, B, C시의 인구를 각각 x_n, y_n, z_n $(n=0, 1, 2, \cdots)$이라 할 때, x_{n+1}, y_{n+1}, z_{n+1}을 x_n, y_n, z_n의 식으로 나타내어라.

(2) (1)의 y_n을 a, n 및 y_0의 식으로 나타내어라.

(3) 많은 시간이 지나면 A, B, C시의 인구는 어떻게 되는가?

[해답]

(1)
$$\begin{cases} x_{n+1} = 0.7x_n + 0.2y_n & \cdots ① \\ y_{n+1} = 0.2x_n + 0.8y_n + 0.2z_n & \cdots ② \\ z_{n+1} = 0.1x_n \qquad\quad + 0.8z_n & \cdots ③ \end{cases}$$
.........(답)

(2) $x_n + y_n + z_n = a$와 ②에서,

$$y_{n+1} = 0.8y_n + 0.2(a - y_n) = 0.6y_n + 0.2a$$

$$y_{n+1} - \frac{1}{2}a = \frac{3}{5}\left(y_n - \frac{1}{2}a\right)$$

$$y_n - \frac{1}{2}a = \left(y_0 - \frac{1}{2}a\right)\left(\frac{3}{5}\right)^n \quad (n \geqq 0)$$

$$\therefore\ y_n = \frac{1}{2}a + \left(y_0 - \frac{1}{2}a\right)\left(\frac{3}{5}\right)^n \quad (n \geqq 0)$$
.........(답)

(3) (2)의 결과와 ①에 의하여,

$$x_{n+1} - \frac{7}{10}x_n = \frac{1}{10}a + A\left(\frac{3}{5}\right)^n \quad (n \geqq 0) \quad \cdots ④ \qquad \text{단, } A = \frac{1}{5}\left(y_0 - \frac{1}{2}a\right)$$

④에 의하여,

$$\sum_{k=0}^{n-1}\left(\frac{7}{10}\right)^{n-1-k}\left(x_{k+1} - \frac{7}{10}x_k\right) = \sum_{k=0}^{n-1}\left(\frac{7}{10}\right)^{n-1-k}\left\{\frac{1}{10}a + A\left(\frac{3}{5}\right)^k\right\}$$

$$= \frac{1}{10}a\left(\frac{7}{10}\right)^{n-1}\sum_{k=0}^{n-1}\left(\frac{10}{7}\right)^k + A\left(\frac{7}{10}\right)^{n-1}\sum_{k=0}^{n-1}\left(\frac{6}{7}\right)^k$$

$$\therefore\ x_n - \left(\frac{7}{10}\right)^n x_0 = \frac{a}{3}\left\{1 - \left(\frac{7}{10}\right)^n\right\} + 10A\left\{\left(\frac{7}{10}\right)^n - \left(\frac{3}{5}\right)^n\right\} \quad (n = 0, 1, 2, \cdots)$$

따라서, $\lim_{n\to\infty} x_n = \frac{a}{3}$이며, (2)의 결과에 의하여 $\lim_{n\to\infty} y_n = \frac{a}{2}$이므로

$$\lim_{n\to\infty} z_n = \lim_{n\to\infty}(a - x_n - y_n) = \frac{a}{6}$$

A, B, C의 인구는 각각 $\frac{a}{3}$, $\frac{a}{2}$, $\frac{a}{6}$에 가까워진다. ....(답)

72. xy평면에 있어 원점O를 중심으로 하는 반지름 1인 원주 C는 거울로 되어있다고 가정하자. C의 내부에 서로 다른 두 점 $\mathrm{P}_0(x_0, y_0)$, $\mathrm{P}_1(x_1, y_1)$을 잡자. 그림과 같이, 점 P_0를 출발한 후, 점P_1을 통과하여 C 상의 점 $\mathrm{A}_1, \mathrm{A}_2, \cdots$에서 반사되면서 나아가는 빛을 고려하자. 단, 빛은 C의 내부에서는 일정한 속력으로 직진하며, C에 당도하면 반사의 법칙에 의하여 입사각과 반사각이 같게 반사되는 것으로 한다. 예를 들면, 그림의 A_1에 있어 $\angle \mathrm{P}_0\mathrm{A}_1\mathrm{O} = \angle \mathrm{OA}_1\mathrm{A}_2$로 된다. 이때, 다음 물음에 답하여라.

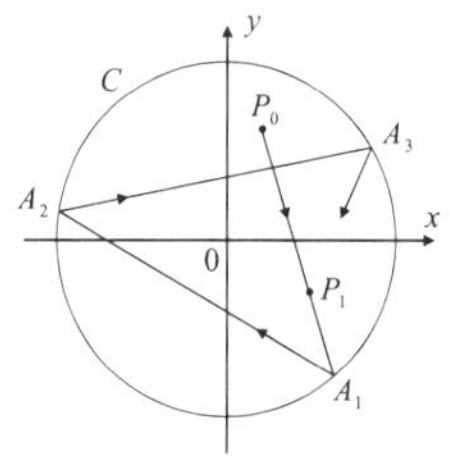

(1) 점 $\mathrm{P}_0, \mathrm{P}_1$을 연결하는 직선과 원점O의 거리 d를, 점 $\mathrm{P}_0, \mathrm{P}_1$의 좌표를 이용하여 나타내어라.

(2) 이 빛이 어느 시간 후에 다시 선분$\mathrm{P}_0\mathrm{P}_1$ 상을 점P_0에서 점P_1의 방향으로 진행하기위한 필요충분조건은, 어떤 유리수 q가 존재하여 $d = \cos(q\pi)$를 만족하는 것임을 보여라.

[해답]

(1) 직선P_0P_1 : $(y_1-y_0)x-(x_1-x_0)y-x_0y_1+x_1y_0=0$

원점O와의 거리 $d=\dfrac{|x_0y_1-x_1y_0|}{\sqrt{(x_1-x_0)^2+(y_1-y_0)^2}}$ ·········(답)

(2) n회 반사된 빛(점A_n에서 반사된 빛)이 다시 선분P_0P_1 상을 P_0에서 P_1의 방향으로 나아갈 때, 현 $A_nA_1, A_1A_2, \cdots, A_{n-1}A_n$의 중점을 순서대로 $H_1, H_2, \cdots, H_n$이라 하면, 반사의 법칙에 의하여 $\angle A_1=\angle A_2=\cdots=\angle A_n$이며 $\overline{OH_1}=\overline{OH_2}=\cdots=\overline{OH_n}=d$이다.

$\angle H_1OH_2=\angle H_2OH_3=\cdots=\angle H_nOH_1=2\theta$로 놓으면,

$$\angle H_1OH_2+\angle H_2OH_3+\cdots+\angle H_nOH_1=m\cdot 2\pi \quad (m\text{:자연수})$$

따라서, $n\cdot 2\theta = m\cdot 2\pi$를 만족하는 자연수 $m(2m<n)$이 존재한다.

$\theta=\dfrac{m}{n}\pi$이므로, $q=\dfrac{m}{n}$에 대하여

$$\therefore\ d=\cos\angle A_1OH_1=\cos\theta=\cos(q\pi)$$

역으로, $d=\cos(q\pi)$를 만족하는 유리수 q가 존재한다고 하자.

$\cos\theta=\dfrac{\overline{OH_1}}{\overline{OA_1}}=d=\cos(q\pi)$에서, $\theta=2k\pi\pm q\pi$ (k는 정수)

q는 유리수이므로, $q=\dfrac{m}{n}$ (m은 정수, n은 자연수)로 놓으면,

$\theta=2k\pi\pm\dfrac{m}{n}\pi \qquad \therefore\ n\cdot 2\theta=(2nk+m)\cdot 2\pi$

$0<\theta<\dfrac{\pi}{2}$에서 $2nk\pm m$은 양의 정수이므로,

n회 반복 후에 $\overline{P_0P_1}$ 상을 P_0에서 P_1의 방향으로 나아간다. ■

73. 선박 A는 서에서 동으로, 선박 B는 동에서 서로, 모두 일정한 속력 $v\,\mathrm{m/sec}$로 항해하고 있다. 선박B가 선박A의 정남(正南)에 있을 때부터 a초간 기적을 계속 울렸다. A선 상의 사람이 B선이 A선의 정남(正南)에 있을 때의 시간을 기준으로 b초 후부터 c초간$(c > a)$ 기적소리를 들었다. 음속 및 양 항로간의 거리를 구하여라.

[해답]

음속을 x m/sec, 양 항로간의 거리를 ym로 놓자.

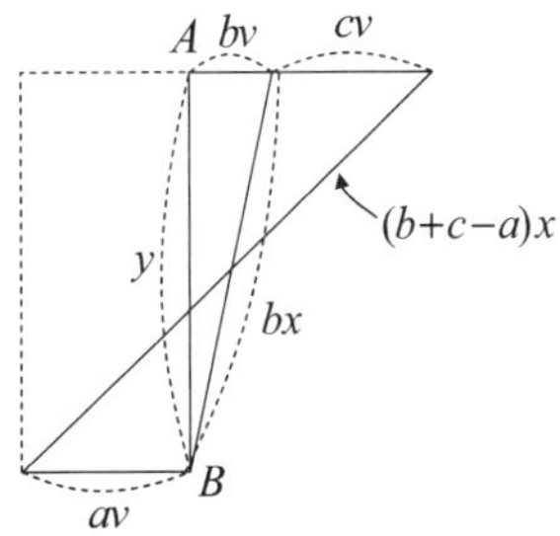

B선에서 최초에 울린 기적소리는 b초 후에 A선에 도달하며, 그 동안 A선이 움직인 거리는 bv m이다. 따라서,

$$y^2 + b^2v^2 = b^2x^2 \qquad \cdots\cdots ①$$

B선에서 마지막에 울린 기적소리는 B선이 A선의 정남에 있을 때의 시간을 기준으로 a초 후에 B선을 출발하여, $(b+c-a)$초 걸려 A선에 도달하였다. 따라서,

$$y^2 + (a+b+c)^2v^2 = (b+c-a)^2x^2 \qquad \cdots\cdots ②$$

② − ①에서, $$x^2 = \frac{(a+b+c)^2 - b^2}{(b+c-a)^2 - b^2}v^2 \qquad \cdots\cdots ③$$

$x > 0$이므로, $x = \sqrt{\dfrac{(a+c)(a+2b+c)}{(c-a)(2b+c-a)}}\ v$ (m/sec)

①, ③에서, $y^2 = b^2(x^2 - v^2)$

$y > 0$이므로, $y = 2\sqrt{\dfrac{a(b+c)}{(c-a)(2b+c-a)}}\ bv$ (m)

답 : 음속 $\sqrt{\dfrac{(a+c)(a+2b+c)}{(c-a)(2b+c-a)}}\ v$ (m/sec)

항로간의 거리 $2\sqrt{\dfrac{a(b+c)}{(c-a)(2b+c-a)}}\ bv$ (m)

74. 그림과 같이, xy평면상에 원점O를 중심으로 하고, 장축의 길이가 6, 단축의 길이가 2인 타원C 및 C의 상단에 접하며 x축에 평행한 직선 L을 고려해보자. C는 O의 주위를 일정한 각속도로 회전하며, L은 C의 회전에 의하여 상하운동을 한다.

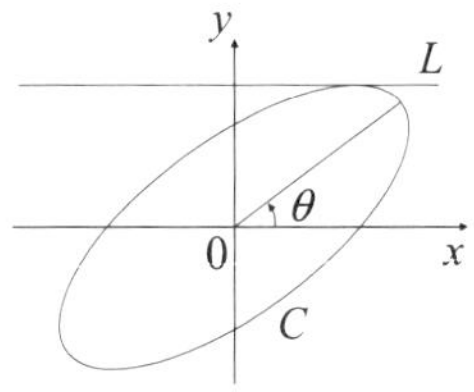

(1) C의 장축과 x축이 이루는 각이 θ일 때, L의 높이를 θ의 함수로 나타내어라.

(2) L이 오르내리는 속력이 최대로 될 때의 θ를 구하여라.

[해답]

(1) 문제에서 주어진 타원은 타원 $\dfrac{x^2}{3^2}+y^2=1$ $\quad\cdots$ ①

을 원점을 중심으로 θ만큼 회전하여 얻어진다.

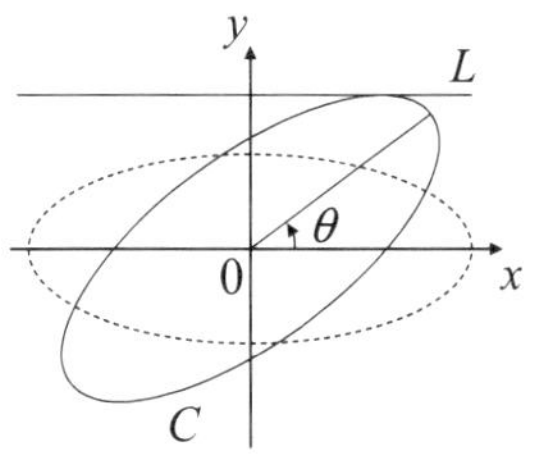

또, ①에서 $x=3\cos\alpha,\ y=\sin\alpha$로 놓을 수 있다. $(0 \leqq \alpha < 2\pi)$

이제, 타원①을 원점을 중심으로 θ만큼 회전한 C상의 한 점을 (x, y)로 놓으면,

$$\begin{pmatrix} x \\ y \end{pmatrix} = \begin{pmatrix} \cos\theta & -\sin\theta \\ \sin\theta & \cos\theta \end{pmatrix} \begin{pmatrix} 3\cos\alpha \\ \sin\alpha \end{pmatrix} = \begin{pmatrix} 3\cos\theta\cos\alpha - \sin\theta\sin\alpha \\ 3\sin\theta\cos\alpha + \cos\theta\sin\alpha \end{pmatrix}$$

여기서, y좌표는 $y = 3\sin\theta\cos\alpha + \cos\theta\sin\alpha$

$$= \sqrt{9\sin^2\theta + \cos^2\theta}\,\sin(\alpha+\beta) \quad (\beta\text{는 적당한 실수})$$

L의 높이는 y의 최대값이고, y가 최대로 될 때는 $\sin(\alpha+\beta)=1$인 경우이므로, y의 최대값을 m이라 하면,

$$m=\sqrt{9\sin^2\theta+\cos^2\theta}=\sqrt{8\sin^2\theta+1} \qquad \cdots\cdots\cdots(\text{답})$$

(2) 각속도는 일정하므로, 그 값을 w로 놓으면,

시각 t에 있어 $\theta=wt \quad \therefore \dfrac{d\theta}{dt}=w$

또, L이 오르내리는 속력은 $\left|\dfrac{dm}{dt}\right|$이므로, (1)의 결과에 의하여

$$\left|\frac{dm}{dt}\right|=\left|\frac{dm}{d\theta}\cdot\frac{d\theta}{dt}\right|=\left|\frac{16\sin\theta\cos\theta}{2\sqrt{8\sin^2\theta+1}}\right||w|$$

$$=8\left|\sqrt{\frac{\sin^2\theta(1-\sin^2\theta)}{8\sin^2\theta+1}}\right||w|$$

$|w|$는 양의 상수이므로, 근호안의 값이 최대일 때 속력이 최대이다.

$\sin^2\theta=u(0\leqq u\leqq 1)$로 놓고, $f(u)=\dfrac{u(1-u)}{8u+1}$로 놓으면

$$f'(u)=\frac{-(4u-1)(2u+1)}{(8u+1)^2}$$

아래의 증감표에 의하여, $f(u)$는 $u=\dfrac{1}{4}$에서 극대이며 최대이다.

u	0	$\cdots$	$\frac{1}{4}$	$\cdots$	1
$f'(u)$		$+$	0	$-$	
$f(u)$		↗	극대	↘	

이때, $\sin^2\theta=\dfrac{1}{4}$에서 $\sin\theta=\pm\dfrac{1}{2}$

$$\therefore \theta=n\pi\pm\frac{\pi}{6} \quad (n\text{은 정수}) \qquad \cdots\cdots\cdots(\text{답})$$

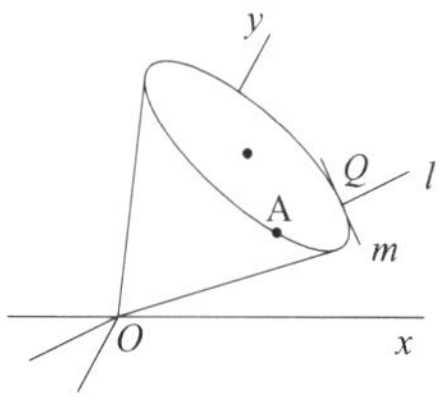

75. xy평면상의 원점에 꼭지점O를 고정시킨 직원뿔이, 미끄러지지 않으며 굴러, 원점 주위를 양의 방향으로 회전하고 있다. 이 경우, 원뿔의 밑면과 xy평면과의 접점은 주기 2(초)의 등속원운동을 하고 있는 것으로 한다. 원뿔의 밑면의 반지름은 2cm이며, 측면의 모선의 길이는 4cm이다. 밑면의 원주상의 고정점을 A라고 하자.
시각 $t=0$초에 모선OA는 x축의 양의 부분위에 있다. 시각 t에 있어, 점A에서 xy평면에 내린 수선의 발을 P, 원뿔의 밑면과 xy평면과의 교점을 Q, 2점 O, Q를 잇는 직선을 l이라 하자. 또, 그 시각에 있어, 원뿔의 밑면을 포함하는 평면과 xy평면과의 교선을 m이라 하자. (이때, $l \perp m$으로 된다.)

(1) 점Q의 좌표를 구하여라.

(2) 시각 t에 있어, 점A에서 직선m에 내린 수선의 발을 R이라 하자. 선분AR, RQ 및 PR의 길이를 구하여라.

(3) 점R의 좌표를 구하여라.

(4) 점P의 x, y좌표를 $\begin{cases} x = a\cos\pi t + b\cos 3\pi t \\ y = c\sin\pi t + d\sin 3\pi t \end{cases}$로 나타낼 때, 상수 a, b, c, d의 값을 구하여라. 또, 시각 $t=\frac{1}{4}$(초)일 때, P의 속도의 크기를 구하여라.

[해답]

(1) $\overline{OQ}$가 회전하는 각속도는 π(초)이며, $\overline{OQ}=4$이므로 $Q(4\cos\pi t,\ 4\sin\pi t)$

(2) 원뿔의 밑면의 원의 중심을 B라 하자. 이원의 호AQ의 길이는, xy평면상에서 점Q가 그린 궤적의 길이와 같으므로 $\overset{\frown}{AQ}=4\pi t$ $\quad\therefore \angle ABQ = 2\pi t$

$$\therefore \overline{AR} = 2 - 2\cos 2\pi t = 4\sin^2 \pi t \qquad \cdots\cdots\cdots(\text{답})$$
$$\therefore \overline{RQ} = |2\sin 2\pi t| = 4|\sin\pi t\cos\pi t| \qquad \cdots\cdots\cdots(\text{답})$$

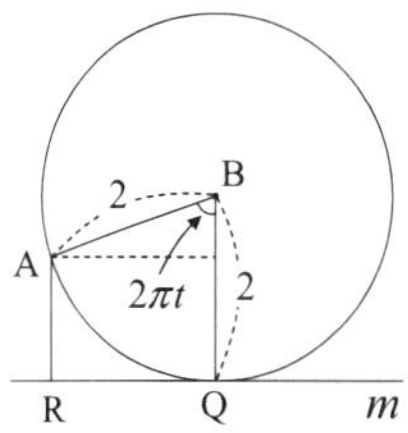

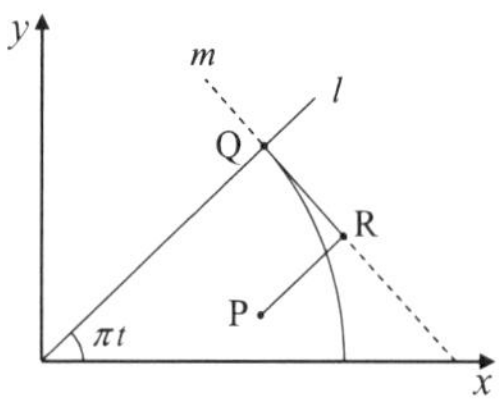

원뿔의 밑면과 xy평면이 이루는 각이 $\frac{\pi}{3}$이므로

$$\overline{\mathrm{PR}} = \overline{\mathrm{AR}}\cos\frac{\pi}{3} = 2\sin^2\pi t \qquad \cdots\cdots\cdots(답)$$

(3)
$$\overrightarrow{\mathrm{OQ}} = (4\cos\pi t,\ 4\sin\pi t)$$
$$\overrightarrow{\mathrm{QR}} = 4\sin\pi t\cos\pi t(\sin\pi t, -\cos\pi t)$$

$$\therefore\ \overrightarrow{\mathrm{OR}} = \overrightarrow{\mathrm{OQ}} + \overrightarrow{\mathrm{QR}}$$
$$= (4\cos\pi t(1+\sin^2\pi t),\ 4\sin\pi t(1-\cos^2\pi t))$$
$$= (8\cos\pi t - 4\cos^3\pi t,\ 4\sin^3\pi t) \qquad \cdots\cdots\cdots(답)$$

(4)
$$\overrightarrow{\mathrm{RP}} = 2\sin^2\pi t(-\cos\pi t, -\sin\pi t)$$

$$\therefore\ \overrightarrow{\mathrm{OP}} = \overrightarrow{\mathrm{OR}} + \overrightarrow{\mathrm{RP}}$$
$$= (8\cos\pi t - 4\cos^3\pi t - 2\sin^2\pi t\cos\pi t,\ 2\sin^3\pi t)$$
$$= (6\cos\pi t - 2\cos^3\pi t,\ 2\sin^3\pi t)$$
$$= \left(\frac{9}{2}\cos\pi t - \frac{1}{2}\cos 3\pi t,\ \frac{3}{2}\sin\pi t - \frac{1}{2}\sin 3\pi t\right)$$

$$\therefore\ a = \frac{9}{2},\quad b = -\frac{1}{2},\quad c = \frac{3}{2},\quad d = -\frac{1}{2} \qquad \cdots\cdots\cdots(답)$$

또, $\begin{cases} \dfrac{dx}{dt} = -\dfrac{9\pi}{2}\sin\pi t + \dfrac{3\pi}{2}\sin 3\pi t \\ \dfrac{dy}{dt} = \dfrac{3\pi}{2}\cos\pi t - \dfrac{3\pi}{2}\cos 3\pi t \end{cases}$ 에서

$t = \frac{1}{4}$일 때, $\left(\dfrac{dx}{dt}\right)_{t=\frac{1}{4}} = -\dfrac{3\pi}{\sqrt{2}},\quad \left(\dfrac{dy}{dt}\right)_{t=\frac{1}{4}} = \dfrac{3\pi}{\sqrt{2}}$

따라서, $t = \frac{1}{4}$일 때의 P의 속도의 크기는

$$\sqrt{\left(-\frac{3\pi}{\sqrt{2}}\right)^2 + \left(\frac{3\pi}{\sqrt{2}}\right)^2} = 3\pi\,(\mathrm{cm/sec}) \qquad \cdots\cdots\cdots(답)$$

76. 길이 a의 단침과 길이b의 장침을 갖는 시계에서, 시각t에서의 두 바늘의 선단간(先端間)의 거리를 $x(t)$라 하자. 단, 시간은 1시간을 단위로 하며, $0 \leqq t < 12$의 범위에서 고려한다.

두 바늘이 멀어질 때 또는 가까워질 때의 속력 $\left|\frac{dx}{dt}\right|$가 최대로 될 때,

두 바늘이 이루는 각의 코사인값은 $\boxed{}$, 그때의 거리는 $\boxed{}$,

또 속력 $\left|\frac{dx}{dt}\right|$의 최대값은 $\boxed{}$이다.

이러한 최대값은 위의 시간의 범위에서 $\boxed{}$회 발생한다.

[해답]

시각 t에 있어서의 장침과 단침이 이루는 각은 $\left|2\pi t-\frac{2\pi}{12}t\right|=\frac{11}{6}\pi t$이므로

$$x(t)^2=a^2+b^2-2ab\cos\frac{11}{6}\pi t \quad (0 \leqq t < 12) \qquad \cdots ①$$

①을 t로 미분하면, $2x(t)\frac{dx}{dt}=2ab\cdot\frac{11}{6}\pi\sin\frac{11}{6}\pi t$

$$\therefore \left|\frac{dx}{dt}\right|=\frac{11}{6}\pi ab\sqrt{\frac{\sin^2\theta}{a^2+b^2-2ab\cos\theta}} \quad \left(\theta=\frac{11}{6}\pi t\right)$$

$f(z)=\frac{1-z^2}{a^2+b^2-2abz}$ $(z=\cos\theta)$으로 놓으면, $f'(z)=\frac{2(az-b)(bz-a)}{(a^2+b^2-2abz)^2}$ $(0<a<b)$

z	-1	$\cdots$	$\frac{a}{b}$	$\cdots$	1
$f'(z)$		$+$	0	$-$	
$f(z)$		↗	극대	↘	

따라서, 속력이 최대일 때,

두 바늘이 이루는 각의 코사인값은 $z\left(=\cos\frac{11}{6}\pi t\right)=\frac{a}{b}$ ………(답)

이때의 거리는 $x(t)=\sqrt{b^2-a^2}$ ………(답)

따라서, $\text{Max}\left|\frac{dx}{dt}\right|=\frac{11}{6}\pi ab\sqrt{\frac{1-\left(\frac{a}{b}\right)^2}{b^2-a^2}}=\frac{11}{6}\pi a$ ………(답)

또, $\cos\theta=\frac{a}{b}$ $(0 \leqq \theta < 22\pi)$의 해의 개수는 22개이므로, 최대값은 22회 발생한다.

………(답)

77. 지구가 완전히 구형이라 하고, 대원(구의 중심을 통과하는 평면과 구면의 교선)의 원주의 길이는 40000km라 하자. 지구상의 경도 0^0, 북위 30^0인 지점을 A라 하자. B는, A와 B 사이의 거리(A와 B를 연결하는 대원의 호의 길이)가 5000km인 지점이다. 그러한 B 중, A를 기준으로 가장 오른쪽에 위치한(동경의 경도값이 가장 큰) 지점의 경도를 α^0, 위도를 β^0라 할 때, $\cos\alpha^0$, $\cos\beta^0$의 값을 구하여라.

[해답]

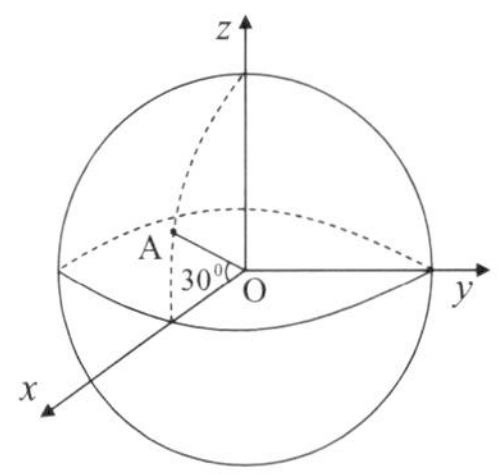

지구의 중심을 O, 반지름을 R이라 하자.
또, 평면 $y=0$이 경도 0^0에 대응하도록 xyz공간을 잡자. 이 때, A의 좌표는 다음과 같다.

$$A\left(\frac{\sqrt{3}}{2}R,\ 0,\ \frac{1}{2}R\right)$$

A와 B의 지구상의 거리가 5000km인 것은 A와 B와 O를 포함하는 평면과 구면과의 교선(대원) 상의 호의 길이가 5000km인 것을 의미한다. 대원의 원주의 길이가 40000km로 주어져 있으므로, $\angle AOB = 360^0 \times \dfrac{5000}{40000} = 45^0$

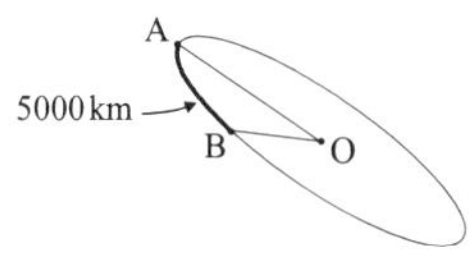

여기서, $B=(x,\ y,\ z)$로 놓으면

$$\overrightarrow{OA}\cdot\overrightarrow{OB} = |\overrightarrow{OA}||\overrightarrow{OB}|\cos 45^0 = \frac{1}{\sqrt{2}}R^2 \qquad \cdots ①$$

한편,

$$\overrightarrow{OA}\cdot\overrightarrow{OB} = \left(\frac{\sqrt{3}}{2}R,\ 0,\ \frac{1}{2}R\right)\cdot(x,\ y,\ z) = \frac{\sqrt{3}}{2}Rx + \frac{1}{2}Rz \qquad \cdots ②$$

①, ②에서, $\sqrt{3}\,x+z=\sqrt{2}\,R$ $\quad\therefore\ z=\sqrt{2}\,R-\sqrt{3}\,x$ $\quad\cdots$ ③

③을 $\quad x^2+y^2+z^2=R^2$ $\quad\cdots$ ④

에 대입하면, $\quad x^2+y^2+(\sqrt{2}\,R-\sqrt{3}\,x)^2=R^2$ $\quad\cdots$ ⑤

문제에서 [가장 오른쪽에 위치한다]는 것은, $k=\dfrac{y}{x}$의 값을 최대로 하는 것이므로(A로부터 5000km의 거리에 있는 점의 x좌표는 음이 될 수 없는 점에 주의) $y=kx$를 ⑤에 대입하면,

$$(k^2+4)x^2-2\sqrt{6}\,Rx+R^2=0$$

이 식이 실수해 x를 갖기 위해서는 판별식$\geqq 0$이어야 한다.

$$\frac{D}{4}=(2-k^2)R^2\geqq 0\text{에서 } -\sqrt{2}\leqq k\leqq\sqrt{2}$$

$$\therefore\ k=\sqrt{2}\ ,\ x=\frac{R}{\sqrt{6}}\ ,\ y=\frac{R}{\sqrt{3}}$$

이것을 ③에 대입하면, $\mathrm{B}=\mathrm{B}\left(\dfrac{R}{\sqrt{6}},\ \dfrac{R}{\sqrt{3}},\ \dfrac{R}{\sqrt{2}}\right)$

$$\therefore\ \cos\alpha^0=\frac{\dfrac{R}{\sqrt{6}}}{\sqrt{\left(\dfrac{R}{\sqrt{6}}\right)^2+\left(\dfrac{R}{\sqrt{3}}\right)^2}}=\frac{1}{\sqrt{3}}$$

$$\therefore\ \cos\beta^0=\frac{\sqrt{\left(\dfrac{R}{\sqrt{6}}\right)^2+\left(\dfrac{R}{\sqrt{3}}\right)^2}}{R}=\frac{1}{\sqrt{2}}$$

답 : $\cos\alpha^0=\dfrac{1}{\sqrt{3}}$, $\cos\beta^0=\dfrac{1}{\sqrt{2}}$

78. t는 시간을 표시하는 변수이다.
xyz공간에 있어, 2개의 동점 $\mathrm{P}_1(t), \mathrm{P}_2(t)$가 다음과 같이 등속회전운동을 하고 있다. $\mathrm{P}_1(t)$는 y축을 축으로 하여, y축의 양의 방향에서 원점O를 바라보는 방향을 기준으로 좌회전하며, 각속도 $w_1 > 0$으로 회전하고 있다.

$\mathrm{P}_2(t)$는 O와 점 $L\left(\frac{1}{2}, 0, \frac{\sqrt{3}}{2}\right)$을 통과하는 직선 l을 축으로 하여, L에서 O를 바라보는 방향을 기준으로 좌회전하며, 각속도 $w_2 > 0$로 회전하고 있다. 또, $\mathrm{P}_1(0)$의 좌표를 $\left(\frac{\sqrt{3}}{2}, \alpha, -\frac{1}{2}\right)$, $\mathrm{P}_2(0)$의 좌표를 $\left(\frac{\sqrt{3}}{2}, \sqrt{3}, -\frac{1}{2}\right)$이라 하자. 단, $\alpha > 0$이다.
다음 물음에 답하여라.

(1) t가 $t \geqq 0$의 범위에서 움직일 때, $\mathrm{P}_1(t)$와 $\mathrm{P}_2(t)$가 그리는 원을 각각 C_1, C_2라 하자. C_1, C_2가 공유점을 가지기위한 α의 조건을 구하여라.

(2) (1)에서 구한 α의 값에 대하여 $\mathrm{P}_1(t) = \mathrm{P}_2(t)$로 되는 $t > 0$가 존재하면, 각속도의 비 $\frac{w_2}{w_1}$가 유리수로 됨을 보여라.

[해답] $\overrightarrow{\mathrm{OP}_1(t)}$, $\overrightarrow{\mathrm{OP}_2(t)}$는 각각 다음과 같다.

$$\overrightarrow{\mathrm{OP}_1(t)} = \begin{pmatrix}0\\ \alpha\\ 0\end{pmatrix} + \cos\left(w_1t + \frac{\pi}{6}\right)\begin{pmatrix}1\\0\\0\end{pmatrix} + \sin\left(w_1t + \frac{\pi}{6}\right)\begin{pmatrix}0\\0\\-1\end{pmatrix}$$

$$\overrightarrow{\mathrm{OP}_2(t)} = \cos\left(w_2t + \frac{\pi}{3}\right)\begin{pmatrix}\sqrt{3}\\0\\-1\end{pmatrix} + \sin\left(w_2t + \frac{\pi}{3}\right)\begin{pmatrix}0\\2\\0\end{pmatrix}$$

> $\overrightarrow{\mathrm{X}} = (0, 2, 0)$, $\overrightarrow{\mathrm{Y}} = (\sqrt{3}, 0, -1)$을 새로운 좌표축의 단위벡터로 생각해보자.
> 예를 들면, xy평면상의 단위원 위의 점은 $(\cos\theta, \sin\theta) = \cos\theta(1, 0) + \sin\theta(0, 1)$

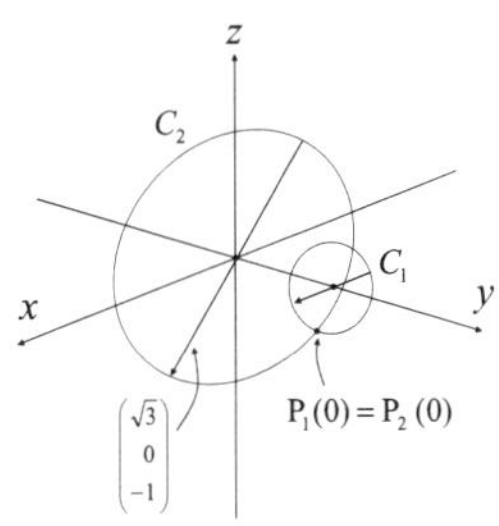

(1) $\mathrm{P}_1(t) = \mathrm{P}_2(t)$를 만족하는 조건은

$$\begin{cases} \cos\left(w_1t + \frac{\pi}{6}\right) = \sqrt{3}\cos\left(w_2t + \frac{\pi}{3}\right) & \cdots ① \\ \alpha = 2\sin\left(w_2t + \frac{\pi}{3}\right) & \cdots ② \\ \sin\left(w_1t + \frac{\pi}{6}\right) = \cos\left(w_2t + \frac{\pi}{3}\right) & \cdots ③ \end{cases}$$

①, ③에서, $\tan\left(w_1t + \frac{\pi}{6}\right) = \frac{1}{\sqrt{3}}$ $\quad\therefore w_1t = m\pi$ (m은 자연수)

이때, ②, ③에서 $\sin\left(w_2t + \frac{\pi}{3}\right) = \frac{\alpha}{2}$, $\cos\left(w_2t + \frac{\pi}{3}\right) = \frac{(-1)^m}{2}$ $\quad\therefore \alpha = \sqrt{3}$ ·········(답)

(2) m이 홀수이면 $w_2t = \frac{\pi}{3} + 2n\pi$,

m이 짝수이면 $w_2t = 2(n+1)\pi$ (단, n은 음이 아닌 정수)

이므로, 자명하다. ∎

79. 수평인 책상위에 놓여진 한 변의 길이가 1인 정육면체 모양의 글라스용기에, 그 용적의 $\frac{1}{4}$만큼 잉크가 밀봉되어 있다. 그림1과 같이, 용기의 내부에 측면 OABC에서 거리 $a\ (0<a<1)$의 위치에, 실이 변OC에 평행하게 팽팽히 매어져있다. 밑변OA를 책상위에 고정하고 그것을 회전축으로 하여, 그림2와 같이 처음으로부터 90^0회전하여 멈춘다. 이 과정에서 적어도 한 번 잉크에 닿는 실의 부분의 길이를 $f(a)$라 하자. 다음 물음에 답하여라. 단, 글라스의 두께는 무시한다.

그림1

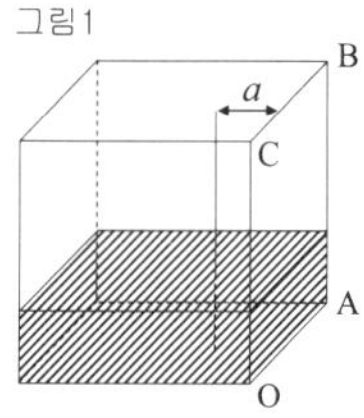

(1) $f\left(\frac{1}{2}\right)=\frac{1}{4}$임을 보여라.

(2) $\frac{1}{4}<a<\frac{1}{2}$일 때, $f(a)=\frac{1}{8a}$을 보여라.

그림2

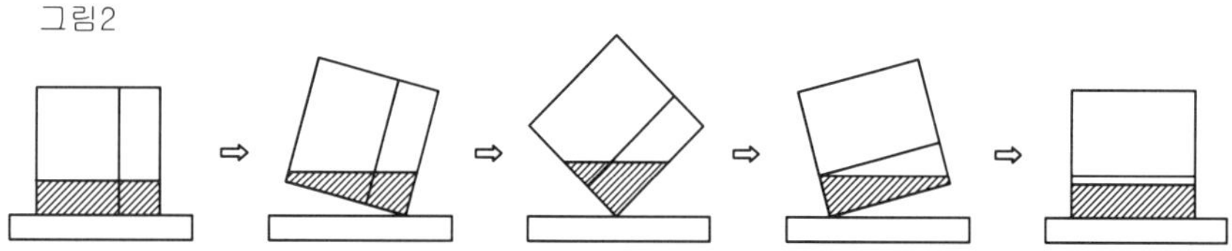

[해답]

(1) 변 OC를 포함하며, 면 OABC에 수직인 면을 OCDE로 놓자. 정육면체 모양의 용기를 회전시킬 때, 각각의 상태에 있어서 잉크에 닿는 실의 부분의 길이를 l이라 하고, 면 OCDE와 수면과의 교선을 PQ라 하자.

$a=\frac{1}{2}$일 때, 90^0회전하여 정지할 때까지의 용기의 면OCDE와 수면과의 관계는 다음과 같이 변화한다.

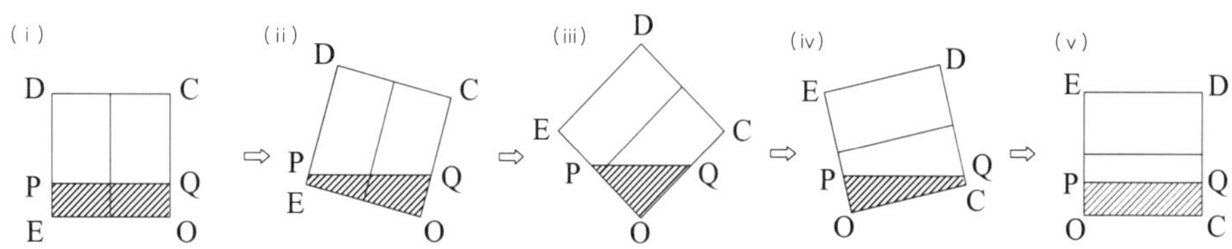

(i)의 경우 $l=\frac{1}{4}$, (iv)(v)의 경우 $l=0$

(ii)의 경우 $l=\frac{1}{2}(\overline{EP}+\overline{OQ})=\frac{1}{2}\cdot\frac{1}{2}=\frac{1}{4}$

($\because$ (i)과 (ii)의 경우, 빗금친 부분의 넓이는 같다.)

(iii)의 경우 $\overline{OP}=x$, $\overline{OQ}=y$로 놓으면

$\frac{1}{2}xy=\frac{1}{4}$이므로 $xy=\frac{1}{2}$ $\left(\frac{1}{2}\leq x\leq 1,\ \frac{1}{2}\leq y\leq 1\right)$

$$\therefore\ l = \frac{x-\frac{1}{2}}{x}\cdot y = \left(1-\frac{1}{2x}\right)y = (1-y)y = -\left(y-\frac{1}{2}\right)^2 + \frac{1}{4} \leqq \frac{1}{4}$$

이상에서, $l \leqq \frac{1}{4}$이며 등호도 성립하므로 $f\left(\frac{1}{2}\right) = \frac{1}{4}$ ·········(답)

(2) $\frac{1}{4} < a < \frac{1}{2}$일 때, (1)과 같은 방법으로 다음과 같이 된다.

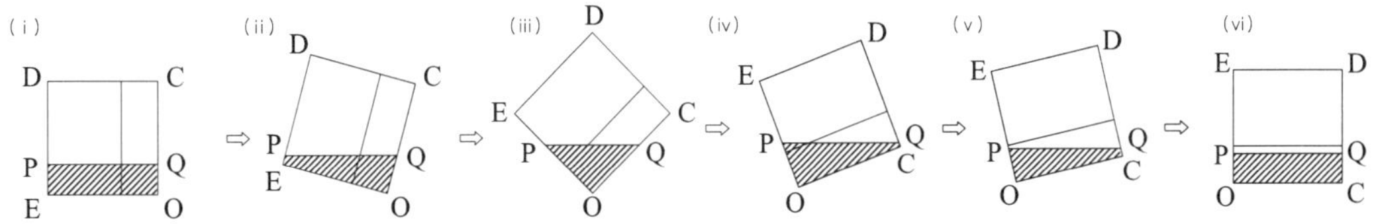

(i)의 경우 $l = \frac{1}{4}$,　(v)(vi)의 경우 $l = 0$

(ii)의 경우 $\overline{EP} = x$, $\overline{OQ} = y$로 놓으면, $x + y = \frac{1}{2}$ $\left(0 < x < \frac{1}{4}\right)$

$$l = \frac{a\overline{EP} + (1-a)\overline{OQ}}{(1-a)+a} = ax + (1-a)y = (2a-1)x + \frac{1}{2}(1-a) < \frac{1}{2}(1-a)$$

$$\left(\because\ \frac{1}{4} < a < \frac{1}{2}\text{일 때 } 2a-1<0\right)$$

(iii)의 경우 $\overline{OP} = x$, $\overline{OQ} = y$로 놓으면, $xy = \frac{1}{2}$ $\left(\frac{1}{2} \leqq x \leqq 1\right)$

$$l = \frac{x-a}{x}y = (1-2ay)y = -2a\left(y-\frac{1}{4a}\right)^2 + \frac{1}{8a} \leqq \frac{1}{8a}$$

등호는 $y = \frac{1}{4a}$, $x = 2a$ $\left(\frac{1}{2} < 2a < 1\right)$일 때 성립

(iv)의 경우 $\overline{OP} = x$, $\overline{CQ} = y$로 놓으면, $x + y = \frac{1}{2}$ $\left(a < x < \frac{1}{2}\right)$

$$l = \frac{x-a}{x-y}\cdot 1 = \frac{2(x-a)}{4x-1} = \frac{1}{2}\left(1-\frac{4a-1}{4x-1}\right)\ (=g(x)\text{로 놓자})$$

$\frac{1}{4} < a < \frac{1}{2}$, $a < x < \frac{1}{2}$이므로 $l < g\left(\frac{1}{2}\right) = 1-2a$

이상에서,

$$\frac{1}{8a} - \frac{1}{4} = \frac{1-2a}{8a} > 0,\ \frac{1}{8a} - \frac{1-a}{2} = \frac{(1-2a)^2}{8a} > 0,\ \frac{1}{8a} - (1-2a) = \frac{(4a-1)^2}{8a} > 0$$

이므로 $l \leqq \frac{1}{8a}$이며, 등호도 성립하므로 $f(a) = \frac{1}{8a}$ ·········(답)

step 4

- 기초증명

80. 다음의 통분과정의 의미를 그림으로 설명하여라.

$$\frac{1}{2}-\frac{1}{3}=\frac{3}{6}-\frac{2}{6}=\frac{1}{6}$$

[해답]

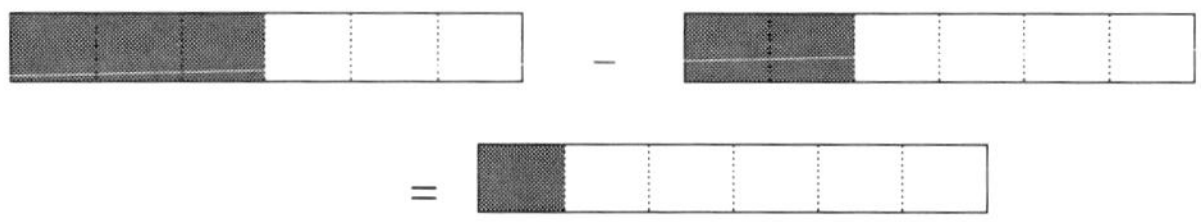

■

81. p가 5보다 작지 않은 소수일 때, p^2-1은 24의 배수임을 증명하여라.

[증명]

p는 5보다 작지 않은 소수이므로 p는 2의 배수도 3의 배수도 아니다. 따라서, p는 다음 두 형태의 수 중 하나이다. (단, a, b는 2이상의 자연수)

(i) p : $2a+1$, $3b+1$　　　　(ii) p : $2a+1$, $3b-1$

(i)의 경우

$p=2a+1$에서 $p^2-1=(p+1)(p-1)=(2a+2)(2a)=4a(a+1)$: 8의 배수

$p=3b+1$에서 $p^2-1=(p+1)(p-1)=3b(3b+2)$: 3의 배수

따라서, p^2-1은 24의 배수이다.

(ii)의 경우, 같은 방법으로 p^2-1은 24의 배수이다.

(i), (ii)가 가능한 모든 경우이므로 p^2-1은 24의 배수이다. ■

<참고>

(i)의 경우, $6n+1$의 형태이므로 $p^2-1=12n(3n+1)$: 24의 배수

(ii)의 경우, $6n-1$의 형태이므로 $p^2-1=12n(3n-1)$: 24의 배수

82. 두 직선이 한 점에서 만나면 4개의 각이 생긴다. 이때, 마주보는 두 각 $\angle a$와 $\angle b$, $\angle c$와 $\angle d$를 각각 서로 맞꼭지각이라고 한다. 맞꼭지각의 크기는 서로 같음을 증명하여라.

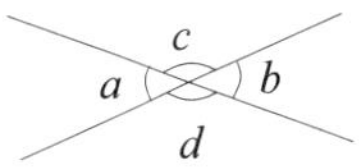

[증명]

그림에서, $\angle a + \angle c = 180^0$, $\angle b + \angle c = 180^0$이므로 $\angle a + \angle c = \angle b + \angle c$

$$\therefore \angle a = \angle b$$

같은 방법으로, $\angle c = \angle d$ ■

83. 삼각형의 내각의 크기의 합은 180^0임을 보여라.

[증명]

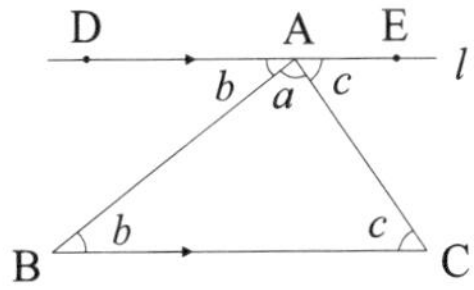

$\triangle ABC$의 세 내각 a, b, c의 크기의 합이 180^0임을 보이면 된다.
점A를 지나며 변BC에 평행한 직선l을 작도하면, 엇각으로

$$\angle BAD = \angle ABC = \angle b, \ \angle CAE = \angle ACB = \angle c$$

$$\therefore \angle a + \angle b + \angle c = 180^0$$

■

84. n각형의 내각의 크기의 합은 $180^0(n-2)$임을 보여라.

[증명]

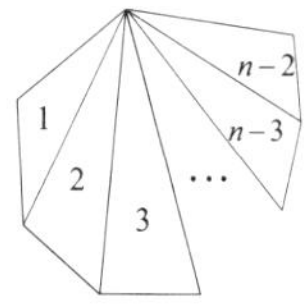

n각형의 한 꼭지점에서 대각선을 그리면, n각형은 $n-2$개의 삼각형으로 분할된다. 따라서, n각형의 내각의 크기의 합은 $180^0(n-2)$이다.

■

85. 다각형의 외각의 크기의 합은 변의 수에 상관없이 항상 360^0임을 보여라.

[증명]

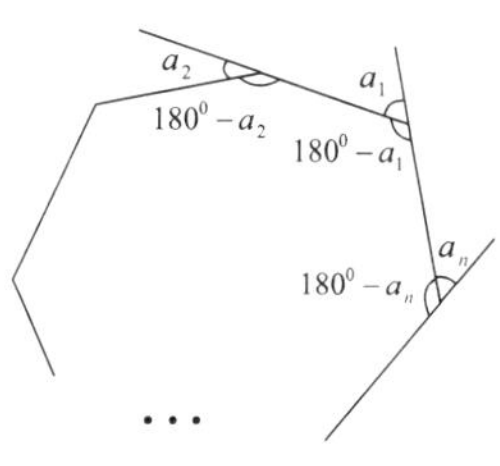

n각형의 외각을 $a_1, a_2, \cdots, a_n$이라 하면, 내각은 $180^0-a_1, 180^0-a_2, \cdots, 180^0-a_n$이다.

$$(180^0-a_1)+(180^0-a_2)+\cdots+(180^0-a_n)=180^0(n-2)$$

$$\therefore\ a_1+a_2+\cdots+a_n=360^0$$

■

86. 삼각형의 세 변의 수직이등분선은 한 점에서 만남을 증명하여라.

[증명1]

오른쪽 그림의 $\triangle ABC$에서 $\overline{AB}$와 $\overline{AC}$의 수직이등분선의 교점을 O라 하자. 선분의 수직이등분선 위의 한 점에서 그 선분의 양 끝점까지의 거리는 같으므로(SAS합동),

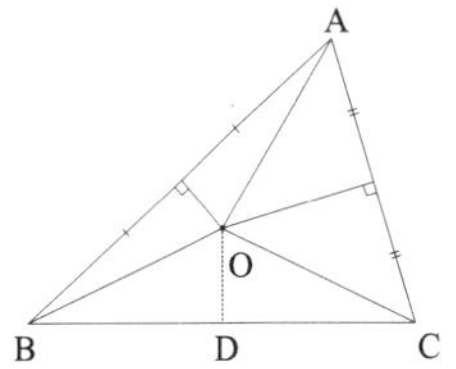

$$\overline{OA} = \overline{OB} \quad \cdots ①$$

$$\overline{OA} = \overline{OC} \quad \cdots ②$$

①, ②에서 $\overline{OB} = \overline{OC}$이므로 점O는 변BC의 수직이등분선 위에 있다.

(변BC의 중점 D을 잡으면, $\triangle OBD \equiv \triangle OCD$(SSS합동) $\therefore \angle ODC = 90^0$) ■

[증명2]

오른쪽 그림과 같이 세 꼭지점의 좌표를 각각

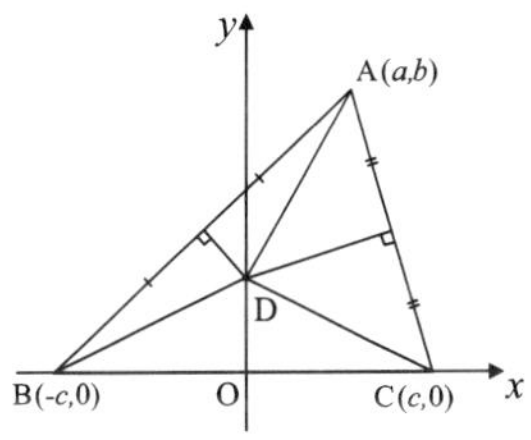

$$A(a, b),\ B(-c, 0),\ C(c, 0)$$

이라 하면, 직선 AB의 기울기는 $\dfrac{b}{a+c}$이므로,

$\overline{AB}$의 수직이등분선의 방정식은

$$y - \frac{b}{2} = -\frac{a+c}{b}\left(x - \frac{a-c}{2}\right) \quad \cdots ①$$

마찬가지로, $\overline{AC}$의 수직이등분선의 방정식은

$$y - \frac{b}{2} = -\frac{a-c}{b}\left(x - \frac{a+c}{2}\right) \quad \cdots ②$$

직선 ①, ②의 교점 D의 x좌표가 0이므로,

세 변의 수직이등분선의 교점은 한 점에서 만난다. ■

87. 이등변삼각형의 두 밑각의 크기는 같음을 증명하여라.

<가정> $\triangle ABC$에서 $\overline{AB} = \overline{AC}$

<결론> $\angle B = \angle C$

<증명> $\angle A$의 이등분선을 작도하여 변BC와의 교점을 D라 하자.

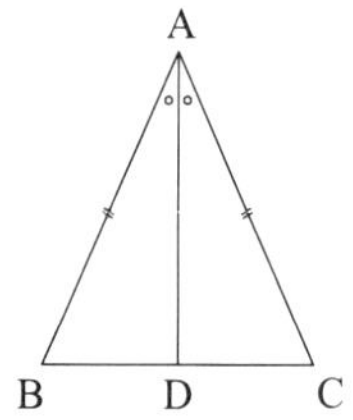

$\triangle ABD$와 $\triangle ACD$에서

$\overline{AB} = \overline{AC}$ …… (가정)

$\angle BAD = \angle CAD$ …… (작도)

$\overline{AD}$는 공통인 변

이므로 $\triangle ABD \equiv \triangle ACD$(SAS합동)이다.

$\therefore \angle B = \angle C$ ∎

88. 평행사변형의 정의는 [두 쌍의 대변이 각각 평행한 사각형]이다. 평행사변형의 두 쌍의 대변의 길이는 각각 같음을 증명하여라.

<가정> $\square ABCD$에서

$\overline{AB} /\!/ \overline{DC}$, $\overline{AD} /\!/ \overline{BC}$

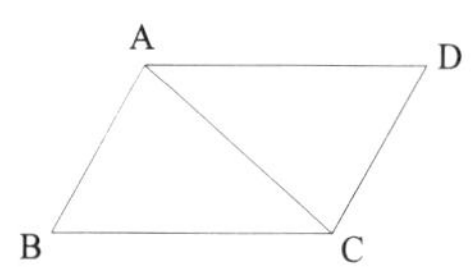

<결론> $\overline{AB} = \overline{DC}$, $\overline{AD} = \overline{BC}$

<증명> 대각선 AC를 그으면 $\triangle ABC$와 $\triangle CDA$에서

$\overline{AB} /\!/ \overline{DC}$이므로 $\angle BAC = \angle DCA$(엇각) … ①

$\overline{AD} /\!/ \overline{BC}$이므로 $\angle BCA = \angle DAC$(엇각) … ②

$\overline{AC}$는 공통 … ③

①, ②, ③에서 $\triangle ABC \equiv \triangle CDA$ (ASA합동)

$\therefore \overline{AB} = \overline{DC}$, $\overline{AD} = \overline{BC}$

따라서, 평행사변형의 두 쌍의 대변의 길이는 각각 같다. ∎

89. 평행사변형의 정의는 [두 쌍의 대변이 각각 평행한 사각형]이며, 두 쌍의 대변의 길이가 각각 같다는 성질이 있다.
평행사변형ABCD의 두 대각선은 서로 다른 것을 이등분함을 증명하여라.

(1) 삼각형의 합동을 이용하여 증명하여라.

(2) 벡터를 이용하여 증명하여라.

[증명]

(1) 평행사변형ABCD에서 $\overline{AB} \mathbin{/\!/} \overline{DC}$이므로,

엇각으로 $\angle BAM = \angle DCM$, $\angle ABM = \angle CDM$

이고,

$\overline{AB} = \overline{DC}$이므로 $\triangle ABM \equiv \triangle CDM$ (ASA합동)

$\therefore\ \overline{AM} = \overline{CM},\ \overline{BM} = \overline{DM}$

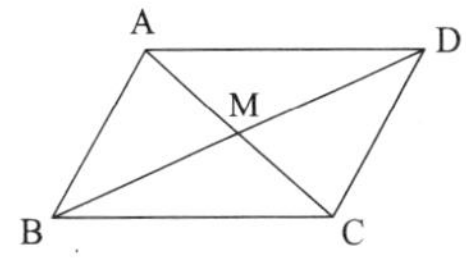

■

(2) 점 B를 시점으로 하는 점 A, C의 위치벡터를 각각 $\vec{a}, \vec{c}$라 하고, 대각선 AC의 중점을 M이라 하면,

$$\overrightarrow{BM} = \frac{\vec{a}+\vec{c}}{2} \qquad \cdots ①$$

또, $\overrightarrow{BD} = \overrightarrow{BA} + \overrightarrow{BC} = \vec{a} + \vec{c} \qquad \cdots ②$

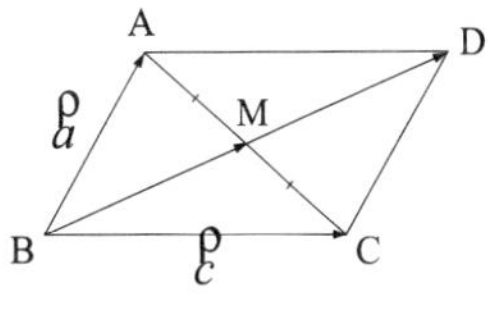

①, ②에서 $\overrightarrow{BM} = \frac{1}{2}\overrightarrow{BD}$이므로, 점 M은 선분 BD의 중점이다.

따라서, 대각선 AC, BD는 서로 다른 것을 이등분한다. ■

90. 두 자연수 N, M의 공약수의 집합은 공집합이 아니며, 항상 최대인 원소를 포함함을 보여라. (이 수를 최대공약수라 한다.)

[증명]
1은 모든 자연수의 약수이므로, N, M의 공약수의 집합은 1을 포함한다. 따라서, 공집합이 아니다. 또, N의 약수의 집합과 M의 약수의 집합은 모두 유한집합이므로 공약수의 집합도 유한집합이다. 자연수집합의 공집합이 아닌 유한부분집합은 최대값을 포함하므로 문제는 증명되었다. ■

<참고> 자연수집합의 공집합이 아닌 유한부분집합 A는 항상 최대값을 포함한다.

만약, 최대값이 없다고 가정하면, 공집합이 아니므로 $a_1 \in \mathrm{A}$를 뽑을 수 있다.

A는 최대값을 갖지 않으므로, $a_1 < a_2$인 $a_2 \in \mathrm{A}$를 뽑을 수 있다.

A는 최대값을 갖지 않으므로 이와 같은 조작을 반복하면

$$a_1 < a_2 < \cdots < a_n < a_{n+1} < \cdots, \qquad \{a_1, a_2, a_3, \cdots\} \in A$$

로 되어, A가 유한집합이라는 점에 모순이다. (귀류법)

91. a, b를 유리수라 할 때, 다음을 증명하여라.

[$a+b\sqrt{2}=0$이면 $a=b=0$]

[증명]

$a+b\sqrt{2}=0$이면, $b\sqrt{2}=-a$ $\cdots$ ①

$b \neq 0$이라 가정하면, $\sqrt{2}=-\dfrac{a}{b}$ $\cdots$ ②

②의 좌변은 무리수이고, 우변은 유리수이므로 모순이다. 따라서, $b=0$이어야 한다.
$b=0$을 ①에 대입하면 $a=0$

$$\therefore a=b=0$$ ■

92. 다음 물음에 답하여라.

(1) 분배법칙을 이용하여, 모든 실수 a에 대하여 $a \cdot 0 = 0$임을 보여라.

(2) 두 실수 a, b에 대하여, $ab = 0$이면 $a = 0$ 또는 $b = 0$임을 보여라.

(3) 실수는 양수, 음수, 0으로 나뉜다.
(2)번과 [양수 × 양수 = 양수]임을 이용하여, [양수 × 음수 = 음수]임을 보여라.

[증명]

(1)

$a = a \cdot 1$ (1은 곱셈에 대한 항등원)

$= a \cdot (1+0)$ (0은 덧셈에 대한 항등원)

$= a \cdot 1 + a \cdot 0$ (분배법칙)

$= a + a \cdot 0$ (1은 곱셈에 대한 항등원)

양변에 덧셈에 대한 a의 역원인 $-a$를 더하면

$(-a) + a = (-a) + (a + a \cdot 0)$

$0 = \{(-a) + a\} + a \cdot 0$ (덧셈에 대한 역원, 결합법칙)

$= 0 + a \cdot 0$ (덧셈에 대한 역원)

$\therefore a \cdot 0 = 0$ (0은 덧셈에 대한 항등원)

■

(2) 두 실수 a, b에 대하여, $ab = 0$이고 $a \neq 0$이면 $b = 0$임을 보이면 된다.

$a \neq 0$이므로, $ab \times \frac{1}{a} = 0 \times \frac{1}{a}$ $\therefore b = 0$ ■

(3) [양수 × 음수 ≠ 음수]라고 가정하자.
(2)번에 의하여 [양수 × 음수 ≠ 0]이므로, [양수 × 음수 = 양수]이다.
이때, $0 = 3 \times 0 = 3 \times (1 + (-1)) = 3 \times 1 + 3 \times (-1) = 3 + 3 = 6$으로 되어 모순이다.
따라서, [양수 × 음수 = 음수]이다. ■

93. 임의의 실수 a, b에 대하여 다음이 성립함을 증명하여라.

[$a^2+b^2=0$이면 $a=b=0$]

[증명] $a^2+b^2=0$이면, $a^2=-b^2$ … ①

$a^2=-b^2 \geq 0$이므로 $b^2 \leq 0$ $\therefore b=0$

①에 대입하면, $a^2=0$ $\therefore a=0$

$\therefore a=b=0$ ■

94. 등식 $ax+b=cx+d$가 항등식이 되기 위한 필요충분조건은 $a=c,\ b=d$임을 밝혀라. (단, x는 실수이다.)

[증명] $ax+b=cx+d$가 항등식이면,
모든 실수 x에 대하여 등식이 성립하므로 $x=0, 1$일 때도 등식이 성립한다.

$x=0$일 때, $a\cdot 0+b=c\cdot 0+d$ $\therefore b=d$ … ①

$x=1$일 때, $a+b=c+d$ … ②

①을 ②에 대입하면, $a+d=c+d$ $\therefore a=c$ … ③

①, ③에서 $a=c,\ b=d$

역으로, $a=c,\ b=d$이면 모든 실수 x에 대하여

$$(a-c)x+(b-d)=0$$

따라서, $ax+b=cx+d$는 항등식이다. ■

95. 다음 물음에 답하여라.

(1) 양의 실수 a, b에 대하여, [$a > b \Leftrightarrow \sqrt{a} > \sqrt{b}$]임을 보여라.

(2) 양의 실수 a, b에 대하여, [$\sqrt{a}\sqrt{b} = \sqrt{ab}$]임을 보여라.

[증명]

1. $a-b=(\sqrt{a}+\sqrt{b})(\sqrt{a}-\sqrt{b})$이므로, $a-b$와 $\sqrt{a}-\sqrt{b}$의 부호는 같다.
   따라서, $a-b>0 \Leftrightarrow \sqrt{a}-\sqrt{b}>0$
   $\therefore a>b \Leftrightarrow \sqrt{a}>\sqrt{b}$ ■

2. $(\sqrt{a}\sqrt{b})^2=(\sqrt{a}\sqrt{b})\times(\sqrt{a}\sqrt{b})=ab$이므로, $\sqrt{a}\sqrt{b}$는 ab의 양의 제곱근이다.
   $\therefore \sqrt{a}\sqrt{b}=\sqrt{ab}$ ■

96. 부등식 $a^2+b^2 \geqq 0$를 증명하여라. (단, a, b는 실수)

[증명] 실수의 성질에서 $a^2 \geqq 0$

양변에 b^2을 더하면 $a^2+b^2 \geqq b^2$

그런데, $b^2 \geqq 0$이므로 $a^2+b^2 \geqq 0$

여기서, 등호는 $a=0$, $b=0$일 때에 한해서 성립한다. ■

97. $a > b > 0,\ c > d > 0$**일 때,** $ac > bd$**임을 증명하여라.**

[증명]

$$ac - bd = ac - bc + bc - bd = c(a-b) + b(c-d) \qquad \cdots ①$$

그런데, $a > b$에서 $a - b > 0$이고, $c > 0$이므로 $c(a-b) > 0$

또, $c > d$에서 $c - d > 0$이고, $b > 0$이므로 $b(c-d) > 0$

여기서, 두 양수의 합은 양이므로 ①에서

$$ac - bd > 0 \qquad \therefore\ ac > bd \qquad ■$$

98. $a \geqq 0,\ b \geqq 0$**일 때,** $\frac{a+b}{2} \geqq \sqrt{ab}$**임을 증명하여라.**

[증명]

$$\frac{a+b}{2} - \sqrt{ab} = \frac{(\sqrt{a})^2 + (\sqrt{b})^2 - 2\sqrt{a}\cdot\sqrt{b}}{2} = \frac{(\sqrt{a} - \sqrt{b})^2}{2} \geqq 0$$

따라서, $\frac{a+b}{2} \geqq \sqrt{ab}$

등호는 $\sqrt{a} - \sqrt{b} = 0$, 즉 $a = b$일 때 성립한다. ■

99. 실수 a, b에 대하여, 부등식 $|a+b| \leqq |a|+|b|$를 증명하여라.

[증명] $(|a|+|b|)^2 - |a+b|^2 = |a|^2 + 2|a||b| + |b|^2 - (a+b)^2$

$$= a^2 + 2|ab| + b^2 - a^2 - 2ab - b^2$$

$$= 2(|ab| - ab)$$

그런데, $|ab| \geqq ab$이므로, $2(|ab| - ab) \geqq 0$

즉, $(|a|+|b|)^2 \geqq |a+b|^2$ $\therefore |a|+|b| \geqq |a+b| \geqq 0$

또, 등호는 $|ab| = ab$, 즉 $ab \geqq 0$일 때에 한하여 성립한다. ■

100. x에 관한 n차방정식 $a_nx^n + a_{n-1}x^{n-1} + \cdots + a_1x + a_0 = 0$ (단, $a_n \neq 0$) 이 유리수 $\dfrac{q}{p}$(p, q는 서로 소인 정수)를 근으로 가지면, p는 a_n의 약수이고 q는 a_0의 약수임을 보이시오.

[증명] $a_nx^n + a_{n-1}x^{n-1} + \cdots + a_1x + a_0 = 0$

$x = \dfrac{q}{p}$를 대입하면,

$$a_n\left(\frac{q}{p}\right)^n + a_{n-1}\left(\frac{q}{p}\right)^{n-1} + \cdots + a_1\left(\frac{q}{p}\right) + a_0 = 0 \quad \cdots ①$$

①$\times p^n$을 하여 정리하면, $a_nq^n + a_{n-1}q^{n-1}p + \cdots + a_1qp^{n-1} + a_0p^n = 0$ $\cdots$ ②

(i) ②에서, $a_nq^n = -p(a_{n-1}q^{n-1} + \cdots + a_1qp^{n-2} + a_0p^{n-1})$

p, q는 서로 소이므로 a_n은 p의 배수이다.

(ii) ②에서, $a_0p^n = -q(a_nq^{n-1} + a_{n-1}q^{n-2}p + \cdots + a_1p^{n-1})$

p, q는 서로 소이므로 a_0은 q의 배수이다. ■

101. $a = 0.0100100010000100001\cdots$은 **순환하지 않는 무한소수(무리수)임을 보여라.**

[증명]
주어진 수가 순환한다고 가정하면 순환마디를 갖는다.
먼저, 순환마디에 1에 포함되어 있지 않다고 하면, 순환이 시작되는 곳 이후로는 모두 0이므로 모순이다.
또, 순환마디에 1이 적어도 하나 포함되어있다면, 순환이 시작되는 곳 이후로는 순환마디의 길이 n마다 적어도 하나의 1이 존재한다. 이는 주어진 수의 생성규칙에 모순이다. (임의의 자연수 n에 대하여 0이 $2n+1$번 연속하여 나오는 부분이 무한번 존재한다.)
따라서, 주어진 수는 순환마디를 갖지 않으므로 순환하지 않는다. ■

102. $\sqrt{2}$는 **무리수임을 보여라.**

[증명1]
우선, $1 < \sqrt{2} < 2$에서 $\sqrt{2}$는 정수가 아니다.
따라서, $\sqrt{2}$를 정수가 아닌 유리수라 하면, $\sqrt{2} = \frac{q}{p}$ (p, q는 서로소인 정수)이다.

$$\therefore 2 = (\sqrt{2})^2 = \left(\frac{q}{p}\right)^2$$

기약분수를 제곱하면 정수가 되지 않으므로 모순이다. 따라서, $\sqrt{2}$는 무리수이다. ■

[증명2]
$\sqrt{2}$를 유리수라 하면, $\sqrt{2} = \frac{q}{p}$ (p, q는 서로소인 정수)로 놓을 수 있다.
양변을 제곱하여 정리하면, $2p^2 = q^2$이고 p, q는 서로소이므로 q는 2의 배수이다.

$q = 2m$ (m은 정수)로 놓고, $2p^2 = q^2$에 대입하여 정리하면 $p^2 = 2m^2$
여기서, p, m는 서로소이므로 p는 2의 배수이다.

p, q가 모두 2의 배수가 되어 모순이다. 따라서, $\sqrt{2}$는 무리수이다. ■

103. 다음 물음에 답하여라.

(1) 수직선상의 두 유리수 사이에는 무수히 많은 유리수가 존재함을 보여라.

(2) 0과 1사이에는 무수히 많은 무리수가 존재함을 보여라.

(3) 수직선상의 두 유리수 사이에는 무수히 많은 무리수가 존재함을 보여라.

[해답]

(1) $a, b\,(a<b)$를 두 유리수라 하자. a, b의 중점을 x_1, x_1과 b의 중점을 x_2, x_2와 b의 중점을 x_3, …와 같이 귀납적으로 x_n을 정하면, 유리수는 사칙연산에 닫혀있으므로 x_n은 모두 유리수이며, $a<x_1<x_2<\cdots<x_n<\cdots<b$이다. ■

<참고> $x_n = a+(b-a)\left\{\frac{1}{2}+\left(\frac{1}{2}\right)^2+\cdots+\left(\frac{1}{2}\right)^n\right\}<b$

(2) $\left(\frac{\sqrt{2}}{2}\right)^2=\frac{1}{2}$이므로, $\frac{\sqrt{2}}{2}$는 0과 1 사이의 무리수이다.

따라서, $y_n=\frac{\sqrt{2}}{2^n}$는 모두 0과 1 사이의 무리수이다. ■

[유리수 $a\neq 0$와 무리수 b에 대하여, ab는 무리수이다.]
ab를 유리수라 하면, 유리수 c가 존재하여 $ab=c$이다.
$a\neq 0$이므로, $b=\frac{c}{a}$는 유리수가 되어 모순이다.

(3) $a, b\,(a<b)$를 두 유리수라 하자.
$z_n=(b-a)y_n+a$로 정의하면, 2번에 의하여 자명하다. ■

104. 이차방정식 $ax^2+bx+c=0$ $(a\neq 0,\ a,b,c$는 실수$)$의 근의 공식을 유도하여라.

[해답]

$ax^2+bx+c=0$의 양변을 x^2의 계수로 나누면,

$$x^2+\frac{b}{a}x+\frac{c}{a}=0$$

상수항을 이항하면, $x^2+\frac{b}{a}x=-\frac{c}{a}$

양변에 x의 계수의 $\frac{1}{2}$의 제곱인 $\left(\frac{b}{2a}\right)^2$을 더하면,

$$x^2+\frac{b}{a}x+\left(\frac{b}{2a}\right)^2=-\frac{c}{a}+\left(\frac{b}{2a}\right)^2$$

좌변을 제곱의 꼴로 바꾸면, $\left(x+\frac{b}{2a}\right)^2=-\frac{c}{a}+\frac{b^2}{4a^2}$

$$\left(x+\frac{b}{2a}\right)^2=\frac{b^2-4ac}{4a^2}$$

$$x+\frac{b}{2a}=\pm\frac{\sqrt{b^2-4ac}}{2a}$$

$$x=-\frac{b}{2a}\pm\frac{\sqrt{b^2-4ac}}{2a}$$

$$\therefore\ x=\frac{-b\pm\sqrt{b^2-4ac}}{2a}$$

■

105. 다음 그림을 이용하여, $\triangle$AEH의 세 변 a, b, c에 대하여 $c^2 = a^2 + b^2$이 성립함을 증명하여라. (피타고라스의 정리)

(1)

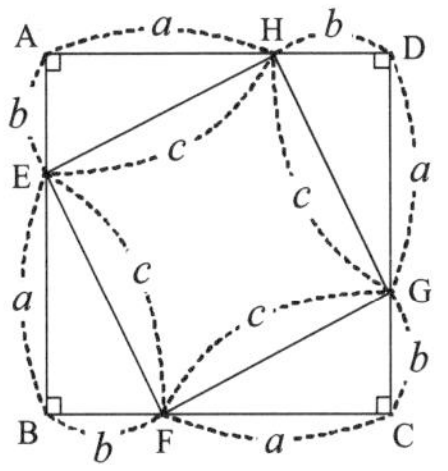

(2)

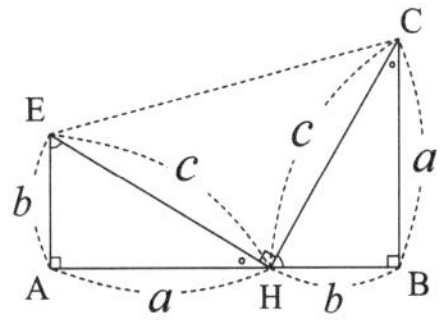

[증명]

(1) □ABCD는 한 변의 길이가 $a+b$인 정사각형이며, 점 E, F, G, H는 각 변의 길이를 그림과 같이 나눈다.

4개의 직각삼각형 $\triangle$HAE, $\triangle$EBF, $\triangle$FCG, $\triangle$GDH가 서로 합동이므로
$\angle$FGC + $\angle$HGD = 90^0로 되어, □EFGH는 한 변의 길이가 c인 정사각형이다.
□ABCD의 넓이는 □EFGH와 4개의 직각삼각형의 넓이의 합과 같으므로,

$$(a+b)^2 = c^2 + 4 \times \frac{1}{2}ab \qquad \therefore a^2 + b^2 = c^2 \qquad \blacksquare$$

(2) 사다리꼴ABCE의 넓이 S는 다음 두 가지 방법으로 구할 수 있다.

$$\begin{cases} S = \dfrac{1}{2}(a+b)^2 & \cdots ① \\ S = ab + \dfrac{1}{2}c^2 & \cdots ② \end{cases}$$

①, ②에서 $\therefore a^2 + b^2 = c^2$ ■

106. 직선 l이 원 O와 한 점에서 만날 때, 직선 l을 원 O의 접선이라 한다.

(1) 원의 접선은 그 접점과 원의 중심을 연결한 선분(반지름)에 수직임을 보여라.

(2) 역으로, 반지름과 원이 만나는 점에서 그 반지름에 수직으로 그은 직선은 그 원의 접선임을 보여라.

[증명]

(1) 직선 l이 원 O와 점 A에서 접하는 접선일 때, $\overline{OA}\perp l$임을 보이자.

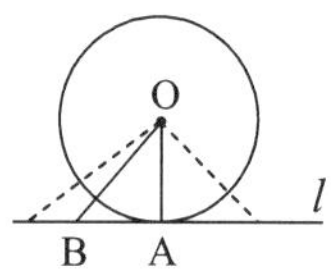

접선 l위에 접점A와 다른 임의의 점 B를 잡으면, 어떤 경우에도 점B는 원 O의 외부의 점이므로 $\overline{OB}>\overline{OA}$이다. 따라서, $\overline{OA}$는 중심 O로부터 직선 l까지의 거리를 나타내는 선분이 되므로 $OA\perp l$이다. ∎

<다른 방법 : 귀류법에 의한 증명>

$\overline{OA}$와 l이 수직이 아니라고 가정하면, 중심 O에서 l에 내린 수선의 발 T에 대하여 $\overline{TB}=\overline{TA}$인 점 B($\neq$A)를 l상에 잡을 수 있다. $\triangle OTB\equiv\triangle OTA$(SAS합동)이므로 $\therefore\ \overline{OA}=\overline{OB}$이다. 따라서, 점 B는 원 O위의 점이다.

직선 l이 원 O와 두 점 A, B에서 만나므로 접선이라는 가정에 모순이다.

그러므로 $\overline{OA}\perp l$이다.

(2)

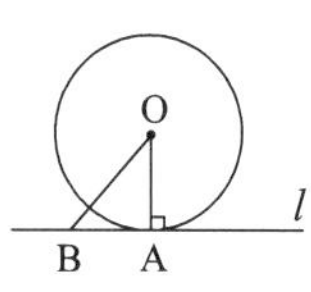

반지름과 원 O가 만나는 점 A에서 반지름 $\overline{OA}$에 수직으로 그은 직선 l은 이 원의 접선이 됨을 보이자. 직선 l 위에 점 A와 다른 임의의 점 B를 잡아 선분OB를 그으면, $\overline{OB}$는 l과 수직으로 만나지 않으므로 $\overline{OB}>\overline{OA}$가 된다. 따라서, 직선 l 위의 점으로 A이외의 점은 모두 원의 외부의 점이 되므로 l은 이 원의 접선이다. ∎

107. 다면체에 대한 오일러의 정리는 다음과 같다.

S가 v개의 꼭지점과 e개의 모서리, f개의 면을 갖는 다면체이면, $v-e+f=2$

오일러의 정리를 이용하여, 정다면체는 오직 5개만 존재함을 증명하여라.

[증명]

S를 v개의 꼭지점과 e개의 모서리, f개의 면을 갖는 정다면체라 하고 m을 한 면을 이루는 변의 수, n을 한 꼭지점에 모이는 변의 수라 하면, $n, m > 2$이다.

각 변은 두 면에 속하고, mf는 변의 총수의 2배이므로 $mf = 2e$ $\cdots$ ①
각 변은 두 꼭지점을 가지므로 $nv = 2e$ $\cdots$ ②

①, ②를 오일러의 공식에 대입하면, $\dfrac{2e}{n} - e + \dfrac{2e}{m} = 2$ $\quad\therefore \dfrac{1}{n} + \dfrac{1}{m} - \dfrac{1}{2} = \dfrac{1}{e}$

자연수 e에 대하여 $0 < \dfrac{1}{e} < 1$이므로, $0 < \dfrac{1}{n} + \dfrac{1}{m} - \dfrac{1}{2} < 1$

$$\therefore \frac{1}{2} < \frac{1}{n} + \frac{1}{m} < \frac{3}{2}$$

(i) $\dfrac{1}{n} + \dfrac{1}{m} < \dfrac{3}{2}$에서, $n, m > 2$ $\qquad \therefore m-2>0,\ n-2>0$

(ii) $\dfrac{1}{2} < \dfrac{1}{n} + \dfrac{1}{m}$에서, $mn-2n-2m<0$ $\qquad \therefore (m-2)(n-2)<4$

(i), (ii)를 만족하는 자연수 n, m은 다섯 가지밖에 없다.

m	n	정다면체
3	3	정4면체
4	3	정6면체
3	4	정8면체
5	3	정12면체
3	5	정20면체

■

108. 다음 물음에 답하여라.

(1) 삼각형의 세 꼭지점에서 각각 그 대변에 내린 수선은 한 점에서 만남을 증명하여라. (원에 내접하는 사각형의 조건을 사용할 수 있다.)

(2) 좌표를 이용하여 위의 증명을 하여라.

(3) 벡터를 이용하여 위의 증명을 하여라.

(1)

<가정> $\triangle ABC$에서 $\overline{AB} \perp \overline{CF}$, $\overline{AC} \perp \overline{BE}$

점 H는 두 수선 BE, CF의 교점

점 D는 $\overline{AH}$의 연장선과 $\overline{BC}$의 교점

<결론> $\overline{AD} \perp \overline{BC}$

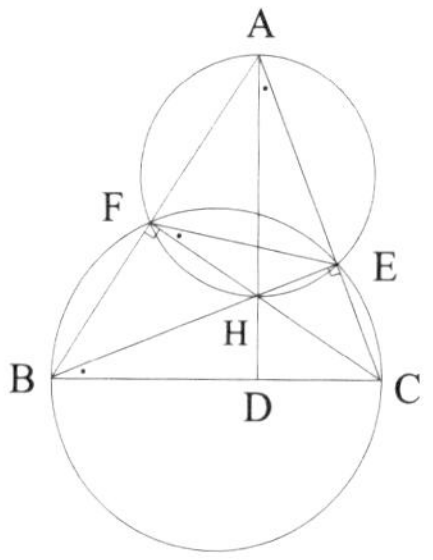

<증명> $\angle BFC = \angle BEC$, $\angle AFH + \angle AEH = 180^0$에서

$\square$BCEF, FHEA는 원에 내접하는 사각형이다.

$\triangle ACD$와 $\triangle BCE$에서

$\angle EBC = \angle EFC$ ($\overset{\frown}{EC}$에 대한 원주각) … ①

$\angle EFH = \angle EAH$ ($\overset{\frown}{EH}$에 대한 원주각) … ②

①, ②로부터, $\angle EBC = \angle EAH$

또, $\angle ACD = \angle BCE$ (공통)

따라서, $\triangle ACD \backsim \triangle BCE$이므로 $\angle ADC = \angle BEC = 90^0$

$\therefore \overline{AD} \perp \overline{BC}$ ∎

(2) 오른쪽 그림과 같이 세 꼭지점의 좌표를 각각

$$\mathrm{A}(0, a),\ \mathrm{B}(b, 0),\ \mathrm{C}(c, 0)$$

이라 하면, 직선 AB의 기울기는 $-\dfrac{a}{b}$이므로, 점 C에서 $\overline{\mathrm{AB}}$에 그은 수선 CD의 방정식은

$$y=\frac{b}{a}(x-c)=\frac{b}{a}x-\frac{bc}{a} \qquad \cdots ①$$

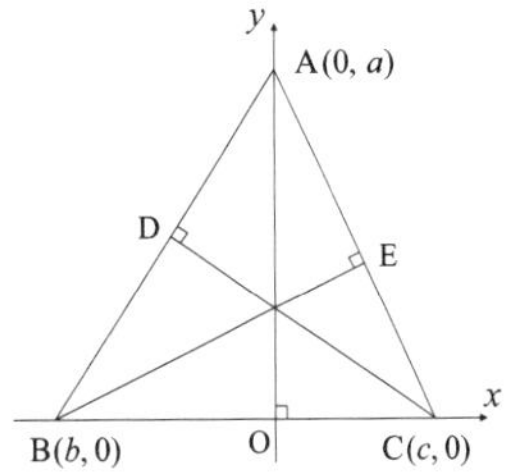

마찬가지로, 점 B에서 $\overline{\mathrm{AC}}$에 그은 수선 BE의 방정식은

$$y=\frac{c}{a}(x-b)=\frac{c}{a}x-\frac{bc}{a} \qquad \cdots ②$$

직선 ①, ②의 y절편은 모두 $-\dfrac{bc}{a}$이므로, 세 수선은 y축 위의 한 점 $\left(0, -\dfrac{bc}{a}\right)$에서 만난다.

■

(3) $\triangle$ABC의 두 꼭지점 B, C에서
그 대변 AC, AB에 각각 수선을 내려 그 교점을 H라 하자.

$\overrightarrow{\mathrm{HA}}=\vec{a}$, $\overrightarrow{\mathrm{HB}}=\vec{b}$, $\overrightarrow{\mathrm{HC}}=\vec{c}$라 하면,

$$\overrightarrow{\mathrm{AB}}=\vec{b}-\vec{a},\ \overrightarrow{\mathrm{CA}}=\vec{a}-\vec{c},\ \overrightarrow{\mathrm{BC}}=\vec{c}-\vec{b}$$

$\overrightarrow{\mathrm{HC}}\perp\overrightarrow{\mathrm{AB}}$이므로 $\overrightarrow{\mathrm{HC}}\cdot\overrightarrow{\mathrm{AB}}=\vec{c}\cdot(\vec{b}-\vec{a})=0$

$$\therefore\ \vec{c}\cdot\vec{b}=\vec{c}\cdot\vec{a} \qquad \cdots ①$$

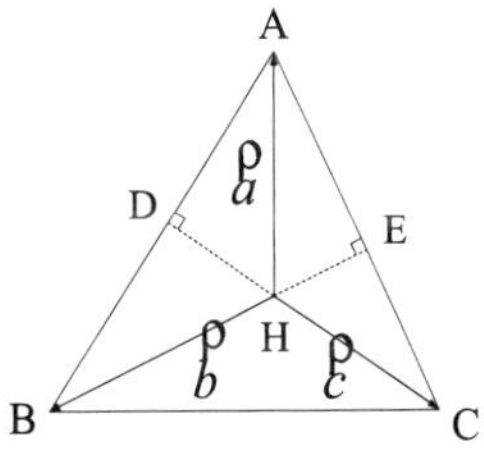

$\overrightarrow{\mathrm{HB}}\perp\overrightarrow{\mathrm{CA}}$이므로 $\overrightarrow{\mathrm{HB}}\cdot\overrightarrow{\mathrm{CA}}=\vec{b}\cdot(\vec{a}-\vec{c})=0$

$$\therefore\ \vec{b}\cdot\vec{a}=\vec{b}\cdot\vec{c} \qquad \cdots ②$$

①, ②에서 $\vec{a}\cdot\vec{b}=\vec{b}\cdot\vec{c}=\vec{c}\cdot\vec{a}$이므로,

$$\overrightarrow{\mathrm{HA}}\cdot\overrightarrow{\mathrm{BC}}=\vec{a}\cdot(\vec{c}-\vec{b})=\vec{a}\cdot\vec{c}-\vec{a}\cdot\vec{b}=0$$

또, $\overrightarrow{\mathrm{HA}}$와 $\overrightarrow{\mathrm{BC}}$는 $\vec{0}$가 아니므로 $\overrightarrow{\mathrm{HA}}\perp\overrightarrow{\mathrm{BC}}$이다.

꼭지점 A에서 변 BC에 내린 수선은 점 H를 지나므로, 세 수선은 한 점 H에서 만난다.

■

109. 다음 각 경우에 있어, $\overline{PA} \cdot \overline{PB} = \overline{PC} \cdot \overline{PD}$임을 보여라.

(1)

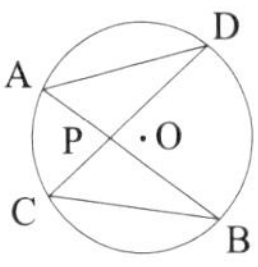

(2)

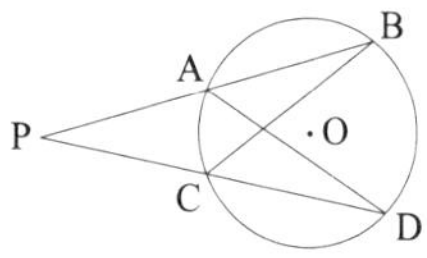

[증명]

(1) $\angle B = \angle D$ ($\widehat{AC}$에 대한 원주각), $\angle APD = \angle CPB$ (맞꼭지각)

이므로, $\triangle PAD \backsim \triangle PCB$ $\therefore$ $\overline{PA} : \overline{PC} = \overline{PD} : \overline{PB}$

$\therefore$ $\overline{PA} \cdot \overline{PB} = \overline{PC} \cdot \overline{PD}$ ■

(2) $\angle B = \angle D$ ($\widehat{AC}$에 대한 원주각), $\angle P$는 공통

이므로, $\triangle BPC \backsim \triangle DPA$ $\therefore$ $\overline{PA} : \overline{PD} = \overline{PC} : \overline{PB}$

$\therefore$ $\overline{PA} \cdot \overline{PB} = \overline{PC} \cdot \overline{PD}$ ■

110. 집합 $A = \{2n | n\text{은 정수}\}$는 덧셈, 뺄셈, 곱셈에 대하여 닫혀 있음을 증명하여라.

[증명] $a, b \in A$이면 $a = 2n$, $b = 2m$(m, n은 정수)으로 나타낼 수 있다.

$$a + b = 2n + 2m = 2(n + m),\ a - b = 2(n - m),\ ab = 2n \cdot 2m = 2(2mn)$$

여기서, $n + m$, $n - m$, $2mn$은 정수이므로

$$a + b \in A,\ a - b \in A,\ a \times b \in A$$

따라서, 집합 A는 덧셈, 뺄셈, 곱셈에 대하여 닫혀 있다. ■

111. 다음 물음에 답하여라.

(1) 로그를 이용하면 천문학계산 등에서의 곱셈과 나눗셈을 덧셈과 뺄셈으로 바꾸어 쉽게 계산할 수 있다. 상용로그를 이용하여 다음 계산을 하는 방법을 설명하라.

[$123456789 \times 987654321 = x$]

(2) $a_n = 10^n$과 $b_n = 10^{10}(1.01)^n$을 비교하여,

자연대수 $e = \lim_{h \to 0}(1+h)^{\frac{1}{h}}$의 필요성을 논하여라.

[해답]

(1) $123456789 \times 987654321 = x$에서,

$$\log 123456789 + \log 987654321 = \log x$$

좌변의 덧셈을 한 값을 a라 하면, $a = \log x$ $\therefore\ x = 10^a$ ■

(2)

n	1	2	3	4	5	$\cdots$
a_n	10^1	10^2	10^3	10^4	10^5	$\cdots$
b_n	$10^{10}(1.01)^1$	$10^{10}(1.01)^2$	$10^{10}(1.01)^3$	$10^{10}(1.01)^4$	$10^{10}(1.01)^5$	$\cdots$

등비수열 a_n과 b_n을 비교해보면, 초항이 크고 공비가 1에 근접해야 '조밀한' 등비급수가 되어 큰 수를 다루는 데 유리하다. 즉, 상용로그보다 밑이 1.01인 로그가 더 유리하다.

따라서, 공비 r을 $r = 1 + k\,(k \fallingdotseq 0)$로 놓으면,

$$a_n = a_1 r^{n-1} = a_1(1+k)^{n-1} = a_1\left[(1+k)^{\frac{1}{k}}\right]^{k(n-1)}$$

$\left[(1+k)^{\frac{1}{k}}\right]$에서 $k \fallingdotseq 0$이므로, 자연스럽게 $\lim_{h \to 0}(1+h)^{\frac{1}{h}}$의 값이 필요하다. ■

112. 거북이가 아킬레스의 10m 앞에 서있는 상태에서 경주를 시작한다. 거북이는 0.5m/sec의 속력으로 달리며, 아킬레스는 1m/sec의 속력으로 달린다.
다음과 같은 제논의 파라독스에 관하여 논하여라.

> 처음 아킬레스가 출발한 지점을 기준으로 하자.
> 아킬레스가 처음 거북이가 있던 자리(10m지점)에 도착하면, 거북이는 앞으로 15m 지점에 도착한다. 다시, 아킬레스가 15m지점에 도착하면, 거북이는 17.5m지점에 도착한다. 반복하면, 아킬레스는 거북이를 따라 잡을 수 없다.

[해답]

그림과 같이 20초가 되었을 때 따라잡을 수 있음을 알 수 있다.
제논의 파라독스는 [아킬레스가 거북이를 따라잡기 전에는, 거북이는 항상 아킬레스 앞에 있다.]는 이야기일 뿐이다.

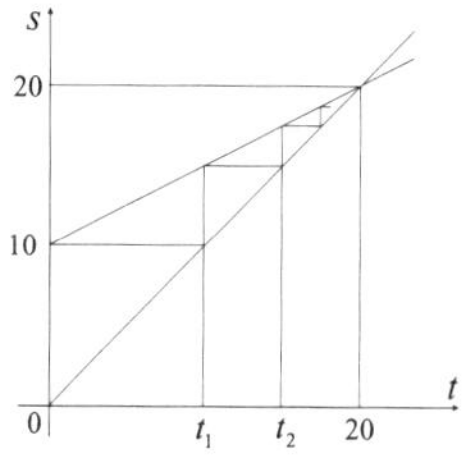

다만, 따라잡을 때까지 걸린 20초를 유한한 시간들의 무한합으로 나타낸 것이다. 제논의 시절에는 유한한 시간의 무한합이 유한일 수 있는가에 대한 답을 얻을 수 없어 파라독스였다. ∎

<참고> 우리는 공비의 절대값이 1보다 작은 무한등비급수는 유한값에 수렴함을 알고 있다.
또, $\sum_{n=1}^{\infty} \frac{1}{n^2} < \infty$, $\sum_{n=1}^{\infty} \frac{1}{n} = \infty$도 증명할 수 있다.

113. 그림과 같이 각도 θ를 이루는 좌표계를 생각해보자.

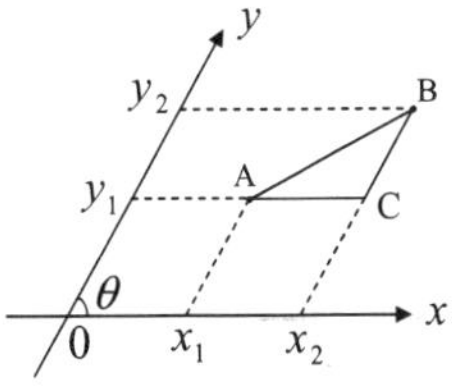

(1) 점 $A(x_1, y_1)$과 점 $B(x_2, y_2)$의 거리를 구하여라.

(2) 위의 결과를 이용하여, 거리측정에 있어서의 직교좌표의 효율성을 설명하여라.

[해답]

(1)

$$\overline{AC} = |x_2 - x_1|, \ \overline{BC} = |y_2 - y_1|$$

$$\begin{aligned}\overline{AB}^2 &= \overline{AC}^2 + \overline{BC}^2 - 2\overline{AC} \cdot \overline{BC}\cos(180^0 - \theta) \\ &= |x_2 - x_1|^2 + |y_2 - y_1|^2 + 2\cos\theta|x_2 - x_1||y_2 - y_1|\end{aligned}$$

$$\therefore |AB| = \sqrt{|x_2 - x_1|^2 + |y_2 - y_1|^2 + 2\cos\theta|x_2 - x_1||y_2 - y_1|} \qquad \cdots\cdots\cdots(\text{답})$$

(2) 위의 결과에서, $\theta = 90^0$일 때

$$|AB| = \sqrt{|x_2 - x_1|^2 + |y_2 - y_1|^2}$$

으로 되어, 두 점 사이의 거리를 가장 간단히 계산할 수 있다.

이것이, 직교좌표계를 사용하는 이유 중 하나이다. ■

114. 삼각형의 한 꼭지점과 그 대변의 중점을 이은 직선을 중선이라 하며, 삼각형의 세 중선의 교점을 무게중심이라 한다. 세 점 $\mathrm{A}(x_1, y_1)$, $\mathrm{B}(x_2, y_2)$, $\mathrm{C}(x_3, y_3)$를 꼭지점으로 하는 $\triangle\mathrm{ABC}$의 무게중심 G의 좌표를 구하여라.

[해답]

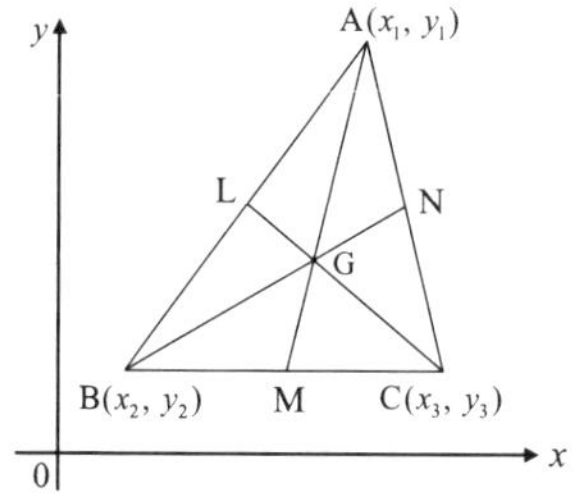

변 BC의 중짐을 M이라 하면

$$\mathrm{M}\left(\frac{x_2+x_3}{2},\ \frac{y_2+y_3}{2}\right)$$

무게중심 G는 중선 AM을 2:1로 내분하는 점이므로,
점 G의 좌표를 (x, y)라 하면

$$x = \frac{2\times\frac{x_2+x_3}{2}+1\times x_1}{2+1} = \frac{x_1+x_2+x_3}{3}$$

$$y = \frac{2\times\frac{y_2+y_3}{2}+1\times y_1}{2+1} = \frac{y_1+y_2+y_3}{3}$$

따라서, 무게중심 G의 좌표는 다음과 같다.

$$\left(\frac{x_1+x_2+x_3}{3},\ \frac{y_1+y_2+y_3}{3}\right) \qquad \cdots\cdots\cdots(\text{답})$$

115. xy평면상의 한 점 $\mathrm{A}(x_1, y_1)$을 지나고, 기울기가 m인 직선의 방정식을 구하여라.

[해답]

점 $\mathrm{A}(x_1, y_1)$을 지나는 직선 l이 x축의 양의 방향과 이루는 각의 크기를 α라 하면 l위의 임의의 점 $\mathrm{P}(x,y)$에 대하여

$$\tan\alpha = \frac{y-y_1}{x-x_1} = m \quad (\text{단, } \alpha \neq 90^0)$$

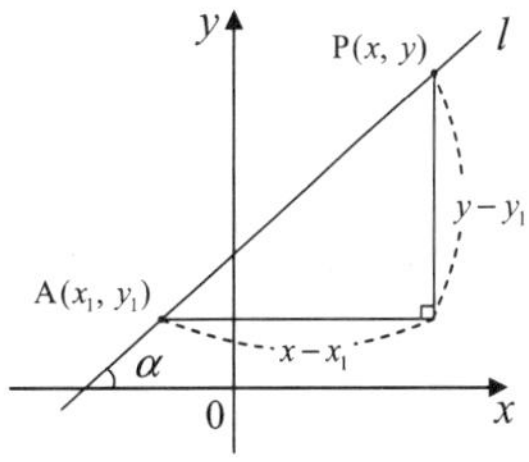

이므로, 직선 l의 방정식은

$$y - y_1 = m(x - x_1) \qquad \cdots ①$$

역으로, $x = x_1$일 때는 ①에서 $y = y_1$이고, $x \neq x_1$일 때는 ①의 양변을 $x - x_1$으로 나누면

$$\frac{y-y_1}{x-x_1} = m$$

이므로, ①을 만족시키는 점 $\mathrm{P}(x, y)$는 반드시 직선 l위에 있다.

따라서, 한 점 $(x_{1,} y_1)$을 지나고, 기울기가 m인 직선의 방정식은 다음과 같다.

$$\therefore\ y - y_1 = m(x - x_1) \qquad \cdots\cdots\cdots(\text{답})$$

<참고> 벡터를 이용한 방법도 있다.

$$\begin{cases} \overrightarrow{\mathrm{AP}} = k(1, \tan\alpha) \\ \overrightarrow{\mathrm{AP}} = \overrightarrow{\mathrm{OP}} - \overrightarrow{\mathrm{OA}} = (x - x_1, y - y_1) \end{cases} \quad (k\text{는 실수})$$

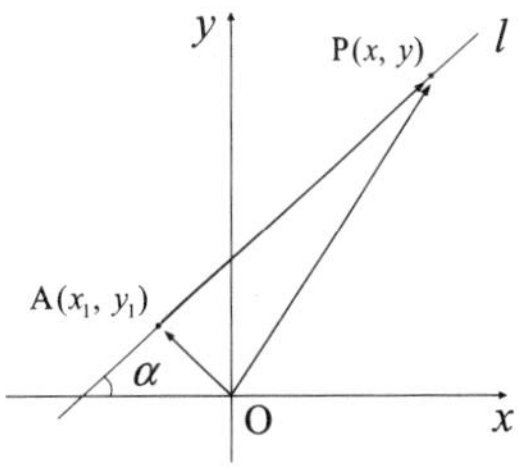

$$\therefore \begin{cases} x - x_1 = k \\ y - y_1 = k\tan\alpha \end{cases} \qquad \therefore\ y - y_1 = \tan\alpha(x - x_1)$$

116. 다음 물음에 답하여라.

(1) 실수 a와 자연수 n에 대하여 a^n을 정의하여라.
(2) 실수 a와 자연수 m, n에 대하여 $a^m \times a^n = a^{m+n}$이 성립함을 보여라.

(3) 실수 a와 자연수 n에 대하여 a^0과 a^{-n}을 정의하여라.
(4) 음이 아닌 실수 a와 자연수 n에 대하여 $\sqrt[n]{a}$를 정의하여라.

(5) $a > 0$, m은 정수, n은 2이상의 정수일 때 $a^{\frac{m}{n}}$을 정의하여라.
(6) $a > 0$에 대하여 $a^{\sqrt{2}}$을 정의하는 방법을 논하여라.

[해답]

(1) 실수 a에 대하여 a를 n번 곱한 것을 a의 n제곱이라 하고 a^n으로 나타낸다.

(2) $a^m \times a^n = \underbrace{(a \times a \times \cdots \times a)}_{m\text{번}} \times \underbrace{(a \times a \times \cdots \times a)}_{n\text{번}} = a^{m+n}$

(수학적귀납법을 이용한 증명은 생략)

(3) $a^0 = 1$, $a^{-n} = \dfrac{1}{a^n}$

(4) $\sqrt[n]{a}$: $x^n = a$를 만족하는 양의 실수 x

(5) $a^{\frac{m}{n}} = \sqrt[n]{a^m}$

즉, $x^n = a^m$을 만족하는 양의 실수 x

(6) $\sqrt{2} = 1.41421356\cdots$

이므로, $\sqrt{2}$에 무한히 접근하는 다음과 같은 유리수를 얻을 수 있다.

$1,\ \ 1.4,\ \ 1.41,\ \ 1.414,\ \ 1.4142,\ \ \cdots$

만약, 실수열 $a^1,\ \ a^{1.4},\ \ a^{1.41},\ \ a^{1.414},\ \ a^{1.4142}, \cdots$가 수렴한다면
$a^{\sqrt{2}}$을 그 수렴값으로 정의하는 것이 타당하다.

117. 두 직선 $y=m_1x$, $y=m_2x$가 수직이면, $m_1m_2=-1$이 성립함을 보여라. (단, m_1, $m_2 \neq 0$)

[증명]

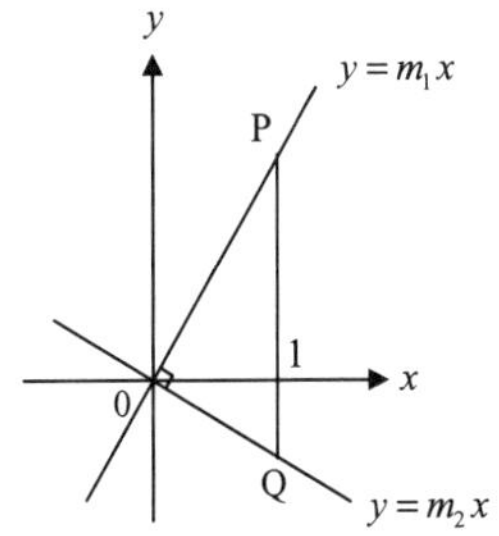

$$\overline{\mathrm{OP}}^2 = 1+{m_1}^2,\ \overline{\mathrm{OQ}}^2 = 1+{m_2}^2,\ \overline{\mathrm{PQ}}^2 = (m_1-m_2)^2$$

피타고라스의 정리에 의하여 $\overline{\mathrm{OP}}^2 + \overline{\mathrm{OQ}}^2 = \overline{\mathrm{PQ}}^2$이므로

$$(1+{m_1}^2)+(1+{m_2}^2)=(m_1-m_2)^2$$

정리하면,

$$\therefore\ m_1m_2=-1$$

<참고> 벡터를 이용한 방법도 있다.

$\overrightarrow{\mathrm{OP}}=(1, m_1)$, $\overrightarrow{\mathrm{OQ}}=(1, m_2)$, $\overrightarrow{\mathrm{OP}} \perp \overrightarrow{\mathrm{OQ}}$에서

$\overrightarrow{\mathrm{OP}} \cdot \overrightarrow{\mathrm{OQ}} = 1+m_1m_2=0$ $\qquad \therefore\ m_1m_2=-1$

118. 점 $\mathrm{P}(x_0, y_0)$와 직선 $l: ax+by+c=0$사이의 거리를 구하여라. (단, $a\neq 0$, $b\neq 0$)

[해답]

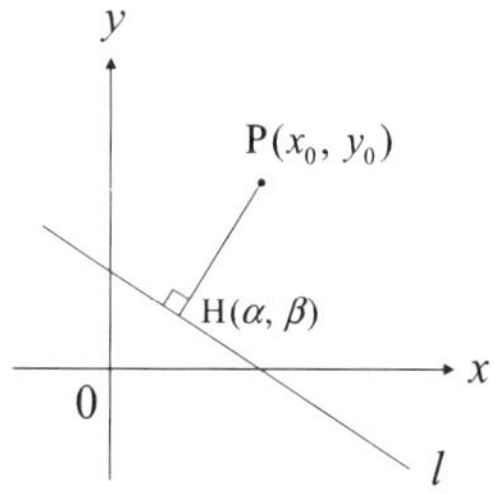

점 $\mathrm{P}(x_0, y_0)$에서 직선 $l: ax+by+c=0$에 내린 수선의 발을 $\mathrm{H}(\alpha, \beta)$라 하면 $\overline{\mathrm{PH}}\perp l$이므로, $a\neq 0$, $b\neq 0$일 때

$$\frac{\beta-y_0}{\alpha-x_0}\times\left(-\frac{a}{b}\right)=-1\text{에서}\quad \frac{\alpha-x_0}{a}=\frac{\beta-y_0}{b}$$

이것을 k라 놓으면 $\alpha-x_0=ka$, $\beta-y_0=kb$

따라서, $\overline{\mathrm{PH}}^2=(\alpha-x_0)^2+(\beta-y_0)^2=k^2(a^2+b^2)$

$$\overline{\mathrm{PH}}=|k|\sqrt{a^2+b^2}\quad \cdots ①$$

여기서, 점 $\mathrm{H}(\alpha, \beta)$가 직선 l 위에 있으므로 $a\alpha+b\beta+c=0$

여기에 $\alpha=x_0+ka$, $\beta=y_0+kb$를 대입하면 $a(x_0+ka)+b(y_0+kb)+c=0$

$$k=-\frac{ax_0+by_0+c}{a^2+b^2}\quad \cdots ②$$

②를 ①에 대입하면,

$$\overline{\mathrm{PH}}=\left|-\frac{ax_0+by_0+c}{a^2+b^2}\right|\sqrt{a^2+b^2}=\frac{|ax_0+by_0+c|}{\sqrt{a^2+b^2}}\qquad \cdots\cdots\cdots(\text{답})$$

[닮음을 이용한 풀이]

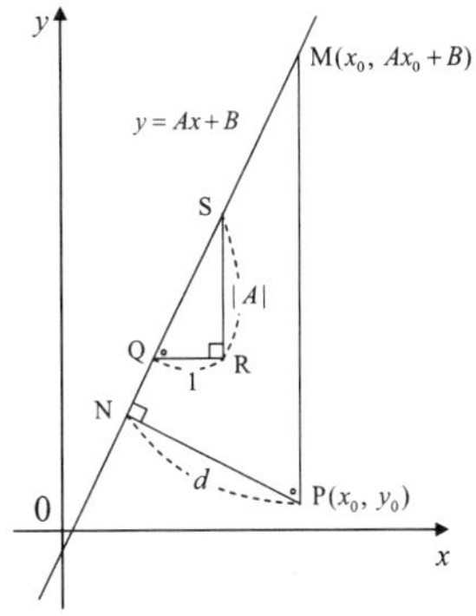

$$l : y = -\frac{a}{b}x - \frac{c}{b} = Ax + B$$

$\triangle$MPN $\backsim$ $\triangle$SQR에서, $d = \dfrac{d}{1} = \dfrac{|Ax_0 + B - y_0|}{\sqrt{1 + A^2}}$

$A = -\dfrac{a}{b}$, $B = -\dfrac{c}{b}$를 대입하면, $d = \dfrac{|ax_0 + by_0 + c|}{\sqrt{a^2 + b^2}}$ ■

[벡터를 이용한 풀이] $\vec{u} = \dfrac{\overrightarrow{\mathrm{PH}}}{|\overrightarrow{\mathrm{PH}}|}$로 놓으면,

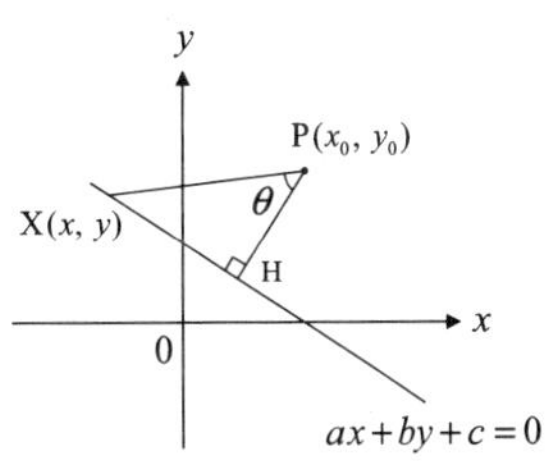

$$|\overrightarrow{\mathrm{PX}} \cdot \vec{u}| = ||\overrightarrow{\mathrm{PX}}||\vec{u}|\cos\theta|$$
$$= ||\overrightarrow{\mathrm{PX}}|\cos\theta| = |\overrightarrow{\mathrm{PH}}|$$

$\vec{u} = \dfrac{1}{\sqrt{a^2 + b^2}}(a, b)$이므로,

$$|\overrightarrow{\mathrm{PH}}| = |\overrightarrow{\mathrm{PX}} \cdot \vec{u}| = \left|\frac{1}{\sqrt{a^2 + b^2}}(a, b) \cdot (x - x_0, y - y_0)\right|$$

$$= \left|\frac{a(x - x_0) + b(y - y_0)}{\sqrt{a^2 + b^2}}\right| = \frac{|ax_0 + by_0 + c|}{\sqrt{a^2 + b^2}}$$ ■

119. 한 변의 길이가 1인 정사각형 K의 내부에 무작위로 5개의 점을 택하면, 그 중 거리가 $\frac{\sqrt{2}}{2}$보다 작은 두 점이 반드시 존재함을 보여라.

[증명]
K를 네 개의 합동인 정사각형으로 나누면 비둘기집의 원리(서랍의 원리)에 의하여 적어도 두 점은 그 중 한 정사각형(경계포함)에 포함된다. 이 두 점의 거리는 $\frac{\sqrt{2}}{2}$보다 작다. ■

<참고> 비둘기집의 원리 : 유한집합 A가 유한집합 B로 사상되며 $n(A) > n(B)$이면, A의 적어도 두 원소는 같은 상을 갖는다.

120. 다음 물음에 답하여라.
(1) 일반각 θ의 삼각함수($\sin\theta$, $\cos\theta$, $\tan\theta$)를 정의하라.
(2) $\tan\theta = \frac{\sin\theta}{\cos\theta}$, $\sin^2\theta + \cos^2\theta = 1$이 성립함을 보여라.

[해답]

(1) 오른쪽 그림과 같이, 원점 O를 중심으로 하고, 반지름의 길이가 r인 원에서 동경 OP가 나타내는 일반각의 크기를 θ라디안이라 할 때, 점 P의 좌표를 (a, b)라 하면,

$$\frac{b}{r},\ \frac{a}{r},\ \frac{b}{a}$$

는 θ의 값에 의하여 정해지는 함수이다.

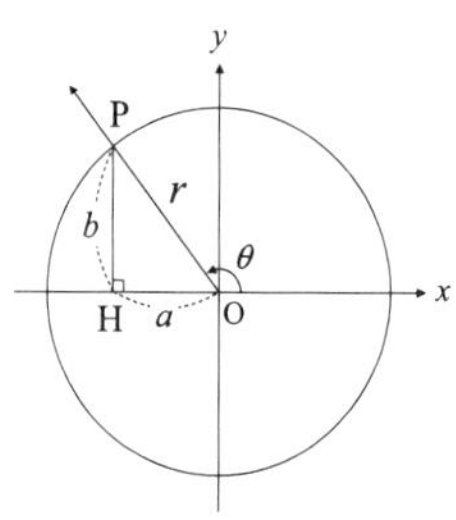

일반각 θ가 나타내는 동경이 어떤 위치에 있더라도 다음과 같이 정의한다.

$$\sin\theta = \frac{b}{r},\ \cos\theta = \frac{a}{r},\ \tan\theta = \frac{b}{a}$$

(2) $$\tan\theta = \frac{b}{a} = \frac{\frac{b}{r}}{\frac{a}{r}} = \frac{\sin\theta}{\cos\theta}$$

$$\sin^2 + \cos^2\theta = \left(\frac{b}{r}\right)^2 + \left(\frac{a}{r}\right)^2 = \frac{a^2+b^2}{r^2} = 1$$

121. 그림과 같은 예각삼각형ABC에서 다음이 성립함을 보여라.

$$\frac{b}{\sin B}=\frac{c}{\sin C}$$

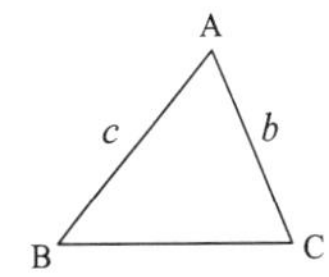

[증명]

꼭지점 A에서 변 BC에 내린 수선의 발을 H라 하자.

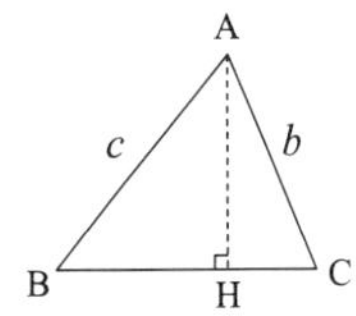

$\triangle ABH$에서, $\overline{AH}=c\sin B$ … ①

$\triangle ACH$에서, $\overline{AH}=b\sin C$ … ②

①, ②에서, $c\sin B=b\sin C$ $\quad\therefore \dfrac{b}{\sin B}=\dfrac{c}{\sin C}$ ■

122. 다음 물음에 답하여라.

(1) 그림과 같은 예각삼각형ABC에서 다음 제1코사인법칙을 보여라.

$$a=b\cos C+c\cos B$$
$$b=c\cos A+a\cos C$$
$$c=a\cos B+b\cos A$$

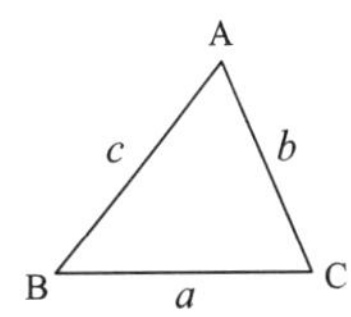

(2) 제1코사인법칙을 이용하여 다음 제2코사인법칙을 보여라.

$$a^2=b^2+c^2-2bc\cos A$$

[증명]

(1) 꼭지점 A에서 변 BC에 내린 수선의 발을 H라 하자.

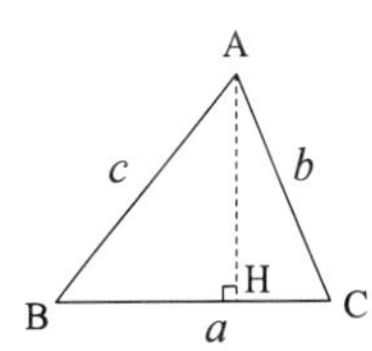

$\triangle ABH$에서, $\overline{BH}=c\cos B$ … ①

$\triangle ACH$에서, $\overline{CH}=b\cos C$ … ②

①, ②에서, $a=\overline{CH}+\overline{BH}=b\cos C+c\cos B$

같은 방법으로, $b=c\cos A+a\cos C$, $c=a\cos B+b\cos A$도 성립한다. ■

(2) 제1코사인법칙에 차례로 a, b, c를 양변에 곱하면

$$a^2=ab\cos C+ac\cos B \quad \cdots ①$$
$$b^2=bc\cos A+ba\cos C \quad \cdots ②$$
$$c^2=ca\cos B+cb\cos A \quad \cdots ③$$

①-②-③에서, $a^2-b^2-c^2=-2bc\cos A$ $\quad\therefore a^2=b^2+c^2-2bc\cos A$ ■

123. $\triangle ABC$의 변 BC의 중점을 M이라 할 때,

$$\overline{AB}^2 + \overline{AC}^2 = 2(\overline{AM}^2 + \overline{BM}^2)$$

임을 증명하여라.

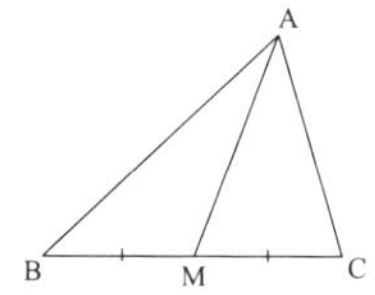

[증명1]

$$\begin{cases} \overline{AB}^2 = \overline{BM}^2 + \overline{AM}^2 - 2\overline{BM} \cdot \overline{AM} \cdot \cos(\angle AMB) & \cdots ① \\ \overline{AC}^2 = \overline{CM}^2 + \overline{AM}^2 - 2\overline{CM} \cdot \overline{AM} \cdot \cos(\angle AMC) & \cdots ② \end{cases}$$

$\overline{BM} = \overline{CM}$, $\cos(\angle AMB) = -\cos(\angle AMC)$이므로, ①+②에서

$$\therefore \overline{AB}^2 + \overline{AC}^2 = 2(\overline{AM}^2 + \overline{BM}^2) \quad \blacksquare$$

[증명2]

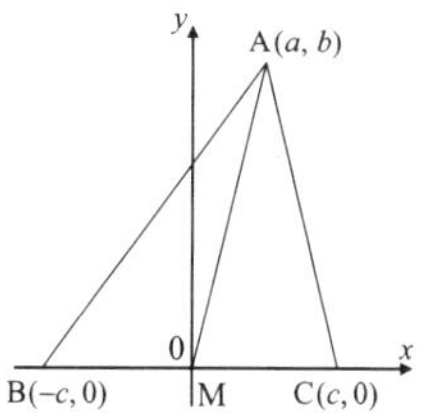

직선 BC를 x축, 선분 BC의 수직이등분선을 y축으로 하면, 점 M은 원점이 된다. 또, 점 C의 좌표를 $(c, 0)$이라 하면, 점 M이 변 BC의 중점이므로, 점 B의 좌표는 $(-c, 0)$이다.

여기서, 점 A의 좌표를 (a, b)라 하면,

$$\begin{cases} \overline{AB}^2 = (a+c)^2 + b^2 \\ \overline{AC}^2 = (a-c)^2 + b^2 \end{cases} \qquad \begin{cases} \overline{AM}^2 = a^2 + b^2 \\ \overline{BM}^2 = c^2 \end{cases}$$

이므로,

$$\begin{aligned} \overline{AB}^2 + \overline{AC}^2 &= (a+c)^2 + b^2 + (a-c)^2 + b^2 \\ &= 2\{(a^2+b^2) + c^2\} = 2(\overline{AM}^2 + \overline{BM}^2) \end{aligned}$$

$$\therefore \overline{AB}^2 + \overline{AC}^2 = 2(\overline{AM}^2 + \overline{BM}^2) \quad \blacksquare$$

124. A, B가 이차정사각행렬일 때, $AB=O$이고 $B\neq O$이면, A는 역행렬을 가지지 않음을 증명하여라.

[증명] A가 역행렬 A^{-1}를 가진다고 하면 $AB=O$에서

$$A^{-1}(AB)=A^{-1}O=O \qquad \cdots ①$$

한편, $$A^{-1}(AB)=(A^{-1}A)B=B \qquad \cdots ②$$

①, ②에서 $B=O$로 되어 $B\neq O$라는 가정에 모순이다.
따라서, A^{-1}는 존재하지 않는다. ■

125. 연립방정식 $\begin{cases} ax+by=0 \\ cx+dy=0 \end{cases}$ 이 $x=0$, $y=0$ 이외의 해를 가지면, 행렬 $A=\begin{pmatrix} a & b \\ c & d \end{pmatrix}$는 역행렬을 가지지 않음을 증명하여라.

[증명] 주어진 연립방정식은 $\begin{pmatrix} a & b \\ c & d \end{pmatrix}\begin{pmatrix} x \\ y \end{pmatrix}=\begin{pmatrix} 0 \\ 0 \end{pmatrix}$ $\cdots$ ①과 같이 나타낼 수 있다.

행렬 A가 역행렬을 가질 때, ①의 양변의 왼쪽에 A^{-1}를 곱하면, ①의 해는 $x=0$, $y=0$이다. 즉, 다음 명제가 성립한다. ($\because$ $x=0$, $y=0$은 자명한 해임에 주의)

[행렬 A가 역행렬을 가지면, 연립방정식 ①의 해는 $x=0$, $y=0$뿐이다.]

이 명제의 대우를 취하면,

[연립방정식 ①이 $x=0$, $y=0$이외의 해를 가지면, 행렬 A는 역행렬을 가지지 않는다.]

■

126. 타원 $\dfrac{x^2}{a^2}+\dfrac{y^2}{b^2}=1$에 내접하는 삼각형의 넓이의 최대값을 구하여라.

[해답]

타원 $\dfrac{x^2}{a^2}+\dfrac{y^2}{b^2}=1$은 원 $X^2+Y^2=1$의 일차변환 $\begin{pmatrix}x\\y\end{pmatrix}=\begin{pmatrix}a&0\\0&b\end{pmatrix}\begin{pmatrix}X\\Y\end{pmatrix}$에 의한 상이다. 이 일차변환은 넓이를 ab배하며, 반지름 1인 원에 내접하는 삼각형의 면적의 최대값은 정삼각형일 때 $\dfrac{3\sqrt{3}}{4}$이므로, 구하는 최대값은 $\dfrac{3\sqrt{3}}{4}ab$이다. ■

127. 다음 물음에 답하여라.
(1) 첫째항 a, 공차 d, 항수 n, 끝항 l인 등차수열의 합 S_n을 구하여라.
(2) 첫째항 a, 공비 r인 등비수열에서 첫째항부터 제n항까지의 합 S_n을 구하여라.

[해답]

(1) $$S_n=a+(a+d)+(a+2d)+\cdots+(l-d)+l \qquad \cdots ①$$

①의 우변의 항을 역순으로 더하면

$$S_n=l+(l-d)+(l-2d)+\cdots+(a+d)+a \qquad \cdots ②$$

①, ②를 변끼리 더하면

$$2S_n=(a+l)+(a+l)+\cdots+(a+l)+(a+l)=n(a+l)$$

$$\therefore\ S_n=\frac{1}{2}n(a+l) \qquad \cdots\cdots\cdots(\text{답})$$

(2) $$S_n=a+ar+ar^2+ar^3+\cdots+ar^{n-1} \qquad \cdots ①$$

①의 양변에 공비 r을 곱한 식을 ①에서 변끼리 빼면

$$\begin{array}{rl} S_n &= a+ar+ar^2+ar^3+\cdots+ar^{n-1} \\ -)\ \ rS_n &= \quad\ \ ar+ar^2+ar^3+\cdots+ar^{n-1}+ar^n \\ \hline (1-r)S_n &= a+ \qquad\qquad\qquad\qquad\qquad\quad -ar^n \end{array}$$

여기서, $r\neq1$이면, $S_n=\dfrac{a(1-r^n)}{1-r}$

$r=1$이면, ①에서 $S_n=a+a+a+\cdots+a=na$ $\cdots\cdots\cdots$(답)

128. $h>0$**이고,** n**이** 2**이상의 자연수일 때** $(1+h)^n > 1+nh \quad \cdots$ ①
가 성립함을 수학적귀납법으로 증명하여라.

[증명]
(i) $n=2$일 때, $(1+h)^2 = 1+2h+h^2 > 1+2h$이므로 ①은 성립한다.

(ii) $n=k(k \geqq 2)$일 때, ①이 성립한다고 가정하면 $(1+h)^k > 1+kh$
양변에 $(1+h)$를 곱하면

$$(1+h)^k(1+h) > (1+kh)(1+h)$$
$$= 1+(k+1)h+kh^2 > 1+(k+1)h$$
$$\therefore\ (1+h)^{k+1} > 1+(k+1)h$$

따라서, $n=k+1$일 때에도 ①은 성립한다.

(i), (ii)와 수학적귀납법에 의하여, 2이상인 모든 자연수 n에 대하여 부등식①이 성립한다.

■

129. 다음 삼수선의 정리를 증명하여라.
[$\overline{PH} \perp l$, $\overline{OH} \perp l$, $\overline{PO} \perp \overline{OH}$**이면** $\overline{PO} \perp \alpha$ **]**

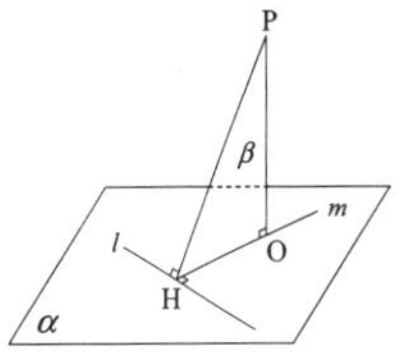

[증명] 평면 α 밖의 한 점 P에서 α 위의 임의의 직선 l에 수선 PH를 긋는다.
다음에는 평면 α 위에서 점 H를 지나 직선 l에 수직인 직선 m을 긋고, 점 P에서 이 직선 m에 수선 PO를 그었을 때, 두 직선 PH, OH가 결정하는 평면을 β라 하자.

$$l \perp \overline{PH},\ l \perp m \text{이므로, } l \perp \beta \text{이다.}$$

$l \perp \beta$이고, 직선 PO는 평면 β 위에 있으므로 $\overline{PO} \perp l$이다.

$\overline{PO} \perp l$, $\overline{PO} \perp m$이므로, 직선 PO는 평면 α상의 평행하지 않은 두 직선과 수직이다.

$$\therefore\ \overline{PO} \perp \alpha$$ ■

130. 도형의 넓이나 부피를 구할 때 주어진 도형을 세분하여 근사값을 구한다. 이 근사값의 극한값으로 도형의 넓이나 부피를 구하는 방법을 구분구적법이라 한다. 포물선 $y=x^2$과 직선 $x=1$ 및 x축으로 둘러싸인 도형의 넓이 S를 구분구적법으로 구하여라.

[해답]

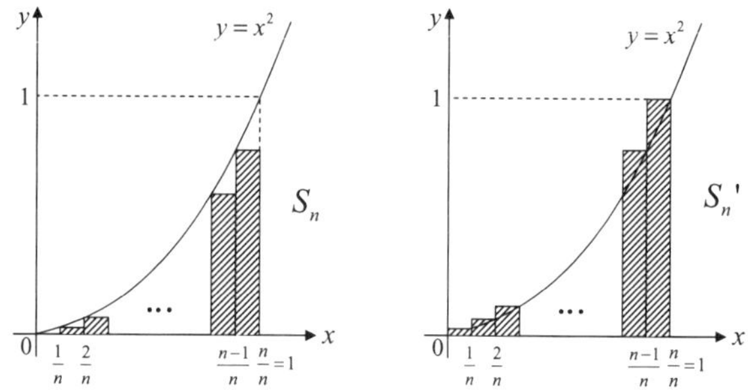

구간 $[0,1]$을 n등분하고, x의 값을 차례로

$$0,\ \frac{1}{n},\ \frac{2}{n},\ \cdots\ ,\ \frac{n-1}{n},\ \frac{n}{n}(=1)$$

이라 하면, x좌표에 대응하는 y의 값은 차례로 다음과 같다.

$$0,\ \left(\frac{1}{n}\right)^2,\ \left(\frac{2}{n}\right)^2,\ \cdots\ ,\ \left(\frac{n-1}{n}\right)^2,\ \left(\frac{n}{n}\right)^2(=1)$$

이제, 그림에서의 n개의 직사각형의 넓이의 합 S_n, $S_n{}'$를 구하여 그 극한값을 비교하자.

$$\begin{aligned} S_n &= \frac{1}{n}\left(\frac{0}{n}\right)^2+\frac{1}{n}\left(\frac{1}{n}\right)^2+\frac{1}{n}\left(\frac{2}{n}\right)^2+\cdots+\frac{1}{n}\left(\frac{n-1}{n}\right)^2 \\ &= \frac{1}{n^3}\{0^2+1^2+2^2+\cdots+(n-1)^2\} \\ &= \frac{1}{6n^3}(n-1)n(2n-1)=\frac{1}{6}\left(1-\frac{1}{n}\right)\left(2-\frac{1}{n}\right) \qquad \therefore \lim_{n\to\infty} S_n=\frac{1}{3} \end{aligned}$$

$$\begin{aligned} S_n{}' &= \frac{1}{n}\left(\frac{1}{n}\right)^2+\frac{1}{n}\left(\frac{2}{n}\right)^2+\cdots+\frac{1}{n}\left(\frac{n-1}{n}\right)^2+\frac{1}{n}\left(\frac{n}{n}\right)^2 \\ &= \frac{1}{n^3}\{1^2+2^2+\cdots+(n-1)^2+n^2\}=S_n+\frac{1}{n} \qquad \therefore \lim_{n\to\infty} S_n{}'=\frac{1}{3} \end{aligned}$$

따라서, 구하는 도형의 넓이 S는

$$\therefore S=\lim_{n\to\infty} S_n=\lim_{n\to\infty} S_n{}'=\frac{1}{3} \qquad \cdots\cdots\cdots(\text{답})$$

131. 다음 물음에 답하여라.

(1) 왼쪽 그림을 이용하여 $\cos(\alpha-\beta)=\cos\alpha\cos\beta+\sin\alpha\sin\beta$가 성립함을 보여라.

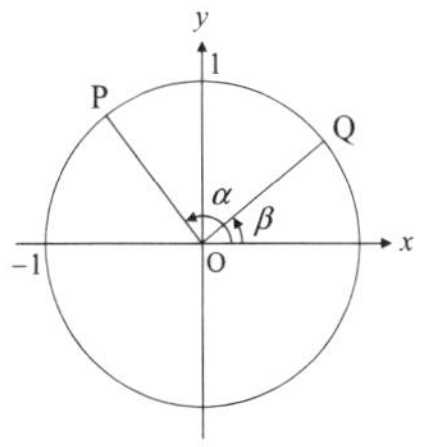

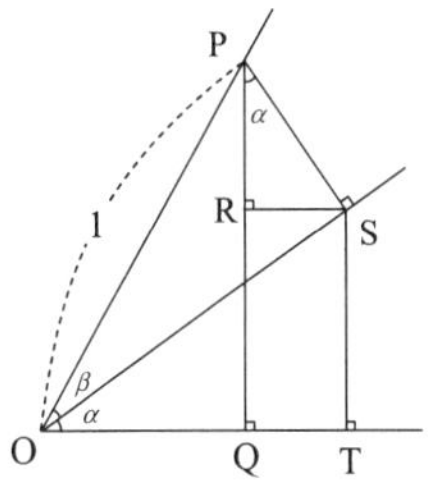

(2) 오른쪽 그림을 이용하여 다음이 성립함을 확인하여라.

$$\cos(\alpha+\beta)=\cos\alpha\cos\beta-\sin\alpha\sin\beta$$
$$\sin(\alpha+\beta)=\sin\alpha\cos\beta+\sin\beta\cos\alpha$$

[증명]

(1)

$$P(\cos\alpha,\ \sin\alpha),\ Q(\cos\beta,\ \sin\beta),\ \angle POQ=\alpha-\beta,\ \overline{OP}=\overline{OQ}=1 \qquad \cdots ①$$

$\triangle POQ$에 제2코사인법칙을 적용하면

$$\overline{PQ}^2=\overline{OP}^2+\overline{OQ}^2-2\overline{OP}\cdot\overline{OQ}\cos(\angle POQ)$$

①에 의하여, $(\cos\alpha-\cos\beta)^2+(\sin\alpha-\sin\beta)^2=1^2+1^2-2\cdot1\cdot1\cos(\alpha-\beta)$

$$\therefore\ \cos(\alpha-\beta)=\cos\alpha\cos\beta+\sin\alpha\sin\beta \qquad ■$$

<다른 방법> $\overrightarrow{OP}\cdot\overrightarrow{OQ}=|\overrightarrow{OP}||\overrightarrow{OQ}|\cos(\alpha-\beta)$

(2) $\cos(\alpha+\beta)=\overline{OT}-\overline{RS}$

$$=\overline{OS}\cos\alpha-\overline{PS}\sin\alpha$$
$$=(\overline{OP}\cos\beta)\cos\alpha-(\overline{OP}\sin\beta)\sin\alpha$$
$$=\cos\alpha\cos\beta-\sin\alpha\sin\beta$$

$\sin(\alpha+\beta)=\overline{TS}+\overline{RP}$

$$=\overline{OS}\sin\alpha+\overline{PS}\cos\alpha$$
$$=(\overline{OP}\cos\beta)\sin\alpha+(\overline{OP}\sin\beta)\cos\alpha$$
$$=\sin\alpha\cos\beta+\sin\beta\cos\alpha$$

132. 두 벡터 $\vec{a}$, $\vec{b}$가 이루는 각의 크기를 θ라 할 때, 두 벡터 $\vec{a}$, $\vec{b}$의 내적은 다음과 같다.

$$\vec{a} \cdot \vec{b} = |\vec{a}||\vec{b}|\cos\theta$$

$\vec{a} = (a_1, a_2)$, $\vec{b} = (b_1, b_2)$일 때, $\vec{a} \cdot \vec{b} = a_1b_1 + a_2b_2$임을 보여라.

[증명]

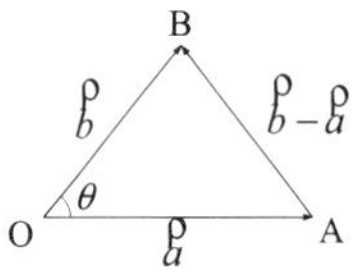

제2코사인법칙에 의하여,

$$|\overrightarrow{AB}|^2 = |\overrightarrow{OA}|^2 + |\overrightarrow{OB}|^2 - 2|\overrightarrow{OA}||\overrightarrow{OB}|\cos\theta$$

이므로

$$|\vec{b} - \vec{a}|^2 = |\vec{a}|^2 + |\vec{b}|^2 - 2|\vec{a}||\vec{b}|\cos\theta$$

$$|\vec{b} - \vec{a}|^2 = |\vec{a}|^2 + |\vec{b}|^2 - 2\vec{a} \cdot \vec{b}$$

$$2\vec{a} \cdot \vec{b} = |\vec{a}|^2 + |\vec{b}|^2 - |\vec{b} - \vec{a}|^2$$

$\vec{a} = (a_1, a_2)$, $\vec{b} = (b_1, b_2)$에서,

$$|\vec{a}|^2 = a_1^2 + a_2^2,\ |\vec{b}|^2 = b_1^2 + b_2^2,\ |\vec{b} - \vec{a}|^2 = (b_1 - a_1)^2 + (b_2 - a_2)^2$$

이므로

$$2\vec{a} \cdot \vec{b} = (a_1^2 + a_2^2) + (b_1^2 + b_2^2) - (b_1 - a_1)^2 - (b_2 - a_2)^2 = 2a_1b_1 + 2a_2b_2$$

$$\therefore\ \vec{a} \cdot \vec{b} = a_1b_1 + a_2b_2$$

■

133. xyz**공간상의 한 정점** $\mathrm{A}(x_0, y_0, z_0)$**를 지나고, 벡터** $\vec{u}=(l, m, n)$**에 평행한 직선의 방정식을 구하여라. (단,** $lmn \neq 0$**)**

[해답]

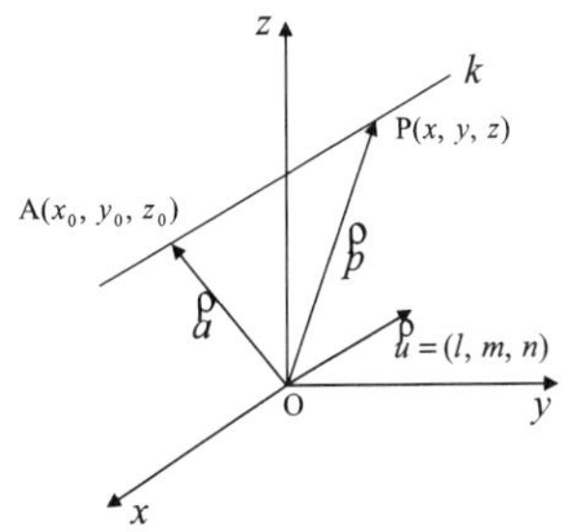

구하는 직선 k위의 임의의 한 점을 $\mathrm{P}(x, y, z)$라 하면

$$\overrightarrow{\mathrm{AP}} = t\vec{u} \quad (t\text{는 실수})$$

점 A, P의 위치벡터를 각각 $\vec{a}$, $\vec{p}$라 하면

$$\vec{p} - \vec{a} = t\vec{u}$$

$$\therefore\ \vec{p} = \vec{a} + t\vec{u} \qquad \cdots ①$$

역으로, ①로 나타내어지는 벡터 $\vec{p}$를 위치벡터로 하는 점 P는 t의 값에 따라 직선 k 위를 움직인다. 따라서, ①은 직선 k의 벡터방정식이다.

$\vec{a} = (x_0, y_0, z_0)$, $t\vec{u} = (lt, mt, nt)$를 ①에 대입하면, $(x, y, z) = (x_0 + lt, y_0 + mt, z_0 + nt)$

$$\therefore\ x = x_0 + lt,\ y = y_0 + mt,\ z = z_0 + nt$$

$lmn \neq 0$이므로, t를 소거하면

$$\therefore\ \frac{x - x_0}{l} = \frac{y - y_0}{m} = \frac{z - z_0}{n} \qquad \cdots\cdots\cdots(\text{답})$$

134. xyz**공간상의 한 정점** $A(x_0, y_0, z_0)$**를 지나고, 벡터** $\vec{v}=(a,b,c)$**에 수직인 평면** α**의 방정식을 구하여라.**

[해답]

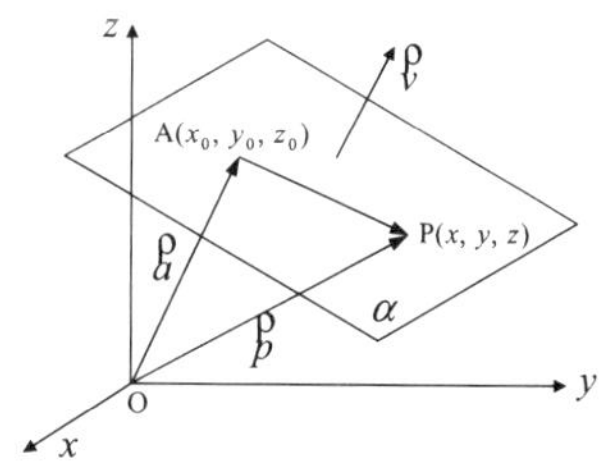

평면 α 위의 임의의 한 점을 $P(x, y, z)$라 하면, 평면 α와 $\vec{v}$는 수직이므로 $\overrightarrow{AP} \perp \vec{v}$이다.
따라서, 점 A, P의 위치벡터를 각각 $\vec{a}$, $\vec{p}$라 하면,

$$(\vec{p}-\vec{a})\cdot\vec{v}=0 \qquad \cdots ①$$

역으로, ①로 나타내어지는 $\vec{p}$를 위치벡터로 가지는 점 P는 ①에 의하여 평면 α 위에 있다.

따라서, ①은 벡터 $\vec{v}$에 수직인 평면 α의 벡터방정식이다.

$\vec{p}-\vec{a}=(x-x_0,\, y-y_0,\, z-z_0)$, $\vec{v}=(a, b, c)$를 ①에 대입하면

$$\therefore\ a(x-x_0)+b(y-y_0)+c(z-z_0)=0 \qquad \cdots\cdots\cdots(답)$$

135. 점 $P_1(x_1, y_1, z_1)$에서 평면 $\alpha : Ax+By+Cz+D=0$ 까지의 거리 d를 구하여라.

[해답]

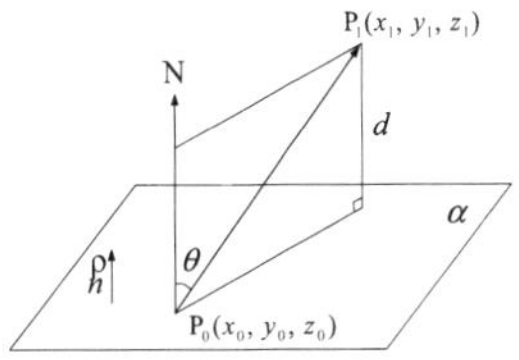

$\vec{n}$이 평면 α에 수직인 단위벡터이면 그림과 같이

$$d = |\overrightarrow{P_0P_1}|\cos\theta = \overrightarrow{P_0P_1} \cdot \vec{n}$$

이다.

이것은 $\vec{n}$과 $\overrightarrow{P_0P_1}$이 평면의 같은 쪽에 있는 경우이고
반대편에 있는 경우 $\overrightarrow{P_0P_1} \cdot \vec{n}$은 음수이다. 따라서,

$$\therefore\ d = |\overrightarrow{P_0P_1} \cdot \vec{n}|$$

또, $N = Ai+Bj+Ck$가 평면에 수직이므로 $\vec{n} = \dfrac{\vec{N}}{|\vec{N}|}$이며,

$$\overrightarrow{P_0P_1} = (x_1-x_0, y_1-y_0, z_1-z_0)$$ 이므로

$$d = \left|\frac{[Ai+Bj+Ck] \cdot [(x_1-x_0)i+(y_1-y_0)j+(z_1-z_0)k]}{|\vec{N}|}\right|$$

$$= \frac{|A(x_1-x_0)+B(y_1-y_0)+C(z_1-z_0)|}{\sqrt{A^2+B^2+C^2}}$$

$$= \frac{|Ax_1+By_1+Cz_1-Ax_0-By_0-Cz_0|}{\sqrt{A^2+B^2+C^2}}$$

$$= \frac{|Ax_1+By_1+Cz_1+D|}{\sqrt{A^2+B^2+C^2}}$$ ………(답)

136. $\lim_{x \to 0} \frac{\sin x}{x} = 1$임을 보여라.

[증명]

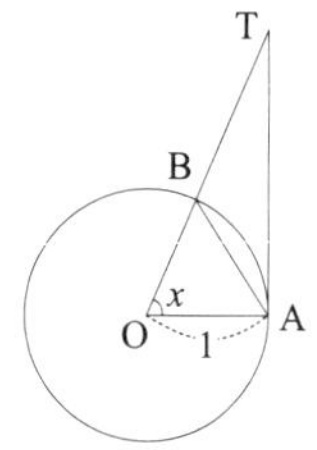

그림과 같이, 단위원 O에서 중심각 $\angle AOB$의 크기를 x라디안, 점 A에서 원 O에 그은 접선과 선분 OB의 연장선과의 교점을 T라 하면

$$\triangle AOB\text{의 넓이} : \frac{1}{2}\overline{OA} \cdot \overline{OB} \cdot \sin x = \frac{1}{2}\sin x$$

$$\text{부채꼴}AOB\text{의 넓이} : \frac{1}{2}\overline{OA}^2 \cdot x = \frac{1}{2}x$$

$$\triangle AOT\text{의 넓이} : \frac{1}{2}\overline{OA} \cdot \overline{AT} = \frac{1}{2}\tan x$$

(i) $0 < x < \frac{\pi}{2}$일 때

$\triangle AOB$의 넓이 < 부채꼴AOB의 넓이 < $\triangle AOT$의 넓이

$$\sin x < x < \tan x$$

각 항을 $\sin x$로 나누고 그 역수를 취하면 $1 > \frac{\sin x}{x} > \cos x$

$\lim_{x \to 0} 1 \geq \lim_{x \to 0} \frac{\sin x}{x} \geq \lim_{x \to 0} \cos x = 1$이므로 $\lim_{x \to 0} \frac{\sin x}{x} = 1$

(ii) $-\frac{\pi}{2} < x < 0$일 때, $x = -z$라 하면 $x \to -0$일 때 $z \to +0$이다.

$$\lim_{x \to -0} \frac{\sin x}{x} = \lim_{z \to +0} \frac{\sin(-z)}{-z} = \lim_{z \to +0} \frac{\sin z}{z} = 1$$

137. 다음 물음에 답하여라.

(1) $y=\sin x$의 도함수를 구하여라.

(2) 로그함수 $y=\ln x$의 도함수를 구하여라.

[해답]

(1) $y=\sin x$에서 x의 증분 Δx에 대한 y의 증분을 Δy라 하면

$$\Delta y=\sin(x+\Delta x)-\sin x=2\sin\frac{\Delta x}{2}\cos\left(x+\frac{\Delta x}{2}\right)$$

$$\sin A-\sin B=2\sin\frac{A-B}{2}\cos\frac{A+B}{2}$$

$$\frac{dy}{dx}=\lim_{\Delta x\to 0}\frac{2\sin\frac{\Delta x}{2}\cos\left(x+\frac{\Delta x}{2}\right)}{\Delta x}=\lim_{\Delta x\to 0}\frac{\sin\frac{\Delta x}{2}}{\frac{\Delta x}{2}}\cdot\lim_{\Delta x\to 0}\cos\left(x+\frac{\Delta x}{2}\right)=\cos x$$

답 : $(\sin x)'=\cos x$

(2) $y=\ln x$에서 x의 증분 Δx에 대한 y의 증분을 Δy라 하면

$$\Delta y=\ln(x+\Delta x)-\ln x=\ln\left(1+\frac{\Delta x}{x}\right)$$

양변을 Δx로 나누면 $\frac{\Delta y}{\Delta x}=\frac{1}{\Delta x}\ln\left(1+\frac{\Delta x}{x}\right)$이며, $\frac{\Delta x}{x}=h$라 놓으면 $\Delta x\to 0$일 때 $h\to 0$

$$\lim_{\Delta x\to 0}\frac{\Delta y}{\Delta x}=\lim_{h\to 0}\frac{1}{hx}\ln(1+h)=\lim_{h\to 0}\frac{1}{x}\ln(1+h)^{\frac{1}{h}}$$

$$=\frac{1}{x}\ln\left\{\lim_{h\to 0}(1+h)^{\frac{1}{h}}\right\}=\frac{1}{x}\ln e=\frac{1}{x}$$

답 : $\frac{d}{dx}\ln x=\frac{1}{x}$

138. 다음 물음에 답하여라.
(단, (5)번을 제외하고는 로그함수의 미분을 사용할 수 없다.)

(1) 함수 $f(x)=x^n$(n은 자연수)의 도함수를 구하여라.

(2) 함수 $f(x)$, $g(x)$의 도함수가 존재할 때,
$\{f(x)g(x)\}'=f'(x)g(x)+f(x)g'(x)$를 증명하여라.

(3) 다음 성질을 이용하여, 함수 $f(x)=x^n$(n은 음의 정수)의 도함수를 구하여라.
[함수 $f(x)$, $g(x)$가 미분가능하고 $g(x)\neq 0$이면,
$\dfrac{f(x)}{g(x)}$의 도함수는 $\dfrac{f'(x)g(x)-f(x)g'(x)}{g(x)^2}$이다.]

(4) 함수 $f(x)=x^n$(n은 유리수)의 도함수를 구하여라.

(5) 함수 $f(x)=x^n$(n은 실수)의 도함수를 구하여라.

[해답]

(1) $$f'(x)=\lim_{h\to 0}\frac{f(x+h)-f(x)}{h}=\lim_{h\to 0}\frac{(x+h)^n-x^n}{h}$$

$$=\lim_{h\to 0}\frac{1}{h}[\{(x+h)-x\}\{(x+h)^{n-1}+(x+h)^{n-2}x+\cdots+x^{n-1}\}]$$

$$=\lim_{h\to 0}\{(x+h)^{n-1}+(x+h)^{n-2}x+\cdots+x^{n-1}\}$$

$$=\underbrace{x^{n-1}+x^{n-1}+\cdots+x^{n-1}}_{n\text{개}}=nx^{n-1}$$ ………(답)

(2) $$\{f(x)g(x)\}'=\lim_{h\to 0}\frac{f(x+h)g(x+h)-f(x)g(x)}{h}$$

$$=\lim_{h\to 0}\left\{\frac{f(x+h)g(x+h)-f(x)g(x+h)}{h}+\frac{f(x)g(x+h)-f(x)g(x)}{h}\right\}$$

$$=\lim_{h\to 0}\left\{\frac{f(x+h)-f(x)}{h}\cdot g(x+h)+f(x)\cdot\frac{g(x+h)-g(x)}{h}\right\}$$

$$=\lim_{h\to 0}\frac{f(x+h)-f(x)}{h}\cdot\lim_{h\to 0}g(x+h)+f(x)\lim_{h\to 0}\frac{g(x+h)-g(x)}{h}$$

함수 $g(x)$는 미분가능하므로 연속이다. 따라서, $\lim_{h \to 0} g(x+h) = g(x)$

$= f'(x)g(x) + f(x)g'(x)$ ■

(3) $n = -m$(m은 양의 정수)이라 하면, $x^n = \frac{1}{x^m}$이므로

$$(x^n)' = \left(\frac{1}{x^m}\right)' = \frac{-(x^m)'}{(x^m)^2} = \frac{-mx^{m-1}}{x^{2m}} = -mx^{m-1-2m} = -mx^{-m-1} = nx^{n-1}$$ ■

(4)

$n = \frac{q}{p}$(p, q는 정수, $p \neq 0$)으로 놓으면, $y = x^{\frac{q}{p}}$

양변을 p제곱하면 $y^p = x^q$

x에 대하여 미분하면, $\frac{d}{dx}y^p = qx^{q-1}$ … ①

여기서, y가 x의 함수이므로 y^p도 x의 함수이다.

$$\frac{d}{dx}y^p = \frac{dy^p}{dy} \cdot \frac{dy}{dx} = py^{p-1} \cdot \frac{dy}{dx} \quad \cdots ②$$

①, ②에서 $py^{p-1} \cdot \frac{dy}{dx} = qx^{q-1}$

$$\frac{dy}{dx} = \frac{qx^{q-1}}{py^{p-1}} = \frac{q}{p} \cdot x^{q-1}(x^{\frac{q}{p}})^{1-p} = \frac{q}{p}x^{\frac{q}{p}-1} = nx^{n-1}$$ ■

(5) 함수 $y = x^n$에서 $|y| = |x|^n$이므로, $\ln|y| = n\ln|x|$

x에 대하여 미분하면 $\frac{y'}{y} = \frac{n}{x}$

$$\therefore\ y' = y \cdot \frac{n}{x} = x^n \cdot \frac{n}{x} = nx^{n-1}$$ ■

139. 롤의 정리는 다음과 같다.

> 함수 $f(x)$가 폐구간 $[a,b]$에서 연속이고, 개구간 (a,b)에서 미분가능할 때, $f(a)=f(b)$이면 $f'(c)=0\,(a<c<b)$이 되는 c가 적어도 하나 존재한다.

(1) 롤의 정리를 이용하여 다음 평균값의 정리를 증명하여라.

> 함수 $f(x)$가 폐구간 $[a,b]$에서 연속이고, 개구간 (a,b)에서 미분가능하면 $\dfrac{f(b)-f(a)}{b-a}=f'(c)\,(a<c<b)$인 c가 적어도 하나 존재한다.

(2) 평균값의 정리를 이용하여 다음을 증명하여라.

> $f'(x)=0\,(a\le x\le b)$이면, $f(x)$는 $[a,b]$에서 상수함수이다.

[증명]

(1)

$$g(x)=f(x)-f(a)-\frac{f(b)-f(a)}{b-a}(x-a) \qquad \cdots ①$$

라 놓으면, $g(a)=g(b)=0$이며 $g(x)$는 $[a,b]$에서 연속이고, 개구간 (a,b)에서 미분가능하므로 롤의 정리에 의하여 $g'(c)=0\,(a<c<b)$인 c가 적어도 하나 존재한다.

①에서 $g'(c)=f'(c)-\dfrac{f(b)-f(a)}{b-a}=0$ 이므로

$$\frac{f(b)-f(a)}{b-a}=f'(c) \quad (a<c<b)$$

인 c가 적어도 하나 존재한다. ■

(2) 구간 $[a,b]$에서 미분가능한 함수는 연속함수이므로, $f(x)$는 평균값의 정리의 조건을 만족한다. 따라서, $a<x\le b$에 대하여, 구간$[a,x]$에 대한 평균값의 정리를 적용할 수 있다.

이제, $a<x\le b$인 x를 하나 택하여 고정하면, 평균값의 정리에 의하여

$$\frac{f(x)-f(a)}{x-a}=f'(c),\ a<c<x$$

$$f(x)=f(a)+(x-a)f'(c),\ a<c<x$$

문제의 조건에 의하여 $f'(c)=0$이므로, $f(x)=f(a)$

x는 $a<x\leqq b$를 만족하는 임의의 실수였으므로, $f(x)=f(a)\quad(a<x\leqq b)$

따라서, $f(x)$는 $[a,b]$에서 $f(x)=f(a)$이다. ∎

140. 다음 도수분포표에서 평균을 M이라고 하면 분산 S^2은 다음과 같음을 보이시오.

$$S^2=\frac{1}{\mathrm{N}}\sum_{i=1}^{n}x_i^2f_i-\mathrm{M}^2$$

계급값	x_1	x_2	$\cdots$	x_n	합
도수	f_1	f_2	$\cdots$	f_n	N

[증명]

$$S^2=\frac{1}{\mathrm{N}}\sum_{i=1}^{n}((x_i-\mathrm{M})^2\cdot f_i)=\frac{1}{\mathrm{N}}\sum_{i=1}^{n}((x_i^2-2\mathrm{M}x_i+\mathrm{M}^2)\cdot f_i)$$

$$=\frac{1}{\mathrm{N}}\left(\sum_{i=1}^{n}x_i^2f_i-2\mathrm{M}\sum_{i=1}^{n}x_if_i+\mathrm{M}^2\sum_{i=1}^{n}f_i\right)$$

$$=\frac{1}{\mathrm{N}}\sum_{i=1}^{n}x_i^2f_i-2\mathrm{M}\left(\frac{1}{\mathrm{N}}\sum_{i=1}^{n}x_if_i\right)+\frac{1}{\mathrm{N}}(\mathrm{M}^2\mathrm{N})$$

$$=\frac{1}{\mathrm{N}}\sum_{i=1}^{n}x_i^2f_i-2\mathrm{M}^2+\mathrm{M}^2$$

$$=\frac{1}{\mathrm{N}}\sum_{i=1}^{n}x_i^2f_i-\mathrm{M}^2$$ ∎

부 록

동경대학수학입시 문제 및 모범답안
(1995년, 96년, 97년, 99년)

< 1995年 前期 - 理科 > 時間 : 150分

1. 모든 양의 실수 x, y에 대하여

$$\sqrt{x}+\sqrt{y} \leqq k\sqrt{2x+y}$$

가 성립하도록 하는 실수 k의 최소값을 구하여라.

2. $f(x)=1-\sin x$에 대하여,

$$g(x)=\int_0^x (x-t)f(t)\,dt$$ 로 놓자.

이때, 임의의 실수 x, y에 대하여

$$g(x+y)+g(x-y) \geqq 2g(x)$$

가 성립함을 보여라.

3. 두 변의 길이가 1, 2인 직사각형모양과 한 변의 길이가 2인 정사각형모양의 2종류의 타일이 있다. 세로의 길이가 2, 가로의 길이가 n인 직사각형모양의 방에 위의 2종류의 타일을 깔려고 한다. 이때, 빈틈없이 깔 수 있는 방법의 수를 A_n이라하자.
단, n은 양의 정수이다. 예를 들면, $A_1=1$, $A_2=3$, $A_3=5$이다. 다음 물음에 답하여라.

(1) $n \geqq 3$일 때, A_n을 A_{n-1}, A_{n-2}를 이용하여 나타내어라.

(2) A_n을 n으로 나타내어라.

4. N을 양의 정수라 하자. N의 양의 약수 n에 대하여 $f(n)=n+\dfrac{N}{n}$으로 놓자.
이때, 다음 각 N에 대하여 $f(n)$의 최소값을 구하여라.

(1) $N=2^k$ (단, k는 양의 정수)

(2) $N=7!$

5. 주사위를 n회 던져, xy평면상의 점 $P_0, P_1, \cdots, P_n$을 다음 규칙 (a), (b)에 의하여 정한다. 문제 (1), (2)에 답하여라.

(a) $P_0=(0,0)$

(b) $1 \leqq k \leqq n$에 대하여, k번째 나온 수가 1, 2, 3, 4인 경우에는 P_{k-1}을 각각 東, 北, 西, 南으로 $\left(\dfrac{1}{2}\right)^k$만큼 이동한 점을 P_k라 한다. 또, k번째에 나온 수가 5, 6일 때는 $P_k=P_{k-1}$로 한다. 단, y축의 양의 방향을 北으로 한다.

(1) P_n이 x축 상에 있으면, $P_0, P_1, \cdots, P_{n-1}$도 모두 x축 상에 있음을 보이시오.

(2) P_n이 제1사분면 $\{(x,y) \mid x>0, y>0\}$에 있을 확률을 n으로 나타내시오.

6. 원점을 O로 하는 xy평면상의 쌍곡선 $\dfrac{x^2}{a^2}-\dfrac{y^2}{b^2}=1\ (a>0, b>0)$상의 점P에서의 접선과 2개의 점근선과의 교점을 각각 Q, R이라 하자. 이때, 다음 물음에 답하여라.

(1) 삼각형OQR의 면적S는, 점P를 잡는 방법에 상관없이 a, b에 의해서 결정됨을 보이시오.

(2) $a=5e^{2t}+e^{-t}$, $b=e^{2t}+e^{-t}$로 하여 실수 t를 변화시킬 때, S의 최소값을 구하여라.

< 1995年 前期 - 文科 > 時間 : 100分

1. 이과 1번과 같음

2. 자연수 k에 대하여, xy평면상의 벡터 $v_k=\left(\cos\dfrac{k\pi}{4}, \sin\dfrac{k\pi}{4}\right)$를 고려하자. 양수 a, b에 대하여, 평면상의 점 $P_0, P_1, \cdots, P_8$을 다음과 같이 정할 때, 문제에 답하여라.

$P_0=(0,0)$

$\overrightarrow{P_{2n}P_{2n+1}}=a\vec{v}_{2n+1}$ $(n=0, 1, 2, 3)$

$\overrightarrow{P_{2n+1}P_{2n+2}}=b\vec{v}_{2n+2}$ $(n=0, 1, 2, 3)$

(1) $P_8 = P_0$임을 보이시오.

(2) $P_0, P_1, \cdots, P_8$를 순서대로 연결하여 얻어진 팔각형의 면적S를 a, b를 이용하여 나타내어라.

(3) 면적S가 7, 선분P_0P_4의 길이가 $\sqrt{10}$일 때, a, b의 값을 구하여라.

3. xy평면에 있어, 곡선 $y=-x^3+ax$ 상의 $x>0$인 부분에 점P를 다음 조건을 만족하도록 잡자. (단, $a>0$)

점P에서의 곡선의 접선과 y축과의 교점을 Q라 할 때, 원점O에서의 접선이 $\angle QOP$를 이등분한다.

이때, $\triangle QOP$의 면적 $S(a)$의 최소값과 그때의 a값을 구하여라.

4. 반지름 1cm인 반구형(半球形)의 그릇이 수평에서 각θ만큼 기울어져 고정되어있다. 단, $0<\theta<\frac{\pi}{2}$이다. 이 그릇에 매초 $\frac{\pi}{18}\text{cm}^3$의 비율로 물을 넣을 때, 물을 넣기 시작한지 $3+\cos^2\theta$초 후에 그릇에서 물이 흘러내리기 시작했다. 이때, θ의 값을 구하여라.

< 1995年 後期 - 理科1類 > 時間 : 150分

1. 파스칼의 삼각형의 제n행의 부분합

$$P_n = \sum_{k=0}^{n} {}_n\mathrm{C}_{3k}$$

$$Q_n = \sum_{k=0}^{n} {}_n\mathrm{C}_{3k+1}$$

$$R_n = \sum_{k=0}^{n} {}_n\mathrm{C}_{3k+2}$$

로 수열 $\{P_n\}$, $\{Q_n\}$, $\{R_n\}$을 정의하자. 단, $k>n$이면 ${}_n\mathrm{C}_k=0$이다.

```
                1
              1   1
            1   2   1
          1   3   3   1
        1   4   6   4   1
      1   5  10  10   5   1
    1   6  15  20  15   6   1
  1   7  21  35  35  21   7   1
1   8  28  56  70  56  28   8   1
```

(1) $P_{n+1}, Q_{n+1}, R_{n+1}$을
P_n, Q_n, R_n의 식으로 나타내어라.

(2) 일반항 P_n, Q_n, R_n을 구하여라.

(3) P_{12}, Q_{12}, R_{12}를 구하여라.

2. 평면상에 거리가 1인 두 점 P, Q가 있다. 이때, 다음 [조건]을 만족하는 삼각형 ABC의 면적S의 최대값을 (1), (2), (3)의 세단계로 구하려고 한다.

[조건] 삼각형ABC는 주어진 평면상에 있으며, 각 꼭지점 A, B, C에서, P까지의 거리 또는 Q까지의 거리 중 적어도 하나는 1이하이다. (즉, X = A, B, C에 대하여, $\min(d(X,P), d(X,Q)) \leqq 1$)

(1) P를 중심으로 하는 반지름1인 원을 E, Q를 중심으로 하는 반지름1인 원을 F라 하자. 위의 [조건]하에서 삼각형ABC의 면적S가 최대로 될 때, 꼭지점 A, B, C는 각각 E 또는 F 위에 있음을 보여라.

(2) 두 꼭지점 A, B가 원주E 상에 있다고 할 때, 그 원의 중심P에서 현AB에 내린 수선의 길이를 p라 하자. p를 고정했을 때, [조건]을 만족하는 삼각형ABC의 면적S가 최대로 된다면, 직선AB와 직선PQ는 직교함을 보이시오.

(3) [조건]을 만족하는 삼각형ABC의 면적 S의 최대값을 구하여라.

3. 1에서 13까지의 각각 다른 숫자가 적혀 있는 카드가 1장씩 13장 있다. 이 카드를 사용하여 A와 B 두 사람이 다음 규칙에 의하여 게임을 한다.

◦ A와 B는 최초에 2장씩 카드를 받는다. 상대방의 카드에 적힌 숫자는 볼 수 없다. ◦ 먼저, A가 1장의 카드를 숫자가 보이게 낸다. B는 그것을 보고 1장의 카드를 낸다. 더 큰 수를 낸 사람이 1점을 얻는다. ◦ 다음에, 남은 카드를 내어 더 큰 수를 낸 사람이 1점을 얻는다. ◦ 단, A와 B는 각각의 득점이 최대가 되도록 카드를 내는 것으로 한다.

(1) 카드를 받은 후, A는 손에 쥔 카드 중 숫자가 큰 카드를 먼저 내는 것이 유리한가, 불리한가? 아니면, 어느 것을 먼저 내어도 같은가?

(2) A와 B에게 무작위로 2장씩의 카드를 분배할 경우, A의 득점의 기대값을 구하여라.

(3) A는 카드의 숫자의 합이 14가 되도록 카드를 먼저 선택하는 것으로 하자. B는 남은 카드 중 무작위로 2장의 카드를 선택하여 게임을 한다. 이때, A는 처음에 어떻게 카드를 선택해야 자신의 득점의 기대값을 최대로 할 수 있는가? 또, 처음에 어떻게 카드를 선택해야 최소로 할 수 있는가? 각각의 경우에 있어, 득점의 기대값을 구하여라.

< 1996年 前期 - 理科 > 時間 : 150分

1. xy평면에 있어, 행렬 $\begin{pmatrix} a & -b \\ b & a \end{pmatrix}$로 표현되는 1차변환을 f라 하고, 점$(1,0)$을 중심으로 하는 반지름$\frac{1}{3}$인 원을 C라 하자. f에 의한 C의 상이 직선 $y=\frac{2}{3}x$에 접하며 영역 $D=\{(x,y)\,|\,x>0\}$에 포함되도록 하는 (a,b)전체가 이루는 도형을 ab평면에 나타내어라.

2. a, b, c, d를 양수라 하자. 부등식 $\begin{cases} s(1-a)-tb>0 \\ -sc+t(1-d)>0 \end{cases}$을 동시에 만족하는 양수 s, t가 있으면, 2차방정식 $x^2-(a+d)x+(ad-bc)=0$은 $-1<x<1$의 범위에서 서로 다른 2개의 실근을 가짐을 보여라.

3. 공간상의 점O를 중심으로 하고 1변의 길이가 l인 정육면체의 꼭지점을 $\mathrm{A}_1, \mathrm{A}_2, \cdots, \mathrm{A}_8$이라 하자. 또, O를 중심으로 하는 반지름 r인 구면을 S라 하자.

(1) S상의 모든 점에서, $\mathrm{A}_1, \mathrm{A}_2, \cdots, \mathrm{A}_8$ 중 적어도 1점이 보이기 위한 필요충분조건을 l과 r로 나타내어라.

(2) S상의 모든 점에서, $\mathrm{A}_1, \mathrm{A}_2, \cdots, \mathrm{A}_8$ 중 적어도 2점이 보이기 위한 필요충분조건을 l과 r로 나타내어라.

단, S상의 점P에서 A_k가 보인다는 것은, A_k가 S의 외측에 있으며 선분PA_k와 S의 교점이 P뿐인 경우를 말한다.

4. 1개의 주사위를 연속해서 던져, $a_n(n=1,2,\cdots)$을 다음과 같이 정한다.

나온 눈의 수를 순서대로 $c_1, c_2, \cdots$라 할 때, $1\leqq k\leqq n-1$을 만족하는 모든 정수k에 대하여 $c_k\leqq c_n$이면 $a_n=c_n$, 그 이외의 경우는 $a_n=0$으로 한다. 단, $a_1=c_1$

(1) a_n의 기대값을 $E(n)$이라 할 때, $\lim_{n\to\infty}E(n)$을 구하여라.

(2) $a_1, a_2, \cdots, a_n$ 중 2와 같은 것의 개수의 기대값을 $N(n)$이라 할 때,

$\lim_{n \to \infty} N(n)$을 구하여라.

5. xyz공간상의 원주 $x^2+y^2=R^2$, $R>0$를 측면으로 하는 용기에, 수면이 $z=0$에 일치하도록 $z \leqq 0$의 부분에 물이 채워져 있다. $z \geqq 0$에서 정의되는 연속함수 $r(z)$ 중 $r(0)=0$, $0 \leqq r(z) < R$를 만족하는 것을 고려해보자. xz평면상의 부등식 $0 \leqq x \leqq r(z)$, $z \geqq 0$로 표현되는 영역을 z축을 중심으로 1회전하여 형성되는 회전체를 매초 1의 속도로 아래로 움직일 때, t초 후에 수면이 $z=f(t)$로 상승한다고 한다. $t \geqq 0$에 대하여, $f(t)=e^t-t-1$로 될 때, 함수 $r(z)$를 결정하여라.

6. 양수 α, β에 대하여,

xy평면상의 타원 C : $\dfrac{x^2}{\alpha}+\dfrac{(y-\sqrt{\beta})^2}{\beta}=1$

과 영역 $D=\left\{(x, y) \mid x^2+y^2 \leqq 1\right\}$를 고려하자.

(1) C가 D에 포함되도록 하는 점(α, β)의 범위를 구하여, $\alpha\beta$평면상에 도시하여라.

(2) 점(α, β)가 (1)에서 구한 범위에서 움직일 때, 타원C의 면적의 최대값을 구하여라.

< 1996年 前期 - 文科 > 時間 : 100分

1. 이과 2번과 같음.

2. a를 실수라 하자. 행렬 $X=\begin{pmatrix} x & -y \\ y & x \end{pmatrix}$가 $X^2-2X+aE=O$를 만족하도록 하는 실수 x, y를 구하여라.

단, $E=\begin{pmatrix} 1 & 0 \\ 0 & 1 \end{pmatrix}$, $O=\begin{pmatrix} 0 & 0 \\ 0 & 0 \end{pmatrix}$

3. xy평면상의 점 $\mathrm{P}(a, b)$에 대하여, 정사각형$S(\mathrm{P})$를 연립부등식 $|x-a| \leqq \dfrac{1}{2}$, $|y-b| \leqq \dfrac{1}{2}$로 표현되는 영역으로 정하고, 원점과 $S(\mathrm{P})$의 점과의 거리의 최소값을 $f(\mathrm{P})$라 하자. 점$(2, 1)$을 중심으로 하는 반지름 1인 원주상을 P가 움직일 때, $f(\mathrm{P})$의 최대값을 구하여라.

4. xyz공간에 있어, 점P를 $(1, 0, 1)$, 점Q를 $(a, a+1, 0)$이라 하자. 선분PQ를 z축 주위로 1회전하여 얻어지는 곡면과 평면 $z=1$ 및 xy평면으로 둘러싸인 부분의 부피를 $V(a)$로 놓자. a가 실수전체에서 움직일 때, $V(a)$의 최소값 및 그 때의 a값을 구하여라.

< 1996年 後期 - 理科1類 > 時間 : 150分

1. n을 양의 정수라 할 때, n개의 공을 3개의 상자에 나누어 넣는 문제를 고려해보자. 단, 1개의 공도 들어있지 않은 상자가 있어도 된다. 다음의 네 경우에 있어, 각각 서로 다른 방법의 총수를 구하여라.

(1) 1부터 n까지의 서로 다른 번호가 적힌 n개의 공을, $\mathrm{A}, \mathrm{B}, \mathrm{C}$로 구별되는 세 상자에 나누어 넣는 경우, 모두 몇 가지 방법이 있는가?

(2) 서로 구별되지 않는 n개의 공을, $\mathrm{A}, \mathrm{B}, \mathrm{C}$로 구별되는 세 상자에 나누어 넣는 경우, 모두 몇 가지 방법이 있는가?

(3) 1부터 n까지의 서로 다른 번호가 적힌 n개의 공을, 서로 구별되지 않는 세 상자에 나누어 넣는 경우, 모두 몇 가지 방법이 있는가?

(4) n이 6의 배수 $6m$인 경우, n개의 서로 구별되지 않는 공을, 서로 구별되지 않는 세 상자에 넣는 경우, 모두 몇 가지 방법이 있는가?

2. 세변의 길이가 $\overline{BC}=2a$, $\overline{CA}=2b$, $\overline{AB}=2c$인 예각삼각형$\triangle ABC$의 세 변 BC, CA, AB의 중점을 각각 L, M, N이라 하자. 선분 LM, MN, NL을 따라 삼각형을 접어 사면체를 만든다. 이때, 선분 BL과 CL, CM과 AM, AN과 BN을 각각 동일시하면, 길이가 a, b, c인 변으로 되는 것으로 한다.

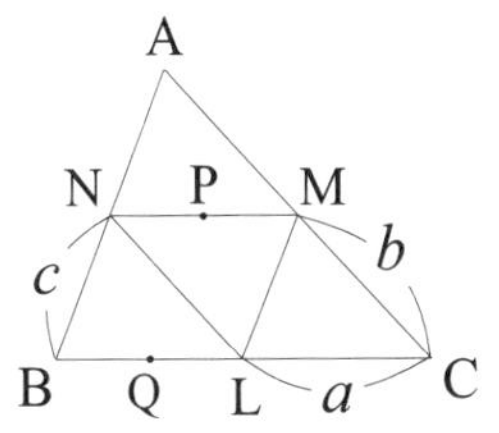

(1) 선분 MN, BL의 중점을 각각 P, Q라 하자. 사면체를 조립했을 때, 공간내의 선분 PQ의 길이를 구하여라.

(2) 사면체의 부피를 a, b, c를 이용하여 나타내어라.

3. 직원기둥형태의 석유탱크가, 그림과 같이 측면의 한 모선에서 수평인 지면과 접하는 모양으로 옆으로 넘어져, 지면과 접하는 한 점에 구멍이 생겨 석유가 유출되기 시작하였다. 넘어지기 전의 탱크에는 석유가 가득 채워져 있었으나 1시간이 지난 지금은 절반이 유출되었다. 단위시간당 유출량은 구멍에서부터 측정한 유면의 높이의 평방근($\sqrt{\ }$)에 비례한다고 한다. 미분방정식을 세워, 앞으로 몇 시간 몇 분후에 석유가 모두 유출될 것인가를 예측하라. 단, 분 미만은 버림.

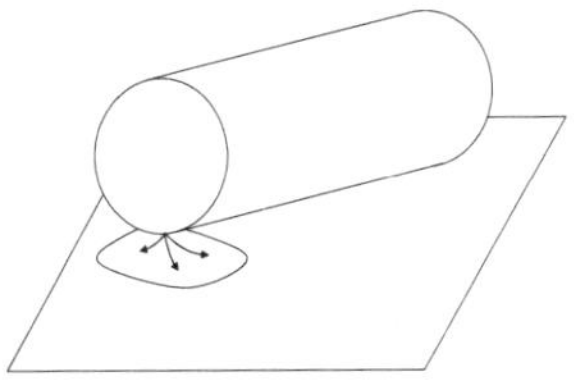

1. 양수 a, b에 대하여, xy평면의 두 점 $\mathrm{A}(a, 0)$, $\mathrm{B}(0, b)$를 꼭지점으로 하는 정삼각형을 $\triangle\mathrm{ABC}$라 하자. 단, C는 제1사분면의 점이다.

(1) 삼각형ABC가
정사각형 $\mathrm{D} = \{(x, y) \mid 0 \leqq x \leqq 1,\ 0 \leqq y \leqq 1\}$에 포함되는 (a, b)의 범위를 구하여라.

(2) (a, b)가 (1)의 범위에서 움직일 때, 삼각형ABC의 면적S가 최대로 되는 (a, b)를 구하여라. 또, 그 때의 S의 값을 구하여라.

2. n을 양의 정수, a를 실수라 하자. 모든 정수 m에 대하여
$m^2 - (a-1)m + \dfrac{n^2}{2n+1}a > 0$가 성립하는 a의 범위를 n을 이용하여 나타내어라.

3. r은 $0 < r < 1$를 만족하는 실수이다.
xyz공간에 원점 $\mathrm{O}(0, 0, 0)$과 2점 $\mathrm{A}(1, 0, 0)$, $\mathrm{B}(0, 1, 0)$을 잡자.

(1) xyz공간의 점P 중
조건 $|\overrightarrow{\mathrm{PA}}| = |\overrightarrow{\mathrm{PB}}| = r|\overrightarrow{\mathrm{PO}}|$를 만족하는 것이 존재하기위한 r의 범위를 구하여라.

(2) 점P가 (1)의 조건을 만족하며 움직일 때,
내적 $\overrightarrow{\mathrm{PA}} \cdot \overrightarrow{\mathrm{PB}}$의 최대값, 최소값을 r의 함수로 고려하여 각각 $M(r)$, $m(r)$로 나타내자.
이때, 좌극한 $\displaystyle\lim_{r \to 1-0} (1-r)^2\{M(r) - m(r)\}$을 구하여라.

4. 정삼각형ABC의 꼭지점A에서 변AB와 각θ를 이루며, 삼각형의 내부를 향하여 출발한 광선을 고려하자. 단, $0^\circ < \theta < 60^\circ$이다. 이 광선은 삼각형의 각 변에서 입사각과 반사각이 같게 반사되어, 꼭지점에 도달하면 거기서 멈춘다고 한다. 또, 삼각형의 내부에서는 광선은 직진하는 것으로 한다.

(1) $\tan\theta = \dfrac{\sqrt{3}}{4}$일 때, 이 광선은 어떤 꼭지점에 도달하게 되는지 설명하여라.

(2) 양의 정수 k를 이용하여 $\tan\theta = \dfrac{\sqrt{3}}{6k+2}$으로 나타낼 때, 이 광선이 도달하는 꼭지점을 구하고, 또 거기에 도달하기까지 반사되는 회수를 k를 이용하여 나타내어라.

5. a를 $0 < a < \dfrac{1}{4}$를 만족하는 실수라 하자. xy평면에서 부등식 $y^2 \leqq x^2(1-x^2) - a$로 나타내어지는 영역을 y축 주위로 1회전시켜 이루어지는 회전체의 부피를 구하여라.

6. (1) a를 실수라 하자. 곡선 $y = \dfrac{8}{27}x^3$과 포물선 $y = (x+a)^2$에
모두 접하는 직선이 x축 이외에 2개 존재하기 위한 a의 범위를 구하여라.

(2) a가 (1)의 범위에 있을 때, 2개의 접선과 포물선 $y = (x+a)^2$으로 둘러싸인 부분의 면적S를 a를 이용하여 나타내어라.

[문제 1]

(1) 변AB의 중점을 M이라 하면,

$$\overrightarrow{\mathrm{MC}} \perp \overrightarrow{\mathrm{BA}}$$

$$\frac{|\overrightarrow{\mathrm{MC}}|}{|\overrightarrow{\mathrm{BA}}|} = \frac{\sqrt{3}}{2}$$

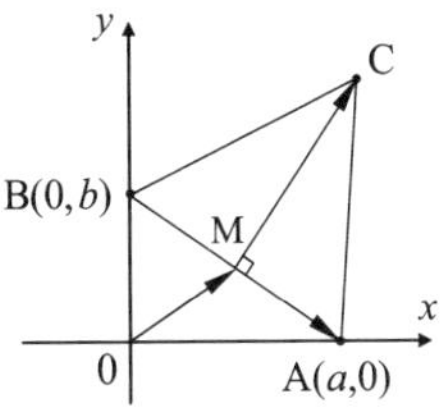

C가 제1사분면의 점이므로

$$\overrightarrow{\mathrm{OC}} = \overrightarrow{\mathrm{OM}} + \overrightarrow{\mathrm{MC}} = \frac{1}{2}\begin{pmatrix} a \\ b \end{pmatrix} + \frac{\sqrt{3}}{2}\begin{pmatrix} b \\ a \end{pmatrix} = \frac{1}{2}\begin{pmatrix} a+\sqrt{3}b \\ \sqrt{3}a+b \end{pmatrix}$$

삼각형ABC가 정사각형D에 포함될 필요충분조건 A∈D, B∈D, C∈D에서

$$\begin{cases} 0 < a \leqq 1 \\ 0 < b \leqq 1 \\ 0 \leqq \dfrac{a+\sqrt{3}b}{2} \leqq 1 \\ 0 \leqq \dfrac{\sqrt{3}a+b}{2} \leqq 1 \end{cases} \rightleftarrows \begin{cases} 0 < a \leqq 1 \\ 0 < b \leqq 1 \\ a+\sqrt{3}b \leqq 2 \\ \sqrt{3}a+b \leqq 2 \end{cases}$$

따라서, (a, b)의 범위는 아래그림의 사선부분과 같이 된다. 단, 경계 중 백구(◦)로 표시된 점과 점선부분은 제외한다.

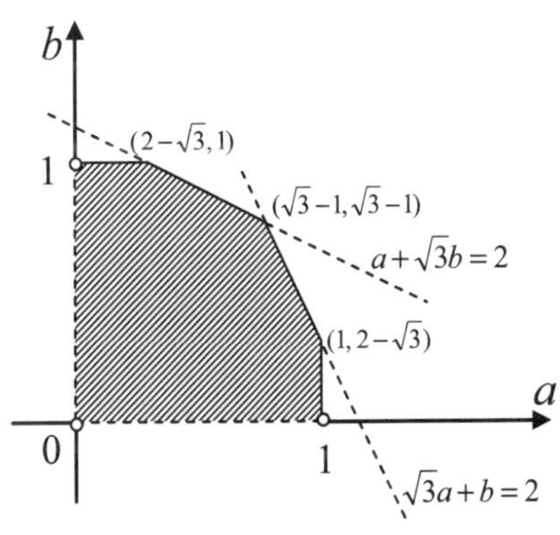

■

(2) $\mathrm{P}(a, b)$라 하면,

$$S = \frac{\sqrt{3}}{4}(a^2+b^2) = \frac{\sqrt{3}}{4}\overline{\mathrm{OP}}^2$$

따라서, S : 최대 ⇔ $\overline{\mathrm{OP}}^2$: 최대

주어진 영역에서 $\overline{\mathrm{OP}}^2$이 최대인 경우는 꺽인 점들 중 하나임을 알 수 있다.

여기서,

$(a, b) = (1, 2-\sqrt{3}), (2-\sqrt{3}, 1)$인 경우

$$\overline{\mathrm{OP}}^2 = 1^2 + (2-\sqrt{3})^2 = 4(2-\sqrt{3})$$

$(a, b) = (\sqrt{3}-1, \sqrt{3}-1)$인 경우

$$\overline{\mathrm{OP}}^2 = 2(\sqrt{3}-1)^2 = 4(2-\sqrt{3})$$

따라서, S가 최대로 되는 (a, b)는

$(1, 2-\sqrt{3}), (2-\sqrt{3}, 1), (\sqrt{3}-1, \sqrt{3}-1)$ …(답) ■

또, S의 최대값은

$$\frac{\sqrt{3}}{4} \cdot 4(2-\sqrt{3}) = 2\sqrt{3}-3 \quad \cdots(\text{답})$$ ■

[문제 2]

$$m^2 - (a-1)m + \frac{n^2}{2n+1}a > 0 \quad \cdots ①$$

$$① \rightleftarrows m^2 + m > a\left(m - \frac{n^2}{2n+1}\right)$$

여기서, $p = \dfrac{n^2}{2n+1}(>0)$으로 놓고

$f(x) = x^2 + x$

$g(x) = a(x-p)$

라 하면, $y = f(x)$와 $y = g(x)$의 그래프는 오른쪽 그림과 같다.

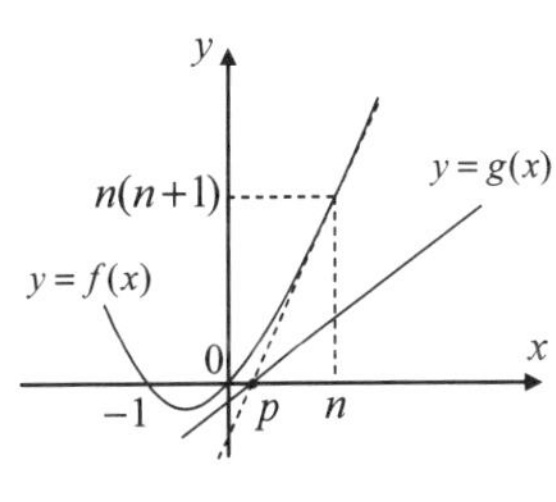

여기서, ①이 모든 정수 m에 대하여 성립하므로 $a > 0$이어야 함을 알 수 있다.

a는 직선 $y = a(x-p)$의 기울기이므로 $x > p$의 범위에서 포물선에 접할 때의 a의 값을 구하면 된다. 이때, 접점의 x좌표가 정수인 경우와 그렇지 않은 경우에 주의하여야 한다. 또, 포물선의 x절편이 -1과 0이므로 $a > 0$의 범위에서는 p의 왼쪽은 고려할 필요가 없다.

이제, $y=g(x)$가 $y=f(x)$에 $x>p$의 범위에서 접할 때의 a의 값을 구하여보자.

$$f(x)=g(x) \rightleftarrows x^2+x=a(x-p)$$
$$\rightleftarrows x^2+(1-a)x+ap=0$$

"판별식=0"에서, $(1-a)^2-4\cdot ap=0$

$$a^2-2(2p+1)a+1=0 \qquad \cdots ②$$

②의 해 중, 더 큰 것을 구하면

$$a=2p+1+\sqrt{(2p+1)^2-1}$$
$$=2p+1+2\sqrt{(p+1)p}$$
$$=2\cdot\frac{n^2}{2n+1}+1+2\sqrt{\left(\frac{n^2}{2n+1}+1\right)\cdot\frac{n^2}{2n+1}}$$
$$=\frac{2n^2+2n+1}{2n+1}+2\cdot\frac{(n+1)n}{2n+1}=2n+1$$

이때, 접점의 x좌표는

$$\frac{a-1}{2}=\frac{(2n+1)-1}{2}=n \quad : \quad \text{정수}$$

따라서, 구하는 a의 범위는

$$0<a<2n+1 \qquad \cdots(\text{답}) \blacksquare$$

[문제 3]

(1) $\mathrm{P}(x,y,z)$로 놓으면,

$|\overrightarrow{\mathrm{PA}}|=|\overrightarrow{\mathrm{PB}}|$에서 $x=y$

$|\overrightarrow{\mathrm{PB}}|=r|\overrightarrow{\mathrm{PO}}|$에서

$$x^2+(1-y)^2+z^2=r^2(x^2+y^2+z^2)$$

$x=y$를 대입하여 정리하면,

$$(1-r^2)(2y^2+z^2)-2y+1=0 \qquad \cdots ①$$

$s=1-r^2$으로 놓으면, $0<s<1$이며

$$① \rightleftarrows s(2y^2+z^2)-2y+1=0$$
$$\rightleftarrows \left(y-\frac{1}{2s}\right)^2+\frac{z^2}{2}=\frac{1-2s}{4s^2} \qquad \cdots ②$$

②를 만족하는 실수 y, z가 존재하면 되므로

$$1-2s\geqq 0 \qquad \therefore 0<s\leqq\frac{1}{2}$$

$r=\sqrt{1-s}$ 이므로,

$$\frac{1}{\sqrt{2}}\leqq r<1 \qquad \cdots(\text{답}) \blacksquare$$

(2) $\overrightarrow{\mathrm{PA}}\cdot\overrightarrow{\mathrm{PB}}$

$$=(1-x,-y,-z)\cdot(-x,1-y,-z)$$
$$=-2y+(2y^2+z^2)$$
$$=-2y+\frac{2y-1}{s} \qquad (\because ①,\ s=1-r^2)$$
$$=\frac{2(1-s)}{s}y-\frac{1}{s}$$

$\frac{2(1-s)}{s}>0$이므로, $f(y)=\frac{2(1-s)}{s}y-\frac{1}{s}$은 기울기가 양인 직선으로 볼 수 있다. 따라서, y의 범위가 $\alpha\leqq y\leqq\beta$로 구해지면, $m(r)=f(\alpha)$, $M(r)=f(\beta)$이다.

이제, y의 범위를 구하여보자.

먼저, $r\to 1-0$일 때 $s\to +0$이므로, $s\neq\frac{1}{2}$로 가정하여도 된다.

$$②\text{에서}, \quad \frac{\left(y-\frac{1}{2s}\right)^2}{\frac{1-2s}{4s^2}}+\frac{z^2}{\frac{1-2s}{2s^2}}=1 \qquad \cdots ③$$

③은 다음과 같은 타원이므로

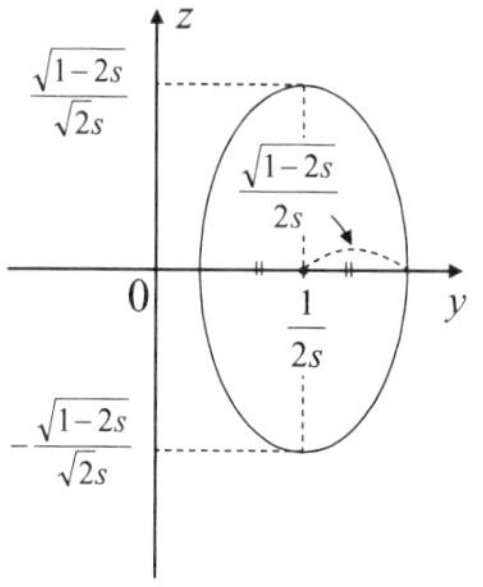

$$\therefore \frac{1-\sqrt{1-2s}}{2s}\leqq y\leqq\frac{1+\sqrt{1-2s}}{2s}$$

따라서,

$$M(r)=\frac{2(1-s)}{s}\cdot\frac{1+\sqrt{1-2s}}{2s}-\frac{1}{s}$$
$$=\frac{(1-s)(1+\sqrt{1-2s})}{s^2}-\frac{1}{s}$$

$$m(r)=\frac{2(1-s)}{s}\cdot\frac{1-\sqrt{1-2s}}{2s}-\frac{1}{s}$$
$$=\frac{(1-s)(1-\sqrt{1-2s})}{s^2}-\frac{1}{s}$$

$$\therefore \lim_{r\to 1-0}(1-r)^2\{M(r)-m(r)\}$$
$$=\lim_{s\to +0}(1-\sqrt{1-s})^2\cdot\frac{2(1-s)\sqrt{1-2s}}{s^2}$$
$$=\lim_{s\to +0}\frac{s^2}{(1+\sqrt{1-s})^2}\cdot\frac{2(1-s)\sqrt{1-2s}}{s^2}$$
$$=\frac{1}{2}$$ …(답) ■

[문제 4]

그림1

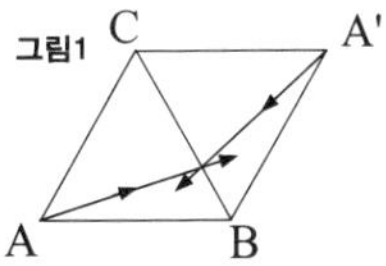

(1) 그림1과 같이 점A를 출발한 광선은 변BC에서 반사되며, 반사 후에는 변 BC에 대한 점A의 대칭점 A′에서 출발하는 형태로 나아간다.
이하, 같은 방법으로 반사하는 변에 대하여 대칭인 정삼각형을 고려하는 방법으로 광선이 도달하는 꼭지점을 찾아낼 수 있다.

한 변의 길이가 2인 정삼각형을 고려하자.

그림2

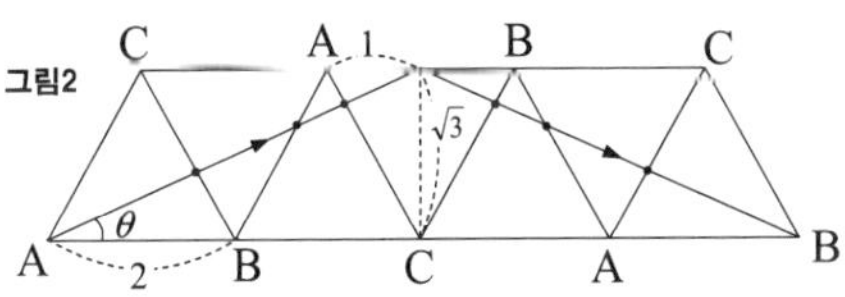

$\tan\theta=\frac{\sqrt{3}}{4}$일 때, 그림2와 같이 3회 반사된 후에 변AB의 중점에 도달하며, 이후 다시 3회 반사되어 꼭지점B에 도달한다.

답 : 꼭지점B

(2) 한 변의 길이를 2로 하여 (1)과 같이 고려하면, 그림3과 같이 $6k+1$회 반사된 후에 변CA의 중점에 도달한다. 이후, 변CA의 중점을 출발하여 $6k+1$회 반사된 후에 꼭지점C에 도달한다. 답 : 꼭지점C

또, 반사된 회수는

$(6k+1)+1+(6k+1)=12k+3$ …(답) ■

[문제 5]

$y^2=x^2(1-x^2)-a \left(0<a<\frac{1}{4}\right)$ … ①

점(x, y)가 ①을 만족하면, 점$(\pm x, \pm y)$(부호임의)도 ①을 만족한다. 따라서, ①로 표시되는 곡선은 각 축에 대하여 대칭이다.

따라서, 제1사분면에서의 개형만 조사하면 된다. $x\geqq 0, y\geqq 0$이라고 하면, ①에서

$$y=\sqrt{x^2(1-x^2)-a}=\sqrt{-x^4+x^2-a}$$

여기서, $\sqrt{\ \ }$ 안은 0이상이어야 하므로

$$-x^4+x^2-a\geqq 0 \rightleftarrows x^4-x^2+a\leqq 0$$
$$\therefore \frac{1-\sqrt{1-4a}}{2}\leqq x^2\leqq\frac{1+\sqrt{1-4a}}{2}$$

따라서,

$$\alpha=\sqrt{\frac{1-\sqrt{1-4a}}{2}},\ \beta=\sqrt{\frac{1+\sqrt{1-4a}}{2}}$$

에 대하여, $\alpha\leqq x\leqq\beta$

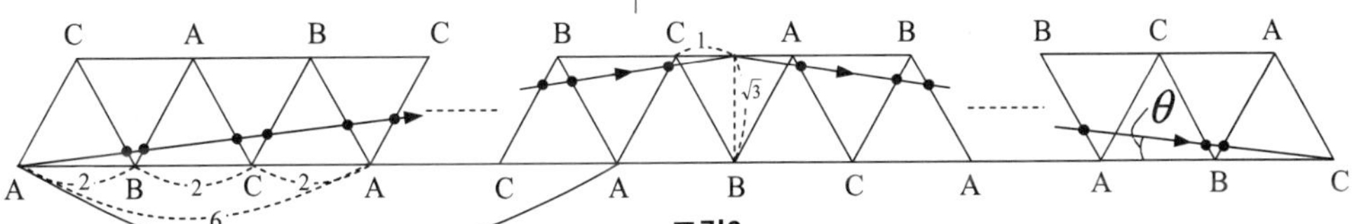

그림3

$y=\sqrt{-x^4+x^2-a}$ 에서

$$y'=\frac{-x(2x^2-1)}{\sqrt{-x^4+x^2-a}}$$

이며, y의 증감표는 다음과 같다.

x	α	$\cdots$	$\frac{1}{\sqrt{2}}$	$\cdots$	β
y'		$+$	0	$-$	
y	0	↗	$\sqrt{\frac{1}{4}-a}$	↘	0

증감표에 의한 곡선①의 개형은 오른쪽 그림과 같게 되며, 폐곡선의 둘레 및 내부를 y축 둘레로 회전시켜 얻어지는 회전체의 부피를 구하면 된다.

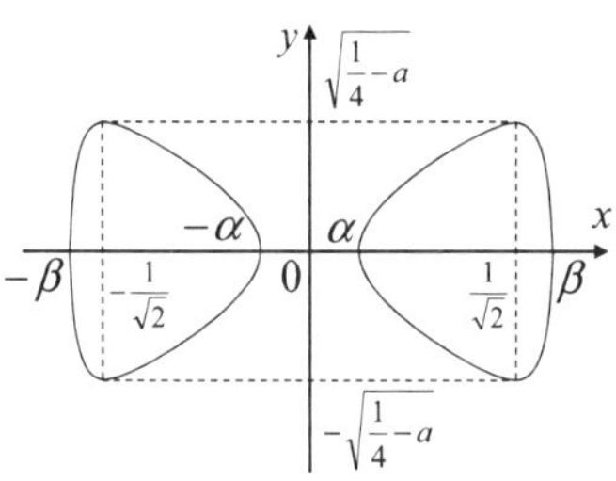

①을 x^2에 관하여 풀면

$$x^2=\frac{1\pm\sqrt{1-4(y^2+a)}}{2}$$

이므로, 구하는 부피를 V라 하면,

$$V=2\times\pi\int_0^{\sqrt{\frac{1}{4}-a}}\left(\frac{1+\sqrt{1-4(y^2+a)}}{2}-\frac{1-\sqrt{1-4(y^2+a)}}{2}\right)dy$$

$$=4\pi\int_0^{\sqrt{\frac{1}{4}-a}}\sqrt{\left(\sqrt{\frac{1}{4}-a}\right)^2-y^2}\,dy$$

$=4\pi\times\left[\text{반지름 }\sqrt{\frac{1}{4}-a}\text{ 인 사분원의 면적}\right]$

$$=4\pi\times\frac{1}{4}\times\pi\left(\sqrt{\frac{1}{4}-a}\right)^2$$

$$=\pi^2\left(\frac{1}{4}-a\right)$$

…(답) ■

<교사연구>

$$① \rightleftarrows \left(x^2-\frac{1}{2}\right)^2+y^2=\frac{1}{4}-a$$

$r=\sqrt{\frac{1}{4}-a}$ 로 놓으면, ①의 제1사분면은

$x=\sqrt{\frac{1}{2}+r\cos\theta}$, $y=r\sin\theta$ $(0\leqq\theta\leqq\pi)$

$dy=r\cos\theta d\theta$ 이므로

$$\frac{V}{2}=\pi\int_0^{\frac{\pi}{2}}\left(\frac{1}{2}+r\cos\theta\right)r\cos\theta\,d\theta-\pi\int_{\pi}^{\frac{\pi}{2}}\left(\frac{1}{2}+r\cos\theta\right)r\cos\theta\,d\theta$$

$$=\pi r\int_0^{\pi}\left(\frac{1}{2}\cos\theta+r\cdot\frac{1+\cos2\theta}{2}\right)d\theta$$

$$=\pi r\left[\frac{1}{2}\sin\theta+\frac{r\theta}{2}+\frac{r\sin2\theta}{4}\right]_0^{\pi}=\frac{\pi^2r^2}{2}$$

$$\therefore\ V=\pi^2r^2=\pi^2\left(\frac{1}{4}-a\right)$$

[문제 6]

(1) 점$\left(t, \frac{8t^3}{27}\right)$ $(t\neq0)$에서의 접선의 방정식은 $y=\frac{8t^2}{9}(x-t)+\frac{8t^3}{27}$

$$\therefore\ y=\frac{8t^2}{9}x-\frac{16}{27}t^3 \quad \cdots ①$$

①이 $y=(x+a)^2$에 접할 조건은

$$(x+a)^2=\frac{8t^2}{9}x-\frac{16}{27}t^3$$

$$\rightleftarrows x^2+2\left(a-\frac{4t^2}{9}\right)x+a^2+\frac{16}{27}t^3=0 \quad \cdots ②$$

이 중근을 갖는 것이므로

$$\left(a-\frac{4t^2}{9}\right)^2-1\cdot\left(a^2+\frac{16}{27}t^3\right)=0$$

$$\therefore\ 2t^2-6t-9a=0 \quad (\because\ t^2\neq0) \quad \cdots ③$$

③식이 0이외의 서로 다른 두 실근을 가지면되므로 $(-3)^2-2\cdot(-9a)>0,\ -9a\neq0$

$$\therefore\ -\frac{1}{2}<a<0,\ 0<a$$

…(답) ■

(2) ③의 해를 각각

$$\alpha = \frac{3-3\sqrt{1+2a}}{2},\ \beta = \frac{3+3\sqrt{1+2a}}{2} \quad \cdots ④$$

로 놓고, 접점의 x좌표를 $x_1, x_2\ (x_1 < x_2)$라 하면, ②에서

$$x_1 = -a + \frac{4\alpha^2}{9},\ x_2 = -a + \frac{4\beta^2}{9} \quad \cdots ⑤$$

구하는 면적S는

$$S = \int_{x_1}^{\frac{x_1+x_2}{2}} (x-x_1)^2\,dx + \int_{\frac{x_1+x_2}{2}}^{x_2} (x-x_2)^2\,dx$$

> $y=x^2$의 서로 다른 두 점 $\mathrm{P}(p, p^2)$, $\mathrm{Q}(q, q^2)$에서의 접선의 교점의 x좌표는 $\frac{p+q}{2}$이다.

$$= \frac{1}{12}(x_2-x_1)^3 = \frac{1}{12}\left\{\frac{4}{9}(\beta^2-\alpha^2)\right\}^3 \quad (\because ⑤)$$

$$= \frac{1}{12}\left\{\frac{4}{9}(\beta+\alpha)(\beta-\alpha)\right\}^3$$

$$= \frac{1}{12}\left(\frac{4}{9}\cdot 3\cdot 3\sqrt{1+2a}\right)^3 \quad (\because ④)$$

$$= \frac{16}{3}(1+2a)^{\frac{3}{2}} \quad \cdots(\text{답})\ ■$$

< 1997年 前期 - 文科 > 時間 : **100**分

1. 이과 1번과 같음.

2. a, b는 실수이며, $a^2+b^2=16$, $a^3+b^3=44$를 만족한다. 이때,
 (1) $a+b$의 값을 구하여라.
 (2) n을 2이상의 정수라 할 때, a^n+b^n은 4의 배수임을 보여라.

3. r을 양수라 하자. xyz공간에 원점 $\mathrm{O}(0,0,0)$와 3점 $\mathrm{A}(1,0,0)$, $\mathrm{B}(0,1,0)$, $\mathrm{C}(0,0,1)$을 잡자. xyz공간의 점P 중 $|\overrightarrow{\mathrm{PA}}| = |\overrightarrow{\mathrm{PB}}| = r|\overrightarrow{\mathrm{PO}}|$, $|\overrightarrow{\mathrm{PC}}| = |\overrightarrow{\mathrm{PO}}|$를 만족하는 것이 2개 존재하기위한 r의 조건을 구하여라. 또, 그 2점의 좌표를 r을 이용하여 나타내어라.

4. $0 \leqq t \leqq 1$를 만족하는 실수t에 대하여, xy평면상의 점 A, B를 다음과 같이 정하자.

$$\mathrm{A}\left(\frac{2(t^2+t+1)}{3(t+1)}, -2\right), \mathrm{B}\left(\frac{2}{3}t, -2t\right)$$

t가 $0 \leqq t \leqq 1$를 만족하며 움직일 때, 직선AB가 지나는 범위를 도시하라.

[문제 2]

(1) $p=a+b,\ q=ab$로 놓으면,

$$a^2+b^2=16\text{에서 } p^2-2q=16 \quad \cdots ①$$

$$a^3+b^3=44\text{에서 } p^3-3pq=44 \quad \cdots ②$$

$① \times \frac{3}{2}p - ②$에서

$$\frac{1}{2}p^3 = 24p-44 \rightleftarrows (p-2)(p^2+2p-44)=0$$

> $p^2+2p-44<0$임을 보이면 $p=2$

a, b는 실수이므로

$$p^2-4q=(a-b)^2 \geqq 0 \quad \cdots ③$$

①, ③에서 $p^2-2(p^2-16) \geqq 0 \rightleftarrows p^2 \leqq 32$

$$\therefore -4\sqrt{2} \leqq p \leqq 4\sqrt{2}$$

$$\therefore p^2+2p-44 = (p+1)^2-45$$

$$\leqq (4\sqrt{2}+1)^2-45$$

$$= (33+8\sqrt{2})-45$$

$$< (33+12)-45 = 0$$

$\therefore p=2 \qquad \therefore a+b=2 \qquad \cdots(\text{답})$ ■

(2) $q=ab=-6$에서

a, b는 $x^2-2x-6=0$의 실근이므로,

$$a^2-2a-6=0,\ b^2-2b-6=0$$

$$\therefore \begin{cases} a^{n+1}-2a^n-6a^{n-1}=0 & \cdots ④ \\ b^{n+1}-2b^n-6b^{n-1}=0 & \cdots ⑤ \end{cases}$$

$u_n=a^n+b^n$으로 놓으면, ④+⑤에서

$$u_{n+1}-2u_n-6u_{n-1}=0$$

$$\therefore\ u_{n+1}=2u_n+6u_{n-1}\quad (n\geqq 2)\quad \cdots ⑥$$

⑥식에 $n=3$을 대입하면,

$$u_4=2u_3+6u_2=2\cdot 44+6\cdot 16$$

이므로, u_4는 4의 배수이다. 또, 3이상의 정수 n에 대해서 u_{n-1}, u_n이 4의 배수이면, ⑥에 의하여 u_{n+1}도 4의 배수이다.
따라서, 수학적귀납법에 의하여 n이 2이상의 정수이면 $u_n=a^n+b^n$은 4의 배수이다.

[문제 3]
P(x, y, z)로 놓으면,

$|\overrightarrow{\mathrm{PA}}|=|\overrightarrow{\mathrm{PB}}|$에서 $x=y$

$|\overrightarrow{\mathrm{PC}}|=|\overrightarrow{\mathrm{PO}}|$에서 $z=\dfrac{1}{2}$

$|\overrightarrow{\mathrm{PB}}|=r|\overrightarrow{\mathrm{PO}}|$에서

$$x^2+(x-1)^2+\frac{1}{4}=r^2\left(x^2+x^2+\frac{1}{4}\right)$$

$$\therefore 8(1-r^2)x^2-8x+(5-r^2)=0\quad \cdots ①$$

$r>0$이며, ①이 서로 다른 두 실근을 가져야하므로 $r\neq 1$가 필요하다. 이때,

$$(-4)^2-8(1-r^2)(5-r^2)>0$$

$$\rightleftarrows r^4-6r^2+3<0 \rightleftarrows (r^2-3)^2<6$$

$$\therefore\ 3-\sqrt{6}<r^2<3+\sqrt{6}$$

따라서, 구하는 r의 조건은

$r\neq 1$, $\sqrt{3-\sqrt{6}}<r<\sqrt{3+\sqrt{6}}$ …(답) ■

①을 풀면, $x=\dfrac{2\pm\sqrt{-6+12r^2-2r^4}}{4(1-r^2)}$

이므로, 구하는 두 점의 좌표는

$$\left(\frac{2\pm\sqrt{-6+12r^2-2r^4}}{4(1-r^2)},\ \frac{2\pm\sqrt{-6+12r^2-2r^4}}{4(1-r^2)},\ \frac{1}{2}\right)\ (\text{복호동순})$$ …(답) ■

[문제 4]

$$\overrightarrow{\mathrm{BA}}=\left(\frac{2}{3(t+1)}, 2(t-1)\right)$$

$$=\frac{2}{3(t+1)}(1, 3(t^2-1))$$

이므로, 직선AB의 방정식은

$$\therefore\ 2t^3-3xt^2+3x+y=0\quad \cdots ①$$

①이 $0\leqq t\leqq 1$에서 적어도 하나의 실수해를 가질 조건을 구하면 된다. ①의 좌변을 $f(t)$로 놓으면 $f'(t)=6t(t-x)$이므로

(ⅰ) $x\leqq 0$인 경우

$f(t)$는 $0\leqq t\leqq 1$에서 단조증가하므로

$$\begin{cases} f(0)\leqq 0 \\ f(1)\geqq 0 \end{cases}\quad \therefore \begin{cases} y\leqq -3x \\ y\geqq -2 \end{cases}$$

(ⅱ) $0<x<1$인 경우,

$f(t)$는 $t=0$에서 극대, $t=x$에서 극소

$$\therefore\ \begin{cases} y\geqq -3x \\ y\leqq x^3-3x \end{cases}\ \text{or}\ \begin{cases} y\geqq -2 \\ y\leqq x^3-3x \end{cases}$$

(ⅲ) $x\geqq 1$인 경우

$f(t)$는 $0\leqq t\leqq 1$에서 단조감소하므로

$$\begin{cases} f(0)\geqq 0 \\ f(1)\leqq 0 \end{cases}\quad \therefore \begin{cases} y\geqq -3x \\ y\leqq -2 \end{cases}$$

(ⅰ)~(ⅲ)에서, 구하는 범위는 그림의 사선부분이다.
단, 경계는 모두 포함한다.

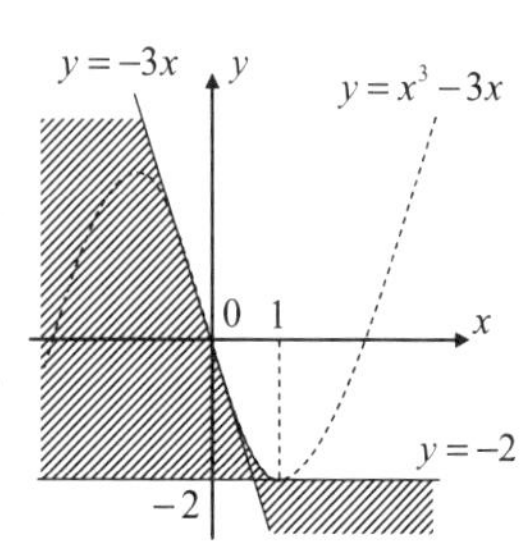

…(답) ■

< 1997年 後期 - 理科1類 >　　時間 : 150分

1. 다음 그림과 같이, 한 변의 길이가 1인 정삼각형으로 평면을 분할하고, 한 변의 길이가 1인 정삼각형 하나하나를 [단위정삼각형]이라고 부르자. 처음, 1개이상 유한개의 단위정삼각형이 색칠되어 있으며, 아래의 조작을 반복하여 단위정삼각형을 색칠해나간다.

> 1회의 조작마다, 이미 칠해져있는 단위정삼각형과 적어도 한 변을 공유하는 단위정삼각형을 모두 색칠한다.

다음 물음에 답하여라.

(1) 처음에 색칠되어있는 단위정삼각형이 한 개 뿐일 때, n회째의 조작이 완료되었을 때 색칠되어져있는 단위정삼각형의 개수 a_n을 구하여라.

(2) 처음, 1개이상 유한개의 단위정삼각형이 색칠되어 있는 경우, n회째의 조작이 완료되었을 때 색칠되어져 있는 단위정삼각형의 개수를 b_n으로 놓자. 극한 $\lim_{n \to \infty} \frac{a_n}{b_n}$은 처음에 색칠되어져 있는 상태에 상관없이 존재하는가? 극한값이 존재하는 경우에 대하여, 그 극한값을 구하여라. 존재하지 않는 경우가 있으면, 그 예를 들어라.

2. 좌표평면상의 점 $\mathrm{A}(x, y)$가 연립부등식 $\begin{cases} |xy| < 1 \\ y > 0 \end{cases}$로 표현되는 영역을 움직인다고 하자. 함수 $y = \frac{1}{|x|}$의 그래프 중, $x < 0$인 부분을 H, $x > 0$인 부분을 K라 하자.

점A에 대하여, x축 상의 2점 B, C, 곡선H 상의 점D, 곡선K 상의 점E를 다음 조건에 의하여 정하자. [직선AB는 2점 A, B 사이의 점D에서 곡선H에 접하며, 직선AC는 2점 A, C 사이의 점E에서 곡선K에 접한다.]

(1) 삼각형ABC의 면적이 취하는 값의 범위를 구하여라.

(2) 삼각형ADE의 면적이 취하는 값의 범위를 구하여라.

3. 버튼을 1회 누를 때마다, 1이상 N이하의 정수를, 같은 확률로 한 개씩 발생시키는 기계가 있다. 여러 번 버튼을 누르는 경우, 각각의 버튼을 누르는 조작에서 어떤 정수가 발생되는가에 관한 확률은, 이떠한 조작도 다른 조작에 서로 독립이다. 이 기계에는, 발생되는 정수의 아래 4자리만을 표시하는 표시장치가 접속되어있다. 단, 4자리 미만의 수는 빈자리를 0으로 채워 표시한다. 예를 들면, 발생한 정수가 925인 경우는 0925가 표시되며, 12320인 경우는 2320이 표시된다. 버튼을 2회 누르는 경우, 같은 숫자가 표시될 확률을 p_N이라 하자.

(1) p_{10000}을 구하여라.

(2) p_{10000}과 p_{10001} 중 더 큰 수를 구하고, 그 차를 유효숫자 1자리로 구하여라.

(3) 확률 $p_{10000}, p_{10001}, \cdots, p_{20000}$ 중, 최소값을 q, 최대값을 r로 놓자. q와 r을 구하여라.

(4) N을 10000이상의 정수라 할 때, $q \leqq p_N \leqq r$가 성립함을 보여라.

[문제 1]

(1) n회째의 조작이 종료되었을 때 얻어지는 도형을 K_n이라 하자.

그림1

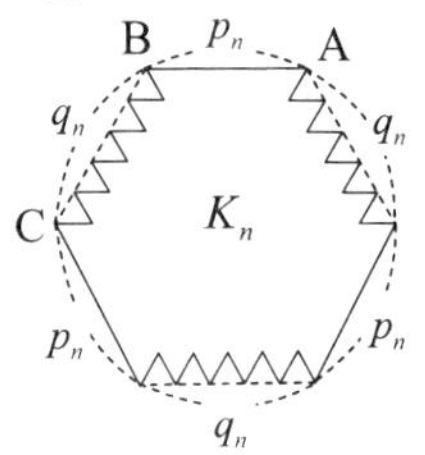

그림2

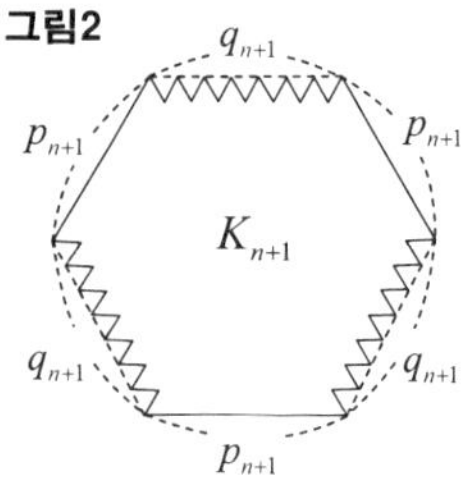

그림1과 같이, 단위정삼각형이 편평하게 이어져 이루는 직선AB의 길이를 p_n, 산의 형태로 이어져 이루는 직선BC의 길이를 q_n이라고 하면, 그림1, 2에서

$$\begin{cases} p_{n+1} = q_n + 2 & \cdots ① \\ q_{n+1} = p_n - 1 & \cdots ② \end{cases}$$

$r_n = p_n + q_n$으로 놓으면, ①+②에서

$$r_{n+1} = r_n + 1$$

$p_1 = 2$, $q_1 = 0$이므로 $r_1 = 2$

$$\therefore r_n = r_1 + (n-1) \cdot 1 = n+1$$

단위정삼각형의 한 변의 길이가 1이므로

$$a_{n+1} = a_n + 3r_n \qquad \cdots ③$$

> K_{n+1}은 K_n의 경계를 따라 삼각형을 더해 나가면 구해진다. 경계를 따라 더해지는 삼각형의 개수는 $3(p_n + q_n) = 3r_n$이다.

$a_0 = 1$, $r_0 = 1$로 놓으면, ③은 $n=0$일 때도 성립한다. 따라서, $n \geq 1$에 대하여

$$a_n = a_0 + \sum_{k=0}^{n-1} 3r_k = 1 + 3\sum_{k=0}^{n-1}(k+1)$$

$$= 1 + \frac{3}{2}n(n+1) = \frac{3}{2}n^2 + \frac{3}{2}n + 1 \quad \cdots(\text{답}) \ ■$$

(2) 처음에 칠해져 있는 유한개의 단위정삼각형을 포함하는 면적이 최소인 K_n이 존재한다. 그것을 K_{n_0}라 하면, $a_0 \leqq b_0 \leqq a_{n_0}$

$$\therefore a_n \leqq b_n \leqq a_{n_0+n}$$

$$\therefore \frac{a_n}{a_{n_0+n}} \leqq \frac{a_n}{b_n} \leqq 1 \qquad \cdots ④$$

> $a_0 \leqq b_0 \leqq a_{n_0}$에서 $a_1 \leqq b_1 \leqq a_{n_0+1}$가 얻어지며 이후 귀납적으로 $a_n \leqq b_n \leqq a_{n_0+n}$를 얻을 수 있다.

여기에, (1)의 결과를 이용하면

$$\lim_{n\to\infty} \frac{a_n}{a_{n_0+n}}$$

$$= \lim_{n\to\infty} \frac{\frac{3}{2}n^2 + \frac{3}{2}n + 1}{\frac{3}{2}(n_0+n)^2 + \frac{3}{2}(n_0+n) + 1}$$

$$= \lim_{n\to\infty} \frac{\frac{3}{2} + \frac{3}{2n} + \frac{1}{n^2}}{\frac{3}{2}\left(\frac{n_0}{n} + 1\right)^2 + \frac{3}{2}\left(\frac{n_0}{n^2} + \frac{1}{n}\right) + \frac{1}{n^2}} = 1$$

> n_0는 최초에 주어진 유한개의 색칠된 삼각형들에 의하여 결정되어지는 상수임에 주의.

④에서, $\lim_{n\to\infty} \frac{a_n}{a_{n_0+n}} \leqq \lim_{n\to\infty} \frac{a_n}{b_n} \leqq \lim_{n\to\infty} 1$

$$\therefore 1 \leqq \lim_{n\to\infty} \frac{a_n}{b_n} \leqq 1$$

$$\therefore \lim_{n\to\infty} \frac{a_n}{b_n} = 1 \qquad \cdots(\text{답}) \ ■$$

따라서, $\lim_{n\to\infty} \frac{a_n}{b_n}$은 처음에 색칠되어져 있는 상태에 상관없이 존재한다. …(답) ■

<참고>

(2)에서, 처음에 칠해져 있는 유한개의 단위정삼각형을 포함하는 면적이 최소인 K_n의 존재성은 직관적으로 당연하나 엄밀히 증명하면 다음과 같다.

처음 주어진 유한개의 단위정삼각형을 포함하는 평행사변형을 하나 구하여, 그 안의 단위 정삼각형을 각각 $T_1, T_2, \cdots, T_m$이라 하자. 먼저, T_1에 대하여 색칠을 해나가는 조작을 계속하면 그림1, 2와 같이 전 평면을 덮게 되므로, 자연수 n_1이 존재하여 n_1번째 조작 후에 처음에 주어진 유한개의 삼각형을 모두 포함하게 된다. 같은 방법으로, $T_i \ (i=2, \cdots, m)$에 대하여 자연수 n_i를 구할 수 있다.

유한개의 자연수 $n_1, n_2, \cdots, n_m$의 최소값이 $n_k \ (1 \leqq k \leqq m)$이면, T_k를 n_k번 조작한 것이, 처음에 칠해져 있는 유한개의 단위정삼각형을 포함하는 면적이 최소인 K_n이 된다.

[문제 2]

(1) A(a, b)로 놓으면, $\begin{cases} |ab| < 1 & \cdots ① \\ b > 0 & \cdots ② \end{cases}$

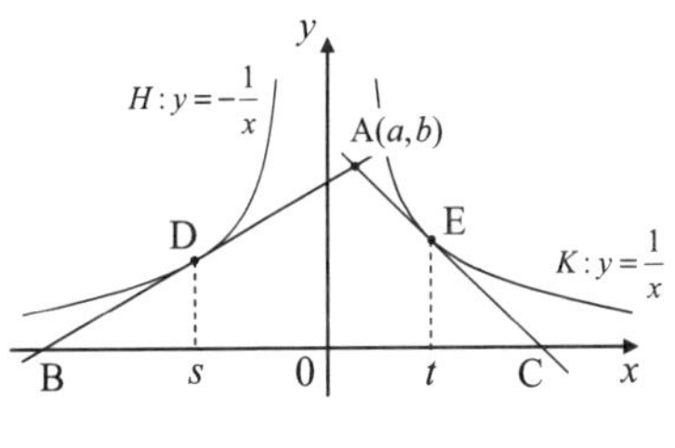

점D의 x좌표를 $s \ (s<0, s<a)$로 놓으면, 점D에서의 곡선H의 접선의 방정식은

$$y = \frac{1}{s^2}(x-s) - \frac{1}{s} \qquad \therefore y = \frac{1}{s^2}x - \frac{2}{s} \quad \cdots ③$$

③이 점A(a, b)를 통과하므로

$$b = \frac{1}{s^2}a - \frac{2}{s} \qquad \therefore bs^2 + 2s - a = 0$$

①, ②를 고려하여,

$s<0, s<a$를 만족하는 s를 구하면

$$s = \frac{-1-\sqrt{1+ab}}{b} \quad \cdots ④$$

또, 점E의 x좌표를 $t \ (t>0, t>a)$로 놓으면, 점E에서의 곡선K의 접선의 방정식은

$$y = -\frac{1}{t^2}(x-t) + \frac{1}{t} \qquad \therefore y = -\frac{1}{t^2}x + \frac{2}{t} \quad \cdots ⑤$$

⑤가 점A(a, b)를 통과하므로

$$b = -\frac{1}{t^2}a + \frac{2}{t} \qquad \therefore bt^2 - 2t + a = 0$$

①, ②를 고려하여,

$t>0, t>a$를 만족하는 t를 구하면

$$t = \frac{1+\sqrt{1-ab}}{b} \quad \cdots ⑥$$

---

③, ⑤에서, B$(2s, 0)$, C$(2t, 0)$이므로,

④, ⑥을 이용하면

$$\triangle ABC = \frac{1}{2}(2t-2s) \cdot b$$
$$= 2 + \sqrt{1+ab} + \sqrt{1-ab}$$

여기서, $(\sqrt{1+ab})^2 + (\sqrt{1-ab})^2 = 2$이므로

$$\begin{cases} \sqrt{1+ab} = \sqrt{2}\sin\theta \\ \sqrt{1-ab} = \sqrt{2}\cos\theta \end{cases} \quad \cdots ⑦$$

로 놓자.

단, ①에 의하여 $0 < \theta < \frac{\pi}{2} \quad \cdots ⑧$

⑦에 의하여,

$$\triangle ABC = 2 + \sqrt{2}\sin\theta + \sqrt{2}\cos\theta$$
$$= 2 + 2\sin\left(\theta + \frac{\pi}{4}\right)$$

⑧에 의하여,

$$2 + \sqrt{2} < \triangle ABC \leqq 4 \quad \cdots(답)$$ ■

(2) H와 K는 y축대칭이므로, $a \geqq 0$인 경우만 고려하여도 충분하다.

$a \neq 0$인 경우 ④, ⑥에서

$$\frac{1}{s} = \frac{1-\sqrt{1+ab}}{a}, \ \frac{1}{t} = \frac{1-\sqrt{1-ab}}{a}$$

$u = \sqrt{1+ab}$, $v = \sqrt{1-ab}$로 놓으면,

$$\overrightarrow{AD} = \begin{pmatrix} s-a \\ -\dfrac{1}{s}-b \end{pmatrix} = -u\begin{pmatrix} \dfrac{u+1}{b} \\ \dfrac{u-1}{a} \end{pmatrix}$$

$$\overrightarrow{AE} = \begin{pmatrix} t-a \\ \dfrac{1}{t}-b \end{pmatrix} = v\begin{pmatrix} \dfrac{v+1}{b} \\ \dfrac{v-1}{a} \end{pmatrix}$$

$\therefore \triangle ADE$

$$= \frac{1}{2}uv\left|\frac{u+1}{b} \cdot \frac{v-1}{a} - \frac{v+1}{b} \cdot \frac{u-1}{a}\right|$$

$$= \frac{1}{ab}uv|u-v|$$

$$= \frac{1}{ab}\sqrt{1+ab}\sqrt{1-ab}\,|\sqrt{1+ab}-\sqrt{1-ab}|$$

$$= 2 \cdot \frac{\sqrt{1+ab}\sqrt{1-ab}}{\sqrt{1+ab}+\sqrt{1-ab}} \ (\because ab>0) \quad \cdots ⑨$$

$a=0$인 경우, 점D, E는 각각 변 AB, AC의 중점이므로 (1)의 결과와 닮음비를 이용하면 $\triangle ADE = \left(\dfrac{1}{2}\right)^2 \cdot 4 = 1$로 된다. 따라서, ⑨는 $a=0$인 경우도 성립한다.

이제, ⑦과 같이 치환하면

$0 \leqq ab < 1$에서 $\dfrac{\pi}{4} \leqq \theta < \dfrac{\pi}{2}$이며,

$$\triangle ADE = 2\sqrt{2} \cdot \frac{\sin\theta\cos\theta}{\sin\theta+\cos\theta}$$

$$= 2\sqrt{2} \cdot \frac{\sin\theta}{1+\tan\theta}$$

우변의 식을 $f(\theta)$로 놓으면,

$$f'(\theta) = 2\sqrt{2} \cdot \frac{\cos\theta(1+\tan\theta)-\sin\theta \cdot \dfrac{1}{\cos^2\theta}}{(1+\tan\theta)^2}$$

$$= 2\sqrt{2} \cdot \frac{\cos\theta(1-\tan^3\theta)}{(1+\tan\theta)^2} \leqq 0$$

따라서,

$f(\theta)$는 $\dfrac{\pi}{4} \leqq \theta < \dfrac{\pi}{2}$에서 단조감소한다.

$f\left(\dfrac{\pi}{2}\right) < f(\theta) \leqq f\left(\dfrac{\pi}{4}\right)$에서,

$$\therefore 0 < f(\theta) \leqq 1$$

따라서, $0 < \triangle ADE \leqq 1$ …(답) ■

<참고> $S(s, 0)$, $T(t, 0)$으로 놓으면 $\triangle DBS + \triangle ECT = 1$이므로, (1)의 결과를 이용하여 $\triangle ADE$의 면적을 구할 수 있다. 또, $X = ab$로 놓으면 $\triangle ABC$, $\triangle ADE$의 면적을 X의 함수로 볼 수 있다. 이때 구해지는 값의 범위를 구하는 것도 가능하다.

[문제 3]

(1) 1에서 10000까지의 수에 대하여, 발생수에 대한 표시수가 모두 서로 다르므로

발생정수		표시정수
1	→	0001
2	→	0002
⋮		⋮
9999	→	9999
10000	→	0000

p_{10000}

$$= \left(\frac{1}{10000}\right)^2 \times 10000 = \frac{1}{10000} \quad \cdots(\text{답})$$ ■

(2) 발생정수가 1이거나 10001인 경우에 표시정수가 0001로 되므로,

$$p_{10001} = \left(\frac{2}{10001}\right)^2 + \left(\frac{1}{10001}\right)^2 \times 9999$$

$$= \frac{10003}{10001^2} = \frac{10^4+3}{(10^4+1)^2}$$

$$\therefore p_{10001} - p_{10000} = \frac{10^4+3}{(10^4+1)^2} - \frac{1}{10^4}$$

$$= \frac{10^4-1}{(10^4+1)^2 \cdot 10^4} \fallingdotseq 1 \times 10^{-8}$$

따라서, p_{10001}이 더 크며
그 차는 1×10^{-8}이다. …(답) ■

(3) $N=10^4+k$ $(k=1,2,\cdots,10^4)$으로 놓으면, 1부터 k에 대등하는 표시를 갖는 발생 정수는 각각 2개씩 있으므로

$$p_N=\left(\frac{2}{10^4+k}\right)^2\times k+\left(\frac{1}{10^4+k}\right)^2\times(10^4-k)$$
$$=\frac{10^4+3k}{(10^4+k)^2}$$

여기서, p_N을 k의 함수로 고려하여 $f(k)$로 놓고, $a=10^4$이라 하면

$$f(k)=\frac{a+3k}{(a+k)^2}$$

k를 실수로 고려하여 $f'(k)$를 구하면,

$$f'(k)=\frac{a-3k}{(a+k)^3}$$

이며, $f(k)$의 증감표는 오른쪽과 같다.

k	0	$\cdots$	$\frac{a}{3}$	$\cdots$	a
f'		+	0	−	
f	$\frac{1}{a}$	↗	극대	↘	$\frac{1}{a}$

여기서, $3333<\frac{a}{3}<3334$이므로 $\frac{a}{3}$는 정수가 아니다. 따라서, $f(3333)$과 $f(3334)$ 중 더 큰 값을 구하여야 한다.

$$f(3333)-f(3334)$$
$$=\frac{2a-1}{\left(a+\frac{a-1}{3}\right)^2}-\frac{2a+2}{\left(a+\frac{a-1}{3}+1\right)^2}$$
$$=\frac{27(a-1)}{2(4a-1)^2(2a+1)^2}>0\quad(\because a=10^4)$$

$$\therefore\begin{cases}q=f(0)=f(10000)=\dfrac{1}{10000}\\ r=f(3333)=\dfrac{19999}{177768889}\end{cases}$$ …(답) ■

(4) $m\cdot10^4\leqq N<(m+1)\cdot10^4$ $(m=1,2,\cdots)$라 하면, $N=m\cdot10^4+k$ $(k=1,2,\cdots 10^4-1)$로 놓을 수 있다.

(3)과 같은 방법으로 고려하면

$$p_N=\left(\frac{m+1}{m\cdot10^4+k}\right)^2\times k+\left(\frac{m}{m\cdot10^4+k}\right)^2\times(10^4-k)$$
$$=\frac{m^2a+(2m+1)k}{(ma+k)^2}\quad(\because a=10^4)$$

이 식을 $g_m(k)$로 놓으면,

$$g_m{}'(k)=\frac{ma-(2m+1)k}{(ma+k)^3}$$

이며, $g_m(k)$의 증감표는 다음과 같다.

k	0	$\cdots$	$\frac{ma}{2m+1}$	$\cdots$	a
$g_m{}'$		+	0	−	
g_m	$\frac{1}{a}$	↗	극대	↘	$\frac{1}{a}$

또, $f(k)-g_m(k)$

$$=\frac{a+3k}{(a+k)^2}-\frac{m^2a+(2m+1)k}{(ma+k)^2}$$
$$=\frac{k(a-k)(m-1)(am+a+2k)}{(a+k)^2(ma+k)^2}\geqq0$$
$$(\because 0\leqq k<a)$$

$f(a)=g_m(a)$이므로, $f(k)-g_m(k)$는 $(a-k)$를 인수로 갖는다.

이상에서, $q\leqq p_N\leqq r$ ■

이 증명은, 10000이상의 모든 정수 각각에 대한 증명을, [10000,20000], [20000,30000], …과 같은 실수구간에 대한 증명으로 전환하는 방법을 사용하였다.

1. (1) 일반각 θ에 대하여 $\sin\theta$, $\cos\theta$를 정의하여라.

(2) (1)에서의 정의에 의하여, 다음을 증명하여라.

일반각 α, β에 대하여, $\sin(\alpha+\beta)=\sin\alpha\cos\beta+\cos\alpha\sin\beta$

$\cos(\alpha+\beta)=\cos\alpha\cos\beta-\sin\alpha\sin\beta$

2. 복소수 z_n $(n=1, 2, \cdots)$을 다음과 같이 정의하자.

$z_1=1$, $z_{n+1}=(3+4i)z_n+1$　　(단, i는 허수단위)

(1) 임의의 자연수 n에 대하여 $\frac{3\times5^{n-1}}{4}<|z_n|<\frac{5^n}{4}$가 성립함을 보여라.

(2) 실수 $r>0$에 대하여 $|z_n|\leqq r$을 만족하는 z_n의 개수를 $f(r)$로 놓자.

이때, $\lim_{r\to\infty}\frac{f(r)}{\log r}$을 구하여라.

3. p를 $0<p<1$를 만족하는 실수라 하자.

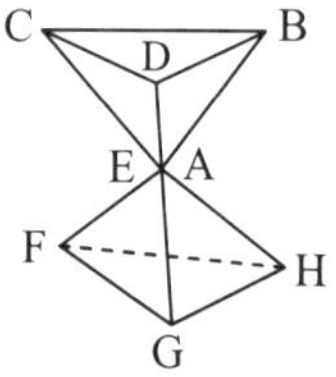

(1) 사면체ABCD의 각 변은 각각 확률 p로 전류가 통하는 것으로 하자. 이때, 꼭지점A에서 B로 전류가 흐를 확률을 구하여라. 단, 각 변에 전류가 흐르는가 흐르지 않는가는 독립이며, 변 이외에는 전류가 흐르지 않는 것으로 한다.

(2) (1)에서 고려한 것과 같은 2개의 사면체 ABCD와 EFGH를 그림과 같이 꼭지점A와 E를 맞대었을 때, 꼭지점B에서 F로 전류가 흐를 확률을 구하여라.

4. xyz공간에,

xy평면상에 원판A가 있으며 xz평면상에 원판B가 있어, 다음 두 조건을 만족한다.

(a) A, B는 원점에서부터의 거리가 1이하인 영역에 포함된다.

(b) A, B는 한 점P만을 공유하며, P는 각각의 원의 원주 상에 있다.

이러한 원판 A, B의 반지름의 합의 최대값을 구하여라. 단, 원판은 원의 내부와 원주를 합한 것을 의미한다.

5. (1) k를 자연수라 하자. m을 $m=2^k$으로 놓으면,

$0<n<m$를 만족하는 모든 정수 n에 대하여 이항계수 ${}_m\mathrm{C}_n$은 짝수임을 보여라.

(2) 다음 조건을 만족하는 자연수 m을 모두 구하여라.

[조건] $0\leqq n\leqq m$를 만족하는 모든 정수 n에 대하여 이항계수 ${}_m\mathrm{C}_n$은 홀수이다.

6. $\int_0^\pi e^x\sin^2x\,dx>8$임을 보여라.

단, $\pi=3.14\cdots$는 원주율이며, $e=2.71\cdots$는 자연대수의 밑이다.

[문제 1]

(1) O를 원점으로 하는 좌표평면에 점 X(1, 0)을 잡자. $\overrightarrow{OX}$를 원점O를 중심으로 θ만큼 회전시킨 벡터를 $\overrightarrow{OP}$라 하고, 점P의 좌표를 (x, y)라 하자. 이때,

$$\sin\theta = y,\ \cos\theta = x$$

로 정의한다.

(2) $\overrightarrow{OA} = (\cos\alpha, \sin\alpha)$, $\overrightarrow{OB} = (-\sin\alpha, \cos\alpha)$라 하고, $\overrightarrow{OA}$를 원점O를 중심으로 β만큼 회전시킨 벡터를 $\overrightarrow{OQ}$라 하자.

이때, (1)의 정의에 의하여

$$\overrightarrow{OQ} = (\cos(\alpha+\beta), \sin(\alpha+\beta))$$

또, Q에서 직선 OA, OB에 내린 수선의 발을 각각 H, K라 하면, (1)의 정의에 의하여,

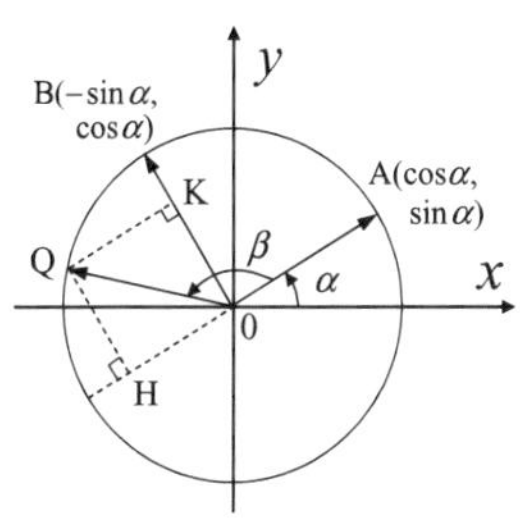

$$\overrightarrow{OH} = \cos\beta\overrightarrow{OA}$$
$$\overrightarrow{OK} = \sin\beta\overrightarrow{OB}$$

따라서, $\overrightarrow{OQ} = \overrightarrow{OH} + \overrightarrow{OK}$에서

$$(\cos(\alpha+\beta), \sin(\alpha+\beta))$$
$$= \cos\beta(\cos\alpha, \sin\alpha) + \sin\beta(-\sin\alpha, \cos\alpha)$$
$$= (\cos\alpha\cos\beta - \sin\alpha\sin\beta,\ \sin\alpha\cos\beta + \cos\alpha\sin\beta)$$

$$\therefore \begin{cases} \sin(\alpha+\beta) = \sin\alpha\cos\beta + \cos\alpha\sin\beta \\ \cos(\alpha+\beta) = \cos\alpha\cos\beta - \sin\alpha\sin\beta \end{cases}$$ ■

[문제 2]

(1) $z_{n+1} = (3+4i)z_n + 1\ \ (n \geqq 1)$ $\cdots$ ①

$\alpha = (3+4i)\alpha + 1$을 풀면 $\alpha = \dfrac{-1+2i}{10}$

α를 이용하면,

$$① \rightleftarrows z_{n+1} - \alpha = (3+4i)(z_n - \alpha)$$

$z_1 = 1$이므로,

$$z_n - \alpha = (3+4i)^{n-1}\frac{11-2i}{10}$$

$$\therefore |z_n - \alpha| = 5^{n-1} \cdot \frac{\sqrt{5}}{2}$$

삼각부등식 $|z_n| - |\alpha| \leqq |z_n - \alpha| \leqq |z_n| + |\alpha|$에 대입하면,

$$\therefore |z_n| - \frac{\sqrt{5}}{10} \leqq 5^{n-1} \cdot \frac{\sqrt{5}}{2} \leqq |z_n| + \frac{\sqrt{5}}{10}$$

$$\therefore \left(\frac{\sqrt{5}}{2} - \frac{\sqrt{5}}{10 \cdot 5^{n-1}}\right)5^{n-1} \leqq |z_n|$$
$$\leqq \left(\frac{\sqrt{5}}{10} + \frac{\sqrt{5}}{10 \cdot 5^n}\right)5^n$$

$n \geqq 2$인 경우, $2.2 < \sqrt{5} < 2.3$이므로

$$\frac{\sqrt{5}}{10} + \frac{\sqrt{5}}{10 \cdot 5^n} \leqq \frac{\sqrt{5}}{10} + \frac{\sqrt{5}}{10 \cdot 5^2}$$
$$< \frac{26 \cdot 2.3}{250} < \frac{1}{4}$$

$$\frac{\sqrt{5}}{2} - \frac{\sqrt{5}}{10 \cdot 5^{n-1}} \geqq \frac{\sqrt{5}}{2} - \frac{\sqrt{5}}{10 \cdot 5}$$
$$= \frac{12\sqrt{5}}{25} > \frac{3}{4}$$

또, $n = 1$인 경우, $\dfrac{3}{4} < |z_1| = 1 < \dfrac{5}{4}$

이상에서, 모든 자연수 n에 대하여

$$\frac{3 \times 5^{n-1}}{4} < |z_n| < \frac{5^n}{4}$$ ■

(2) $\dfrac{3 \times 5^{n-1}}{4} \leqq r \leqq \dfrac{3 \times 5^n}{4}$ $\cdots$ ①

인 경우, (1)과 $f(r)$의 정의에 의하여

$$f(r) = n-1 \text{ 또는 } n$$

$$\therefore n-1 \leqq f(r) \leqq n \qquad \cdots ②$$

①에서,

$$\log\frac{3}{4} + (n-1)\log 5 \leqq \log r$$
$$\leqq \log\frac{3}{4} + n\log 5 \quad \cdots ③$$

②, ③에서, $n \geq 2$인 경우

$$\frac{n-1}{\log\frac{3}{4}+n\log 5} \leq \frac{f(r)}{\log r} \leq \frac{n}{\log\frac{3}{4}+(n-1)\log 5}$$

여기서,

$$\lim_{n\to\infty}\frac{n}{\log\frac{3}{4}+(n-1)\log 5}=\lim_{n\to\infty}\frac{n-1}{\log\frac{3}{4}+n\log 5}$$
$$=\frac{1}{\log 5}$$

이고, $r\to\infty$일 때 $n\to\infty$이므로

$$\lim_{r\to\infty}\frac{f(r)}{\log r}=\frac{1}{\log 5} \qquad \cdots(\text{답})$$ ■

<참고> 복소평면상의 점의 집합 D_n을

$$D_n=\left\{z\left|\frac{3\times 5^{n-1}}{4}<|z|<\frac{5^n}{4}\right.\right\}$$

으로 놓으면, 오른쪽 그림과 같이 $D_n \cap D_{n+1} = \varnothing$ 이므로, z_n과 z_{n+1}이 동시에 D_n에 포함되는 경우는 없다. 결국, 영역 $|z| \leq r$이 D_n을 몇 개 포함하는가를 고려하면 된다.

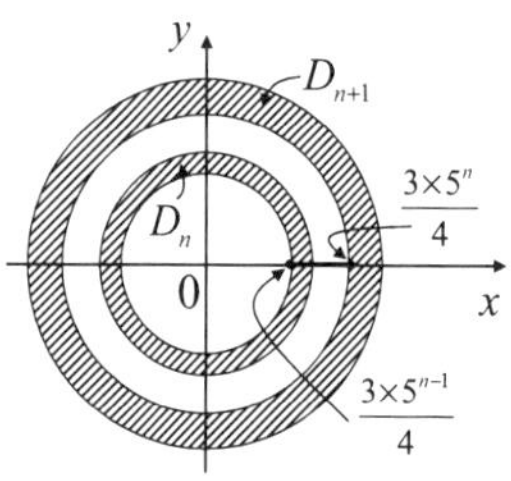

[문제 3]

(1) 점A에서 점B로 전류가 흐르지 않는 경우를, 두 변 AC, AD에 전류가 흐르는가의 여부에 따라 고려하면 그림과 같은 4가지 경우가 있다. 단, ○는 전류가 흐르는 것을, ×는 전류가 흐르지 않는 것을, △는 흐르는가의 여부에 관계없음을 나타낸다.

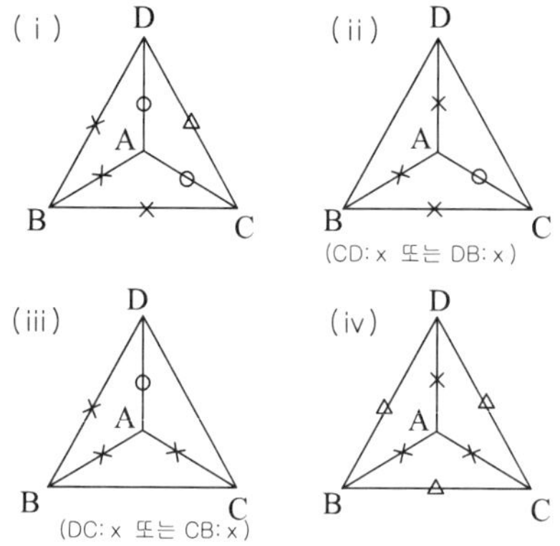

각 경우의 확률을 구해보면,

(i)의 경우 $p^2(1-p)^3$

(ii), (iii)의 경우 $p(1-p)^3(1-p^2)$

(iv)의 경우 $(1-p)^3$

따라서, 전류가 흐르지 않을 확률은

$$p^2(1-p)^3+2p(1-p)^3(1-p^2)+(1-p)^3$$
$$=(1-p)^3(-2p^3+p^2+2p+1)$$
$$=2p^6-7p^5+7p^4-2p^2-p+1$$

결국, 구하는 확률은

$$1-(2p^6-7p^5+7p^4-2p^2-p+1)$$
$$=-2p^6+7p^5-7p^4+2p^2+p \qquad \cdots(\text{답})$$ ■

(2) 점A에서 점F에 전류가 흐를 확률은 (1)에서 구한 확률과 같으므로,

$$(-2p^6+7p^5-7p^4+2p^2+p)^2$$
$$=p^2(-2p^5+7p^4-7p^3+2p+1)^2 \quad \cdots(\text{답})$$ ■

[문제 4]

조건에서 점P는 x축 상에 있으므로 그 좌표를 $(t, 0, 0)$으로 놓을 수 있으며, 대칭성에 의하여 $0 \leq t < 1$로 놓아도 된다.

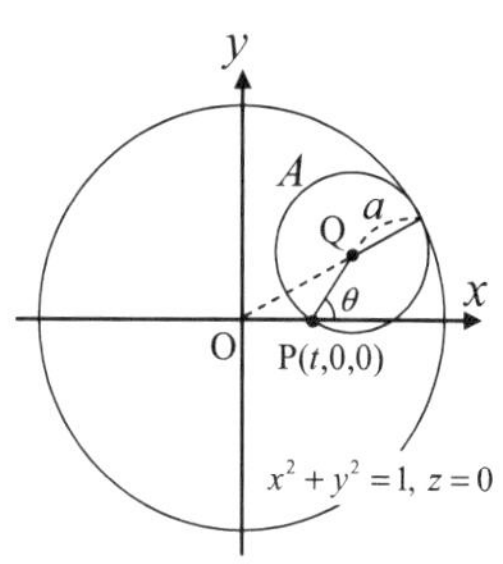

또, 원판 A, B의 중심을 각각 Q, R이라 하면, 한 점만을 공유하므로

(Q의 x좌표) $\geq t$

(R의 x좌표) $\leq t$

로 놓자.

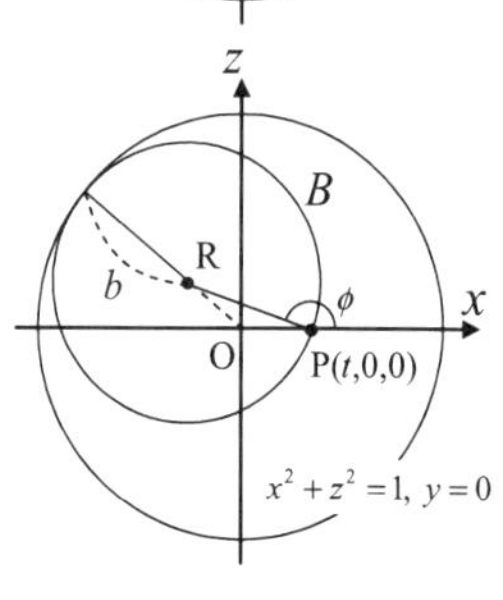

원판A의 반지름이 최대로 되는 것은, xy평면에 있어, 원 $x^2+y^2=1$에 내접할 때이므로, 이때의 원판의 반지름을 a라 하자.
원판B의 반지름에 관하여도 같은 방법으로 b라 하자.

이제, 그림과 같이
$\overrightarrow{\mathrm{PQ}}$의 편각을 $\theta\left(-\dfrac{\pi}{2}\leqq\theta\leqq\dfrac{\pi}{2}\right)$로 놓으면
$\mathrm{Q}(t+a\cos\theta, a\sin\theta, 0)$에서

$$\therefore\ \sqrt{(t+a\cos\theta)^2+(a\sin\theta)^2}+a=1$$
$$\rightleftarrows t^2+2ta\cos\theta+a^2=1-2a+a^2$$
$$\rightleftarrows 2(t\cos\theta+1)a=1-t^2$$
$$\therefore\ a=\frac{1-t^2}{2(t\cos\theta+1)}\leqq\frac{1-t^2}{2}\quad\cdots ①$$
$$\left(\text{등호는 }\theta=\pm\frac{\pi}{2}\text{일 때 성립}\right)$$

또, $\overrightarrow{\mathrm{PR}}$의 편각을 $\phi\left(\dfrac{\pi}{2}\leqq\phi\leqq\dfrac{3\pi}{2}\right)$로 놓으면, 위와 같은 방법으로

$$b=\frac{1-t^2}{2(t\cos\phi+1)}\leqq\frac{1-t^2}{2(-t+1)}=\frac{1+t}{2}\quad\cdots ②$$
$$(\text{등호는 }\phi=\pi\text{일 때 성립})$$

---

①, ②에서

$$a+b\leqq\frac{1-t^2}{2}+\frac{1+t}{2}=-\frac{1}{2}t^2+\frac{1}{2}t+1$$
$$=-\frac{1}{2}\left(t-\frac{1}{2}\right)^2+\frac{9}{8}\leqq\frac{9}{8}$$
$$\left(\text{등호는 }\theta=\pm\frac{\pi}{2},\ \phi=\pi,\ t=\frac{1}{2}\text{일 때 성립}\right)$$

따라서, 구하는 최대값은 $\dfrac{9}{8}$ …(답) ■

[문제 5]

(1) $${}_m\mathrm{C}_n=\frac{\mathrm{m}!}{(\mathrm{m}-\mathrm{n})!\mathrm{n}!}$$
$$=\frac{m}{n}\cdot\frac{(m-1)!}{\{(m-1)-(n-1)\}!(n-1)!}$$
$$=\frac{m}{n}\,{}_{m-1}\mathrm{C}_{n-1}=\frac{2^k}{n}\,{}_{m-1}\mathrm{C}_{n-1}\quad\cdots ①$$

$n=2^i\cdot n'$ (n'는 홀수)로 놓으면 $n<2^k$이므로 $i<k$이며, ①에 의하여

$${}_m\mathrm{C}_n=\frac{2^k}{2^i\cdot n'}\,{}_{m-1}\mathrm{C}_{n-1}$$
$$\rightleftarrows n'\cdot{}_m\mathrm{C}_n=2^{k-i}\,{}_{m-1}\mathrm{C}_{n-1}$$

n'는 홀수이므로, ${}_m\mathrm{C}_n$은 $2^{k-i}\,(k-i>0)$으로 나누어져야 한다.
따라서, ${}_m\mathrm{C}_n$은 짝수이다. ■

(2) 이항계수 ${}_m\mathrm{C}_n$이 $0\leqq n\leqq m$을 만족하는 모든 정수 n에 대하여 홀수라고 하자.

$${}_m\mathrm{C}_{n+1}=\frac{m!}{(m-n-1)!(n+1)!}$$
$$=\frac{m-n}{n+1}\cdot\frac{m!}{(m-n)!n!}$$
$$=\frac{m-n}{n+1}\,{}_m\mathrm{C}_n\ (0\leqq n\leqq m-1)\cdots ②$$

${}_m\mathrm{C}_1=m$이 홀수이므로, $2^{l-1}<m<2^l$을 만족하는 정수l이 존재하여

$$m=2^{l-1}+a\qquad\cdots ③$$
$$(1\leqq a\leqq 2^{l-1}-1,\ a\text{는 홀수})$$

로 나타낼수 있다.

이제, $n=a$로 놓으면 ②에서

$${}_m\mathrm{C}_{n+1}=\frac{2^{l-1}}{a+1}\,{}_m\mathrm{C}_n$$
$$\rightleftarrows (a+1)\,{}_m\mathrm{C}_{n+1}=2^{l-1}\,{}_m\mathrm{C}_n$$

여기서, ${}_m\mathrm{C}_{n+1}$은 홀수이므로, $a+1$이 2^{l-1}으로 나누어져야한다.

$2 \leqq a+1 \leqq 2^{l-1}$이므로, $a+1=2^{l-1}$

$$\therefore\ a=2^{l-1}-1$$

a값을 ③에 대입하면,

$$m=2^{l-1}+2^{l-1}-1=2^l-1 \quad (l=1,2,\cdots)$$

역으로, $m=2^l-1 \quad (l=1,2,\cdots)$이라 하자.

$${}_{m+1}C_{n+1} = {}_mC_n + {}_mC_{n+1}$$

$$\therefore\ {}_mC_{n+1} = {}_{m+1}C_{n+1} - {}_mC_n \quad (0 \leqq n \leqq m-1) \quad \cdots ④$$

여기서, $m+1=2^l$이므로 ①의 결과에 의하여, ${}_{m+1}C_{n+1}$은 m이하의 모든 정수 n에 대하여 짝수이다. 따라서, ④식에서

$$\therefore\ {}_mC_{n+1} = \text{짝수} - {}_mC_n \quad (0 \leqq n \leqq m-1) \quad \cdots ⑤$$

⑤식에 $n=0$을 대입하면,

$${}_mC_1 = \text{짝수} - {}_mC_0$$

${}_mC_0=1$이므로, ${}_mC_1$은 홀수이다.

같은 방법으로, $n=1,2,\cdots,m-1$을 ⑤식에 대입하면, $0 \leqq n \leqq m$을 만족하는 모든 정수 n에 대하여 ${}_mC_n$은 홀수이다.

이상에서, 조건을 만족하는 자연수 m은

$$m=2^l-1 \quad (l=1,2,3,\cdots) \quad \cdots(\text{답})$$ ■

[문제 6]

$$\int_0^{\pi} e^x \sin^2 x\,dx = \frac{1}{2}\int_0^{\pi} e^x(1-\cos 2x)\,dx$$

여기서, 부분적분을 2회 반복하면

$$\int e^x\cos 2x\,dx = e^x\cos 2x + 2\int e^x \sin 2x\,dx$$

$$= e^x\cos 2x + 2e^x\sin 2x - 4\int e^x\cos 2x\,dx$$

$$\therefore\ \int e^x\cos 2x\,dx = \frac{1}{5}e^x(\cos 2x + 2\sin 2x)$$

$$\therefore\ \int_0^{\pi} e^x\sin^2 x\,dx$$

$$= \frac{1}{2}\left[e^x\right]_0^{\pi} - \frac{1}{10}\left[e^x(\cos 2x+2\sin 2x)\right]_0^{\pi}$$

$$= \frac{1}{2}(e^{\pi}-1) - \frac{1}{10}(e^{\pi}-1) = \frac{2}{5}(e^{\pi}-1)$$

여기서, $\frac{2}{5}(e^{\pi}-1) > 8 \rightleftarrows e^{\pi} > 21$이므로

$e^{\pi} > 21$을 보이면 된다.

$f(x)=e^x$로 놓으면, $y=f(x)$의 그래프는 아래로 볼록하므로, $x \neq 3$에 대하여

$$f(x) > f'(3)(x-3)+f(3)$$

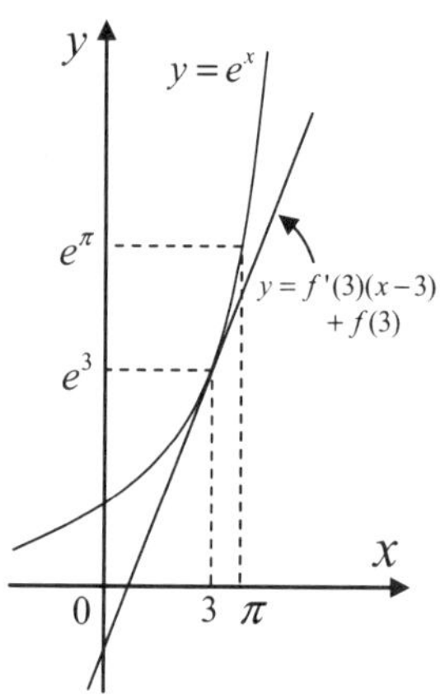

$x=\pi\,(\neq 3)$를 대입하면,

$$f(\pi) > f'(3)(\pi-3)+f(3)$$

$$\therefore\ e^{\pi} > e^3(\pi-3)+e^3$$

$$= e^3(\pi-2)$$

$$> 2.7^3 \cdot 1.1 \quad (\because e>2.7,\ \pi>3.1)$$

$$= 21.6513 > 21$$

$e^{\pi} > 21$이므로,

$$\int_0^{\pi} e^x\sin^2 x\,dx > 8$$ ■

< 1999年 前期 - 文科 > 時間 : 100分

1. 이과 1번과 같음

2. 다음 두 조건을 동시에 만족하는 복소수 z전체의 집합을 복소평면 상에 도시하라.

(a) $2z,\ \frac{2}{z}$의 실수부는 모두 정수이다. (b) $|z| \geqq 1$

3. c를 $c > \frac{1}{4}$를 만족하는 실수라 하자. xy평면상의 포물선 $y = x^2$을 A라 하고, 직선 $y = x - c$에 대하여 A와 대칭인 포물선을 B라 하자. 점P는 포물선 A상에서 움직이고, 점Q는 포물선 B상에서 움직일 때, 선분PQ의 길이의 최소값을 c를 이용하여 나타내어라.

4. (1) 사면체ABCD의 각 변은 각각 확률 $\frac{1}{2}$로 전류가 통하는 것으로 하자. 이때, 꼭지점 A에서 B로 전류가 흐를 확률을 구하여라. 단, 각 변에 전류가 흐르는가 흐르지 않는가는 독립이며, 변 이외에는 전류가 흐르지 않는 것으로 한다.

(2) (1)에서 고려한 것과 같은 2개의 사면체 ABCD와 EFGH를 그림과 같이 꼭지점A와 E를 맞대었을 때, 꼭지점B에서 F로 전류가 흐를 확률을 구하여라.

(그림은 이과3번과 같음)

[문제 2]

$z = x + yi\ (x, y$는 실수$)$로 놓으면,

$$2z = 2(x + yi) = 2x + 2yi$$

$$\frac{2}{z} = \frac{2}{x + yi} = \frac{2x}{x^2 + y^2} - \frac{2y}{x^2 + y^2}i$$

이므로,

조건(a)에 의하여 $2x,\ \frac{2x}{x^2 + y^2}$는 정수이다.

이제, 조건(b)를 고려해보자.

(Ⅰ) $x = 0$인 경우,

조건(b)에 의하여 $|y| \geqq 1$

(Ⅱ) $x \neq 0$인 경우,

$\frac{2x}{x^2 + y^2} = n$ (n은 0이 아닌 정수)로 놓으면,

$$\frac{2x}{x^2 + y^2} = n \rightleftarrows 2x = n(x^2 + y^2)$$

$$\rightleftarrows \left(x - \frac{1}{n}\right)^2 + y^2 = \left(\frac{1}{n}\right)^2 \quad \cdots ①$$

$|n| \geqq 3$인 경우, 원①은 원점을 중심으로 하는 반지름1인 원의 내부에 포함되므로, 조건(b)를 만족하지 않는다.

$$\therefore\ n = \pm 1, \pm 2$$

(ⅰ) $n = 1$인 경우, ① : $(x - 1)^2 + y^2 = 1$

$2x$가 정수인 x는 $\frac{1}{2}, 1, \frac{3}{2}, 2$이므로

$$(x, y) = \left(\frac{1}{2}, \pm\frac{\sqrt{3}}{2}\right), (1, \pm 1), \left(\frac{3}{2}, \pm\frac{\sqrt{3}}{2}\right), (2, 0)$$

(ⅱ) $n = 2$인 경우, ① : $\left(x - \frac{1}{2}\right)^2 + y^2 = \left(\frac{1}{2}\right)^2$

$2x$가 정수로 되는 x중, 조건(b)를 만족하는 것은 $(x, y) = (1, 0)$

$n = -1, -2$인 경우, 같은 방법으로

$$(x, y) = \left(-\frac{1}{2}, \pm\frac{\sqrt{3}}{2}\right), (-1, \pm 1), \left(-\frac{3}{2}, \pm\frac{\sqrt{3}}{2}\right), (-2, 0), (-1, 0)$$

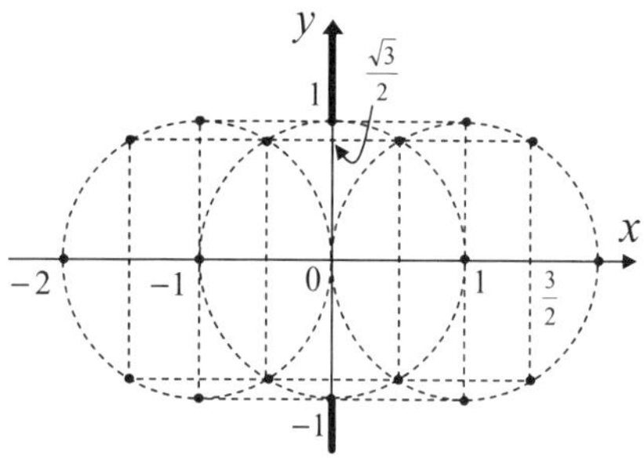

이상에서, 구하는 z전체의 집합은 그림상의 검은 점과 굵은 실선부분이다. ■

[문제 3]
선분PQ의 길이가 최소로 되는 것은, P, Q 에서의 접선의 기울기가 모두 1일 때이다.

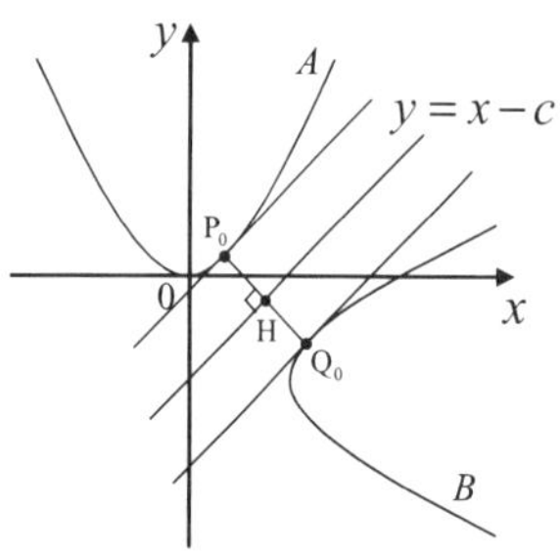

이때, P, Q를 각각 P_0, Q_0라 하고, P_0를 (t, t^2)으로 놓으면

$$2t=1 \quad \therefore t=\frac{1}{2} \qquad \therefore P_0\left(\frac{1}{2}, \frac{1}{4}\right)$$

P_0에서 직선 $y=x-c$에 내린 수선의 발을 H라 하면, $c>\frac{1}{4}$이므로

$$\overline{P_0H}=\frac{\left|\frac{1}{2}-\frac{1}{4}-c\right|}{\sqrt{1^2+(-1)^2}}=\frac{1}{\sqrt{2}}\left(c-\frac{1}{4}\right)>0$$

P_0, Q_0는 직선 $y=x-c$에 대하여 대칭이므로, 선분PQ의 길이의 최소값은

$$\overline{P_0Q_0}=2\overline{P_0H}=\sqrt{2}\left(c-\frac{1}{4}\right) \qquad \cdots(\text{답})$$ ■

[문제 4]
(1) 이과 문제3-(1)의 해답에 $p=\frac{1}{2}$을 대입하면, 구하는 확률은 $\frac{3}{4}$ …(답) ■

(2) $\left(\frac{3}{4}\right)^2=\frac{9}{16}$ …(답) ■

< 1999年 後期 - 理科1類 > 時間 : **150**分

1. (1) 양의 정수 n에 대하여, $-\frac{\pi}{2}\leqq x\leqq\frac{\pi}{2}$의 범위에서 $f_n(x)$를 다음과 같이 정의하자.

$$f_n(x)=\begin{cases}\dfrac{\sin nx}{\sin x} & -\dfrac{\pi}{2}\leqq x\leqq\dfrac{\pi}{2},\ x\neq 0\\ c_n & x=0\end{cases}$$

$f_n(x)$가 연속함수가 되도록 c_n을 결정하여라.

(2) $f_3(x)$는 $\cos x$, $\cos 2x$ 등을 이용하여 나타낼 수 있음을 보이고, 정적분 $\int_{-\frac{\pi}{2}}^{\frac{\pi}{2}} f_3(x)\,dx$의 값을 구하여라.

(3) 임의의 양의 정수 n에 대하여, 정적분 $\int_{-\frac{\pi}{2}}^{\frac{\pi}{2}} f_{2n+1}(x)\,dx$의 값을 구하여라.

2. 좌표평면상의 원점을 $\mathrm{O}(0,0)$라 하자.
또, x좌표와 y좌표가 모두 정수인 점을 격자점이라 하자.

(1) t를 양의 실수라 하자. 점 $\mathrm{P}(-1,0)$을 지나며 기울기가 t인 직선과 단위원 $x^2+y^2=1$과의 P이외의 교점을 $\mathrm{Q}(t)$라 하자. $\mathrm{Q}(t)$의 좌표를 구하여라. 또, $0<s<t$를 만족하는 두 실수 s, t에 대하여, 선분$\mathrm{Q}(s)\mathrm{Q}(t)$의 길이를 구하여라.

(2) $\angle \mathrm{Q}(s)\mathrm{PO}=\alpha$, $\angle \mathrm{Q}(t)\mathrm{PO}=\beta$로 놓고, $u=\tan\frac{\alpha}{2}$, $v=\tan\frac{\beta}{2}$라 하자.

u, v가 모두 유리수이면, 선분$\mathrm{Q}(s)\mathrm{Q}(t)$의 길이도 유리수임을 보여라.

(3) 임의로 주어진 3이상의 정수 n에 대하여, 다음 조건 (C_1), (C_2), (C_3)를 모두 만족하는 n개의 서로 다른 점 $\mathrm{A}_1, \mathrm{A}_2, \cdots, \mathrm{A}_n$이 좌표평면상에 존재함을 증명하여라.

(C_1) $\mathrm{A}_1, \mathrm{A}_2, \cdots, \mathrm{A}_n$은 모두 격자점이다.

(C_2) $\mathrm{A}_1, \mathrm{A}_2, \cdots, \mathrm{A}_n$의 어떠한 서로 다른 세 점도 한 직선위에 있지 않다.

(C_3) $\mathrm{A}_1, \mathrm{A}_2, \cdots, \mathrm{A}_n$의 임의의 서로 다른 두 점 $\mathrm{A}_i, \mathrm{A}_j$에 대하여, 선분$\mathrm{A}_i\mathrm{A}_j$의 길이는 정수이다.

3. 좌표평면상의 두 사각형 ABCD와 $\mathrm{A'B'C'D'}$가 서로 닮음이라는 것은, 대응하는 네 꼭지점에 있어 내각이 각각 같고, 대응하는 변의 길이의 비가 모두 같은 것으로 한다. 이때, $\square\mathrm{ABCD} \backsim \square\mathrm{A'B'C'D'}$로 표시한다. 단, 사각형$\mathrm{ABCD}$와 같이 적는 경우는, 네 꼭지점 $\mathrm{A, B, C, D}$가 그림과 같이 반시계방향으로 순서대로 위치해있는 것으로 하며, 사각형은 둘레 및 내부를 포함하는 것으로 고려한다.

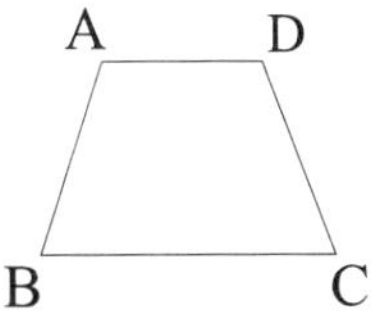

사각형$\mathrm{A_0B_0C_0D_0}$가 주어진 경우, 그 사각형으로부터 출발하여 임의의 정수 n에 대하여 사각형$\mathrm{A}_n\mathrm{B}_n\mathrm{C}_n\mathrm{D}_n$을 다음과 같이 귀납적으로 정한다.

(i) $n=0$의 경우, 주어진 사각형$\mathrm{A_0B_0C_0D_0}$로 한다.

(ii) $n>0$인 경우, 사각형$\mathrm{A}_{n-1}\mathrm{B}_{n-1}\mathrm{C}_{n-1}\mathrm{D}_{n-1}$까지 정해져 있다고 할 때, 사각형$\mathrm{A}_n\mathrm{B}_n\mathrm{C}_n\mathrm{D}_n$을 다음과 같은 사각형으로 정한다.

$$\mathrm{A}_n=\mathrm{D}_{n-1},\ \mathrm{B}_n=\mathrm{C}_{n-1},\ \square\mathrm{A}_n\mathrm{B}_n\mathrm{C}_n\mathrm{D}_n \backsim \square\mathrm{A}_{n-1}\mathrm{B}_{n-1}\mathrm{C}_{n-1}\mathrm{D}_{n-1}$$

(iii) $n<0$인 경우, $0,-1,\cdots$과 같이 음의 방향으로 나아가, 사각형$\mathrm{A}_{n+1}\mathrm{B}_{n+1}\mathrm{C}_{n+1}\mathrm{D}_{n+1}$까지 정해져 있다고 할 때, 사각형$\mathrm{A}_n\mathrm{B}_n\mathrm{C}_n\mathrm{D}_n$을 다음과 같은 사각형으로 정한다.

$$\mathrm{D}_n=\mathrm{A}_{n+1},\ \mathrm{C}_n=\mathrm{B}_{n+1},\ \square\mathrm{A}_n\mathrm{B}_n\mathrm{C}_n\mathrm{D}_n \backsim \square\mathrm{A}_{n+1}\mathrm{B}_{n+1}\mathrm{C}_{n+1}\mathrm{D}_{n+1}$$

위와 같이 정해진 사각형$\mathrm{A}_n\mathrm{B}_n\mathrm{C}_n\mathrm{D}_n$을 K_n이라 하고 원점을 O라 하자. 이제, 좌표평면상의 세 점 $\mathrm{A}_0(2,1)$, $\mathrm{B}_0(8,4)$, $\mathrm{P}(4,12)$를 고려하자. 선분OP 상의 원점이외의 한 점 C_0를 잡자. 점A_0에서 선분$\mathrm{B}_0\mathrm{C}_0$에 평행하게 그린 직선과 선분OP와의 교점을 D_0라 하자.
이렇게 정하여진 사각형$\mathrm{A_0B_0C_0D_0}$에서 출발하여, 위와 같이 구하여진 사각형의 열 $\cdots, K_{-2}, K_{-1}, K_0, K_1, K_2, \cdots$를 고려하자.

(1) $\angle \mathrm{B_0OP}$를 구하여라.

(2) 선분OP 상의 한 점 $\mathrm{C_0}$를 선택하여, 그것에 의하여 정해지는 사각형$\mathrm{A_0B_0C_0D_0}$에서 출발하여 사각형의 열 $\cdots, K_{-2}, K_{-1}, K_0, K_1, K_2, \cdots$를 구하였더니, 0이 아닌 정수 n이 존재하여 $K_n = K_0$로 되었다고 한다.
이때, 점$\mathrm{C_0}$의 좌표를 구하여라. 또, $K_n = K_0$로 되는 정수n을 모두 구하여라.

(3) 선분OP 상의 한 점 $\mathrm{C_0}$를 선택하여, 그것에 의하여 정해지는 사각형$\mathrm{A_0B_0C_0D_0}$에서 출발하여 사각형의 열 $\cdots, K_{-2}, K_{-1}, K_0, K_1, K_2, \cdots$를 구하였더니, 사각형들이 좌표평면 상의 원점을 제외한 부분을, 변과 꼭지점을 제외하고는 서로 겹치지 않으며 빈틈없이 메우게 되었다고 한다. 이러한 성질을 갖는 점$\mathrm{C_0}$를 모두 찾아 그 좌표를 구하여라. 또, 그러한 경우 각각에 있어서, 점 $(100, 50)$이 K_n에 포함되는 정수 n을 모두 구하여라.

[문제 1]

(1) $x \neq 0$일 때,

$$\lim_{x\to 0} f_n(x) = \lim_{x\to 0}\frac{\sin nx}{\sin x}$$
$$= \lim_{x\to 0}\frac{x}{\sin x}\cdot\frac{\sin nx}{nx}\cdot n$$
$$= 1\cdot 1\cdot n = n$$

따라서, $f_n(x)$가 연속함수이기위한 c_n은

$$c_n = n \qquad \cdots(\text{답})$$ ■

(2) $x \neq 0$일 때,

$$f_3(x) = \frac{\sin 3x}{\sin x} = \frac{3\sin x - 4\sin^3 x}{\sin x}$$
$$= 3 - 4\sin^2 x = 3 - 4\cdot\frac{1-\cos 2x}{2}$$
$$= 1 + 2\cos 2x$$

또, $1+2\cos 2x$에 $x=0$을 대입하면 $1+2\cdot 1 = 3$이며, 이 값은 $c_3 = 3$과 일치한다. 따라서,

$$f_3(x) = 1 + 2\cos 2x \quad \left(-\frac{\pi}{2} \leq x \leq \frac{\pi}{2}\right)$$
$\cdots$(답) ■

이때,

$$\int_{-\frac{\pi}{2}}^{\frac{\pi}{2}} f_3(x)\,dx = \int_{-\frac{\pi}{2}}^{\frac{\pi}{2}} (1+2\cos 2x)\,dx$$
$$= 2\int_0^{\frac{\pi}{2}} (1+2\cos 2x)\,dx$$
$$= 2\left[x + \sin 2x\right]_0^{\frac{\pi}{2}} = \pi \qquad \cdots(\text{답})$$ ■

(3) $x \neq 0$일 때,

$$f_5(x) = \frac{\sin 5x}{\sin x} = \frac{\sin(3x+2x)}{\sin x}$$
$$= \frac{\sin 3x\cos 2x + \cos 3x\sin 2x}{\sin x}$$
$$= \frac{\sin 3x}{\sin x}\cdot\cos 2x + 2\cos 3x\cos x$$
$$= (1+2\cos 2x)\cos 2x + \cos 2x + \cos 4x$$
$$= 1 + 2\cos 2x + 2\cos 4x$$
($x=0$에서도 성립)

(1)에서의 결과와 함께 고려하면

$$\begin{cases} f_3(x) = 1 + 2\cos 2x \\ f_5(x) = 1 + 2\cos 2x + 2\cos 4x \end{cases}$$

이므로, 자연수 n에 대하여

$$f_{2n+1}(x) = 1 + \sum_{k=1}^{n} 2\cos 2kx \qquad \cdots\cdots(*)$$

로 추정할 수 있다.

이제, f_{2n+1}이 (*)를 만족하면 f_{2n+3}도 (*)를 만족함을 보이면 된다.

$x \neq 0$일 때,

$$f_{2n+3}(x) = \frac{\sin(2n+3)x}{\sin x}$$

$$= \frac{\sin\{(2n+1)x+2x\}}{\sin x}$$

$$= f_{2n+1}(x) \cdot \cos 2x + 2\cos(2n+1)x \cdot \cos x$$

$$= (1+\sum_{k=1}^{n} 2\cos 2kx)\cos 2x + \cos 2nx + \cos(2n+2)x$$

$$= \cos 2x + \sum_{k=1}^{n}\{\cos(2k-2)x + \cos(2k+2)x\} + \cos 2nx + \cos(2n+2)x$$

$$= 1 + \sum_{k=1}^{n+1} 2\cos 2kx \quad (x=0\text{일 때도 성립})$$

로 되어,

f_{2n+1}이 $(*)$를 만족하면 f_{2n+3}도 $(*)$를 만족한다. 따라서, 수학적귀납법에 의하여, 모든 양의 정수 n에 대하여 $(*)$가 성립한다.

$$\int_{-\frac{\pi}{2}}^{\frac{\pi}{2}} f_{2n+1}(x)\,dx = 2\int_{0}^{\frac{\pi}{2}} (1+\sum_{k=1}^{n} 2\cos 2kx)\,dx$$

$$= 2\left[x + \sum_{k=1}^{n} \frac{\sin 2kx}{k}\right]_0^{\frac{\pi}{2}} = \pi \quad \cdots(\text{답}) \ ■$$

<참고>

$f_{2n+3}(x)$

$= \cos 2x \cdot f_{2n+1}(x) + \cos 2nx + \cos(2n+2)x$

에서, 다음을 얻을 수도 있다.

$$\int_{-\frac{\pi}{2}}^{\frac{\pi}{2}} f_{2n+3}(x)\,dx = \int_{-\frac{\pi}{2}}^{\frac{\pi}{2}} f_{2n+1}(x)\,dx = \cdots = \pi$$

[문제 2]

(1) $\begin{cases} x^2+y^2=1 & \cdots ① \\ y=t(x+1) & \cdots ② \end{cases}$

①, ②에서 y를 소거하면

$$x^2+t^2(x+1)^2=1$$

$$\rightleftarrows (x^2-1)+t^2(x+1)^2=0$$

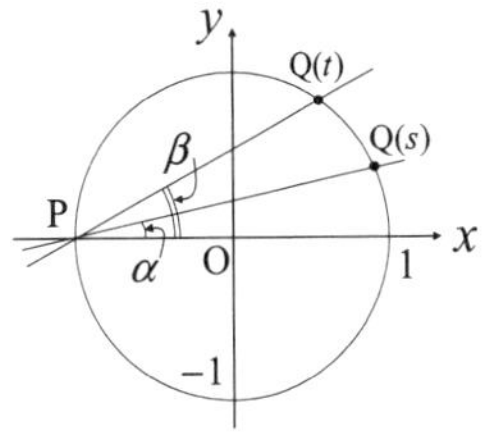

$x \neq -1$라 해도 좋으므로,

$(x-1)+t^2(x+1)=0 \rightleftarrows (1+t^2)x = 1-t^2$

$$\therefore\ x = \frac{1-t^2}{1+t^2}$$

②에 대입하면,

$$y = t\left(\frac{1-t^2}{1+t^2}+1\right) = \frac{2t}{1+t^2}$$

$$\therefore\ \mathrm{Q}(t) = \left(\frac{1-t^2}{1+t^2},\ \frac{2t}{1+t^2}\right) \quad \cdots(\text{답}) \ ■$$

같은 방법으로,

$\mathrm{Q}(s) = \left(\frac{1-s^2}{1+s^2},\ \frac{2s}{1+s^2}\right)$이므로

$\overline{\mathrm{Q}(s)\mathrm{Q}(t)}$

$$= \sqrt{\left(\frac{1-t^2}{1+t^2}-\frac{1-s^2}{1+s^2}\right)^2 + \left(\frac{2t}{1+t^2}-\frac{2s}{1+s^2}\right)^2}$$

$$= \sqrt{1+1-2\left\{\frac{(1-t^2)(1-s^2)}{(1+t^2)(1+s^2)} + \frac{4ts}{(1+t^2)(1+s^2)}\right\}}$$

$$= \sqrt{2 \cdot \frac{(1+t^2)(1+s^2)-(1-t^2)(1-s^2)-4ts}{(1+t^2)(1+s^2)}}$$

$$= \sqrt{4 \cdot \frac{(t-s)^2}{(1+t^2)(1+s^2)}} \quad (\because\ 0<s<t)$$

$$= \frac{2(t-s)}{\sqrt{(1+t^2)(1+s^2)}} \quad \cdots(\text{답}) \ ■$$

(2) $s=\tan\alpha=\tan\left(2\cdot\frac{\alpha}{2}\right)\quad\left(0<\alpha<\frac{\pi}{2}\right)$

이므로,

$$s=\frac{2\tan\frac{\alpha}{2}}{1-\tan^2\frac{\alpha}{2}}=\frac{2u}{1-u^2}\quad(0<u<1)$$

$$\therefore\ \sqrt{1+s^2}=\sqrt{1+\left(\frac{2u}{1-u^2}\right)^2}=\frac{1+u^2}{1-u^2}$$

같은 방법으로,

$$t=\frac{2v}{1-v^2},\ \sqrt{1+t^2}=\frac{1+v^2}{1-v^2}$$

(1)의 결과에 대입하면,

$$\overline{\mathrm{Q}(s)\mathrm{Q}(t)}=\frac{4(v-u)(1+vu)}{(1+v^2)(1+u^2)}$$

따라서, u, v가 모두 유리수이면,

선분$\mathrm{Q}(s)\mathrm{Q}(t)$의 길이도 유리수이다.

(3) 3이상의 임의의 정수 n에 대하여, 세 조건을 만족하는 n개의 서로 다른 점 A_1, $\mathrm{A}_2, \cdots, \mathrm{A}_n$을 찾는 방법을 보이면 된다.

먼저, $0<u_1<u_2<\cdots<u_n<1$을 만족하는 유한유리수열을 임의로 잡자. 즉,

$$u_i=\frac{p_i}{q_i}\begin{pmatrix}p_i, q_i\text{는 자연수}\\ 0<p_i<q_i\end{pmatrix}\quad(i=1,2,\cdots n)$$

또, $$s_i=\frac{2u_i}{1-u_i^2}\left(=\frac{2p_iq_i}{q_i^2-p_i^2}\right),$$

$$R=(p_1^2+q_1^2)^2(p_2^2+q_2^2)^2\cdots(p_n^2+q_n^2)^2$$

으로 놓자.

이때,

원 : $x^2+y^2=R^2$ $\cdots$ ③

직선 : $y=s_i(x+R)\ (i=1,2,\cdots,n)$ $\cdots$ ④

의 점$(-R,0)$이외의 교점을 A_i라 하자.

③, ④를 연립하여,

A_i의 좌표를 (1)을 참고하여 구하면,

$$\mathrm{A}_i=\left(\frac{1-s_i^2}{1+s_i^2}R,\ \frac{2s_i}{1+s_i^2}R\right)$$

$$\frac{R}{(p_i^2+q_i^2)^2}(p_i^4-6p_i^2q_i^2+q_i^4, 4p_iq_i(q_i^2-p_i^2))$$

이므로, A_i는 격자점이 되어 조건(C_1)을 만족한다.

> $\dfrac{\square}{(q_i^2+p_i^2)^2}R$이 정수가 되게 하기위해
> $R=(p_1^2+q_1^2)^2(p_2^2+q_2^2)^2\cdots(p_n^2+q_n^2)^2$
> 과 같이 정의하였음을 알 수 있다.

또, 선분$\mathrm{A}_i\mathrm{A}_j$ $(\mathrm{i}<\mathrm{j})$의 길이를 (2)를 참고하여 구하면,

$$\overline{\mathrm{A}_i\mathrm{A}_j}=\frac{4(u_j-u_i)(1+u_ju_i)}{(1+u_j^2)(1+u_i^2)}R$$

$$=\frac{4(p_jq_i-p_iq_j)(q_jq_i+p_jp_i)}{(q_j^2+p_j^2)(q_i^2+p_i^2)}R$$

$\overline{\mathrm{A}_i\mathrm{A}_j}$는 정수이므로, 조건$(C_3)$를 만족한다.

마지막으로, 위에서 정한 $\mathrm{A}_1, \mathrm{A}_2, \cdots, \mathrm{A}_n$은 서로 다르며, 원주상의 서로 다른 세 점은 동일직선상에 있지 않으므로 조건(C_2)를 만족한다.

이상으로, 문제는 증명되었다. ∎

[문제 3]

(1) $\angle\mathrm{B}_0\mathrm{OP}=\theta\ (0^\circ\leq\theta\leq180^\circ)$라 하면,

$\overrightarrow{\mathrm{OB}_0}=4(2,1)$

$\overrightarrow{\mathrm{OP}}=4(1,3)$

이므로,

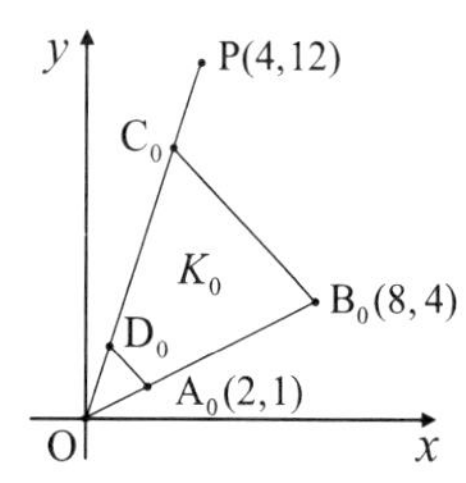

$$\cos\theta = \frac{\overrightarrow{OB_0} \cdot \overrightarrow{OP}}{|\overrightarrow{OB_0}||\overrightarrow{OP}|} = \frac{16(2+3)}{4\sqrt{5} \cdot 4\sqrt{10}} = \frac{1}{\sqrt{2}}$$

$\therefore\ \theta = 45^0$ …(답) ■

(2) $K_n = K_0\ (n \neq 0)$

두 닮은 도형 K_n과 K_0의 넓이가 같으므로 두 도형은 합동이며, 따라서 모든 K_n이 서로 합동임을 알 수 있다.

(닮음비가 $r(\neq 1)$이면, $K_n = r^{2n}K_0 \neq K_0$)

즉, $\overline{A_0B_0} = \overline{A_1B_1} = \overline{D_0C_0}$로 되는 점$C_0$의 좌표를 구하면 된다.

$\overline{A_0D_0} \,/\!/\, \overline{B_0C_0}$이므로

$D_0(s, 3s)$, $C_0(4s, 12s)$ $(0 < s \leqq 1)$

로 놓으면, $\overline{D_0C_0} = \overline{A_0B_0}$이므로

$$\sqrt{(3s)^2 + (9s)^2} = \sqrt{6^2 + 3^2}$$

$\therefore\ \sqrt{2}s = 1$ $\quad\therefore\ s = \frac{1}{\sqrt{2}}$

$\therefore\ C_0(2\sqrt{2}, 6\sqrt{2})$ …(답) ■

이때, K_n은 K_0를 원점을 중심으로 $45^0 \times n$ 회전한 것이므로, $K_n = K_0$로 되는 n은

$n = 8k$ (k는 정수) …(답) ■

<참고>

$\triangle OA_0D_0$가 이등변삼각형이면 되므로, $\overline{OA_0} = \sqrt{5}$에 주의하면

$$\overrightarrow{OD_0} = \sqrt{5} \cdot \frac{1}{\sqrt{1^2+3^2}}\begin{pmatrix}1\\3\end{pmatrix} = \frac{1}{\sqrt{2}}\begin{pmatrix}1\\3\end{pmatrix}$$

$$\therefore\ \overrightarrow{OC_0} = 4\overrightarrow{OD_0} = \begin{pmatrix}2\sqrt{2}\\6\sqrt{2}\end{pmatrix}$$

(3) $D_0(s, 3s)$ $\left(0 < s \leqq 1, s \neq \frac{1}{\sqrt{2}}\right)$라 하면,

$$\frac{\overline{OA_1}}{\overline{OA_0}} = \frac{\overline{OD_0}}{\overline{OA_0}} = \frac{\sqrt{10}s}{\sqrt{5}} = \sqrt{2}s$$

이제, $\alpha = \sqrt{2}s(\cos 45^0 + i\sin 45^0)$라 하고, 점$A_n$을 표시하는 복소수를 z_n이라 하면

$$z_n = \alpha^n z_0$$
$$= (\sqrt{2}s)^n(\cos 45^0 + i\sin 45^0)^n z_0$$

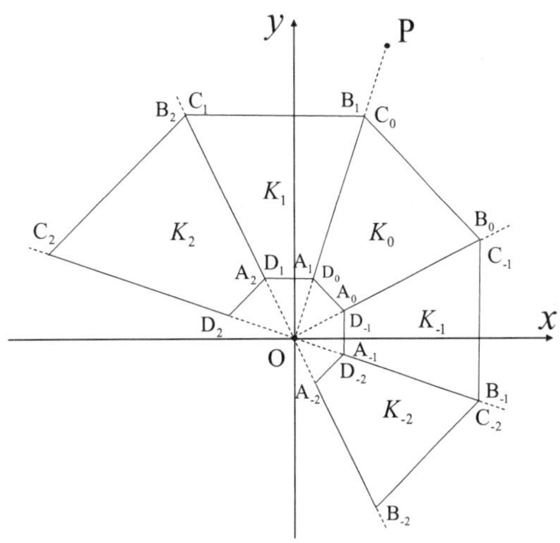

$\cdots, K_{-2}, K_{-1}, K_0, K_1, K_2, \cdots$이 조건을 만족하면서 좌표평면을 메울 조건은

z_8 =(점B_0를 표시하는 복소수)= $4z_0$ … ①   또는 z_{-8} =(점B_0를 표시하는 복소수)= $4z_0$ … ②

① $\rightleftarrows$ $(\sqrt{2}s)^8(\cos 45^0 + i\sin 45^0)^8 z_0 = 4z_0$

$\rightleftarrows$ $16s^8 = 4$ $\rightleftarrows$ $s^8 = \frac{1}{4}$

$$\therefore\ s = \frac{1}{\sqrt[4]{2}}$$

② $\rightleftarrows$ $(\sqrt{2}\,s)^{-8}(\cos 45^{\circ} + i\sin 45^{\circ})^{-8} z_0 = 4z_0$

$$\rightleftarrows \frac{1}{16s^8} = 4 \rightleftarrows s^8 = \frac{1}{64}$$

$$\therefore\ s = \frac{1}{\sqrt[4]{8}}$$

$C_0(4s, 12s)$이므로,

$C_0(2\sqrt[4]{8}, 6\sqrt[4]{8})$ 또는 $C_0(2\sqrt[4]{2}, 6\sqrt[4]{2})$

…(답) ■

(i) $C_0(2\sqrt[4]{8}, 6\sqrt[4]{8})$인 경우

점(100, 50)은 반직선OA_0 상에 있으므로, 점(100, 50)이 K_n에 포함된다고 하면,

$$n = 8m - 1,\ 8m \quad (m \geqq 1)$$

의 형태이다.

이제, 점(100, 50)이 변$A_{8m}B_{8m}$ 상에 있다고 하자. 점A_{8m}을 표시하는 복소수는

$$z_{8m} = (\sqrt{2}\,s)^{8m}(\cos 45^{\circ} + i\sin 45^{\circ})^{8m} z_0$$

$$= \left(\sqrt{2} \cdot \frac{1}{\sqrt[4]{2}}\right)^{8m} z_0 \quad \left(\because\ s = \frac{1}{\sqrt[4]{2}}\right)$$

$$= 2^{2m} z_0$$

또, 점(100, 50)를 나타내는 복소수는

$$50(2+i) = 50z_0$$

$2^{2m} < 50 < 2^{2(m+1)}$를 만족하는 m을 구하면 $m = 2$이므로, 구하는 n은

$$n = 15, 16$$

…(답) ■

(ii) $C_0(2\sqrt[4]{2}, 6\sqrt[4]{2})$인 경우

(i)과 같은 방법으로, 점(100, 50)이 K_n에 포함된다고 하면,

$$n = -8m,\ -8m - 1 \quad (m \geqq 1)$$

의 형태이다.

이제, 점(100, 50)이 변$A_{-8m}B_{-8m}$ 상에 있다고 하자. 점A_{-8m}을 표시하는 복소수는

$$z_{-8m} = (\sqrt{2}\,s)^{-8m}(\cos 45^{\circ} + i\sin 45^{\circ})^{-8m} z_0$$

$$= \left(\sqrt{2} \cdot \frac{1}{\sqrt[4]{8}}\right)^{-8m} z_0 \quad \left(\because\ s = \frac{1}{\sqrt[4]{8}}\right)$$

$$= 2^{2m} z_0$$

(i)과 같은 방법으로,

$2^{2m} < 50 < 2^{2(m+1)}$를 만족하는 m을 구하면 $m = 2$이므로, 구하는 n은

$$n = -16, -17$$

…(답) ■

■ 김남호
강릉고등학교 졸업
홍익대학교 수학교육과 졸업
연세대학교 수학과 대학원 중퇴
서울시 중등임용고사 합격
현 서울시 중등 수학교사

천일수학 II

엮은이 김남호
펴낸이 조경희
펴낸곳 경문사
펴낸날 2006년 9월 1일 1판 1쇄
2019년 4월 10일 1판 7쇄
등 록 1979년 11월 9일 제313-1979-23호
주 소 04057, 서울특별시 마포구 와우산로 174
전 화 (02)332-2004 팩스 (02)336-5193
이메일 kyungmoon@kyungmoon.com
facebook facebook.com/kyungmoonsa

값 15,000원

ISBN 89-7282-875-0